Praktische Theorie in der Flugtechnik

Band 11

Die Flugzeuggeräte

von

Helmuth Wenke

I. Teil

Triebwerk- und Flugwerküberwachungsgeräte

Mit 125 Abbildungen

WALTER DE GRUYTER & CO., BERLIN

vormals G. J. Göschen'sche Verlagshandlung J. Guttentag, Verlagsbuchhandlung
Georg Reimer Karl J. Trübner Veit & Comp.

1943

Archiv-Nr. 5543

Gedruckt von Walter de Gruyter & Co., Berlin W 35

Printed in Germany

Vorwort

Jede Maschine kann nur dann betriebssicher eingesetzt und verwendet werden, wenn man die Möglichkeit hat, sie durch eine laufende Überwachung während des Betriebes richtig zu bedienen. Die üblichen Hilfsmittel sind hierzu die Instrumente oder die Geräte, deren Anwendung, Ausführung und Anzahl einerseits durch die technischen Einrichtungen der betreffenden Maschine, andererseits durch den Überwachungszweck bedingt sind. Wenn auch durch die Vielseitigkeit der Aufgabenstellung eine Unzahl von Geräten unvermeidlich ist, so haben sich doch bestimmte Bauarten und Formen herausgebildet, die für das jeweilige technische Gebiet, sei es Schiffbau, Autobau, Flugzeugbau usw. Standardausführungen darstellen. Insbesondere gilt dies für den Flugzeugbau, ganz abgesehen davon, daß es neben diesen Standardgeräten eine Vielzahl anderer Geräte gibt, die als Hilfsgerät bei der Wartung des Flugzeuges, als Erweiterung des Normalgerätes oder für die verschiedenartigsten Versuche dienen[1]).

In dem I. und II. Teil des vorliegenden Bandes werden diese Standard- oder Normalgeräte des Flugzeuges für Triebwerk- und Flugwerküberwachung sowie für die Überwachung des Fluges und die Navigation in einer knappen Darstellung behandelt. Es werden ihre physikalisch bedingten Arbeitsweisen beschrieben, die Bauarten und die Richtlinien für ihren Einbau und ihre Behandlung werden aufgezeigt. Fernerhin wird ein Überblick über die Geräte gegeben, die im engen Zusammenhang mit den Normalgeräten oder ihren Aufgaben stehen und für besondere Zwecke zur Anwendung kommen. Eine eingehendere Beschreibung dieser Sondergeräte überschreitet den beabsichtigten Zweck des Buches, das jedoch so gehalten ist, daß der Praktiker, sei er Ingenieur, Techniker oder Wart, eine Unterlage erhält, die über wesentliche Fragen, vor allem hinsichtich des Normalgerätes, erschöpfend Auskunft gibt.

Um feststellen zu können, welche Geräte und in welcher Ausführung sie für den Einbau im Flugzeug zur Verfügung stehen, ist man im allgemeinen auf die von den Herstellern herausgegebenen Druckschriften angewiesen. Es ergeben sich dabei verständliche Schwierigkeiten, die durch die Vielzahl und die unterschiedliche äußere Gestaltung solcher Unterlagen bedingt sind. Hier sollen der III. und IV. Teil des Buches eine Brücke schlagen. In Form von „Gerätemusterblättern“ sind die im ersten und zweiten Teil beschriebenen Geräte, ihre Variationen sowie ihre wichtigsten Daten zusammengetragen und hinsichtlich der zahlenmäßigen Angaben und bildlichen Darstellungen gleichmäßig ausgerichtet. Der dritte und vierte Teil dienen daher als Nachschlagewerk für alle in der Praxis benötigten Gerätewerte.

---

[1]) s. h. auch Bd. 12, Ausrüstung, sowie Bd. 8 u. 9.

Bei der Behandlung des gesamten Stoffes sind dieBauvorschriften für Flugzeuge (BVF) als Ausführungsbestimmungen des Luftverkehrsgesetzes voll berücksichtigt, so daß eine Übereinstimmung der Erläuterungen mit den behördlichen Forderungen für Flugzeuggeräte sichergestellt ist.

An dieser Stelle sei sowohl den behördlichen Dienststellen, als auch allen in der nachfolgenden Aufstellung angeführten Geräteherstellern für ihre Unterstützung bei der Bearbeitung des Buches gedankt. Die Durchsicht der Unterlagen durch maßgebende Fachleute der Gerätetechnik, dies gilt insbesondere für Herrn Ing. Richard Progscha vom Konstruktionsbüro der Junkers Flugzeug- und -Motorenwerke AG., gibt im übrigen die Gewähr dafür, daß die verschiedenen Ausführungen den Anforderungen der Praxis voll gerecht werden.

Dessau, Juli 1943.

Helmuth Wenke.

Die Herstellung vom I. Teil des Buches und der zugehorigen Geratemusterblatter im III. Teil wurde unterstutzt von den folgenden Gerateherstellern:

Askania-Werke AG., Berlin.
Bruhn-Werke G. m. b. H., Berlin.
Deuta-Werke, Berlin.
J. C. Eckardt AG , Stammwerk Stuttgart.
R. Fuess, Berlin
P. Gossen & Co. G. m. b. H., Erlangen.
Hartmann & Braun AG , Frankfurt a. M.
Dr Th. Horn, Leipzig.
Heinrich List, Werke für Elektrotechnik und Mechanik, Berlin.
Luftfahrtgerätewerk Hakenfelde G. m b. H., Berlin-Spandau.
Maximall-Apparate-Fabrik Paul Willmann, Berlin.
Telefonbau und Normalzeit G. m. b. H., Frankfurt a. M.
Vereinigte Deutsche Metallwerke AG., Frankfurt a, M

Die in den einzelnen Banden des Geratebuches enthaltenen Zeichnungen, die in der gezeigten Darstellung das erste Mal veroffentlicht werden, sind nach Entwürfen des Verfassers und Originalgeraten von Angehörigen der Propagandaabteilung und der Lehrmittelabteilung der Junkers Flugzeug- und -Motorenwerke AG. Dessau hergestellt worden: Graphiker Kurt **Göpfert,** Heinz **Köpp,** Max **Lösel,** Hellmuth **Schöbel,** Bernhard **Tenbrüggen,** techn. Zeichnerin Liesbeth **Haas.**

Inhalt

Anmerkung: Auszugsweise kann das Flugzeuggeratebuch als Lichtbildlehrvortrag mit Diapositiven von der Lehrmittelabteilung der Junkers Flugzeug- und -Motorenwerke A.-G., Dessau bezogen werden.

Einleitung

Das Flugzeuggerät, gleichgültig welchen Zwecken es dient, hat im gleichen Schritt mit der Entwicklung des Flugzeuges heute einen Grad der Vollkommenheit erreicht, der durch die Meßgenauigkeit der einzelnen Geräte und ihre sonstige Zuverlässigkeit gekennzeichnet wird. Bei der Vielseitigkeit der zu erfüllenden Aufgaben und Bedingungen kann dieses Endziel aber nur erreicht werden, wenn alle Erfahrungen und Erkenntnisse auf wissenschaftlicher und praktischer Grundlage nicht nur bei der Konstruktion und dem Bau voll zur Anwendung kommen, sondern auch im Flugbetrieb ausgenutzt werden. Jedes Flugzeuggerät ist ein Beispiel äußerster Präzionsarbeit der Feinmechanik und im Flugzeug ein einzelnes, in sich abgeschlossenes technisches Werkstück, dessen Behandlung entsprechende Kenntnisse voraussetzt.

Wie jede andere Baugruppe oder ein einzelner Teil des Flugzeuges, sei es Motor, Zelle oder Ausrüstung, erfordern auch die Geräte eine besondere Pflege, wenn sie ihren Aufgaben einwandfrei gerecht werden sollen. Man findet deshalb heute bei Industrie, Verkehr und Luftwaffe überall den **Gerätewart** und **Prüfeinrichtungen** zum Zwecke der Gerätebetreuung, die es vor wenigen Jahren noch nicht gab.

Die Entwicklung der Geräte ist nicht allein durch den Wandel ihres inneren und äußeren Aufbaues, sondern auch durch ihre Vielzahl gekennzeichnet, diese ergibt sich wiederum aus den ständig wachsenden technischen Anforderungen des Flugbetriebes. Als Anschauungsbeispiel dienen die Abbildungen 1—4, die Gerätebretter eines einmotorigen und eines dreimotorigen Flugzeuges des gleichen Verwendungszweckes aus den Jahren 1923/25 und der Jetztzeit zeigen.

Für die Behandlung und Wartung so zahlreicher Geräte reichen allgemeine Vorschriften nicht immer aus. Die Geräte sind, wie schon im Vorwort angedeutet, ein Hilfsmittel, um die Sinnesorgane des Menschen zu unterstützen und zu ergänzen; am vollkommensten ist dies beim **Blindflug** der Fall[2]. Es kann nicht jeder Praktiker, der mit Geräten zu tun hat — sei er Techniker, Flieger oder Wart — Feinmechaniker und Gerätefachmann sein; erforderlich ist aber, daß er Zweck, Arbeitsweise und auch die Fehlermöglichkeiten des ihm anvertrauten Gutes grundsätzlich kennt. Die peinlichste Bedienung und Pflege ist nur dann erfolgreich, wenn sie richtig angesetzt wird und die Auswirkung jedes Handgriffes beurteilt und vorausgesehen werden kann.

---

[2]) s. auch Bd. 4, Abschn. X.

Abb. 1—4. Oben Führerraum und Geräte eines einmotorigen Verkehrsflugzeuges aus dem Jahre 1923, darunter aus der heutigen Zeit (Junkers F 13 und W 34)

Oben Führerraum und Geräte eines dreimotorigen Verkehrsflugzeuges aus dem Jahre 1925, darunter aus der heutigen Zeit (Junkers G 24 und Ju 52)

Unter Berücksichtigung der geschilderten Verhältnisse werden die Geräte, wie sie heute als **Normalausführung** im Flugzeugbau verwendet werden, nach den folgenden Gesichtspunkten behandelt:

1. Zweck und Anwendungsgebiet,
2. Arbeitsweise,
3. Aufbau und Spielarten,
4. Einbau,
5. Pflege und Wartung.

Das Ergebnis jeder Arbeit, die man an ein technisch hochwertiges Werkstück wendet, ist auch von praktischen Erfahrungen abhängig. Das geschriebene Wort kann diese Erfahrungen schwer vermitteln; es kann sie nur aufzeigen und Richtlinien geben, die man sich als Grundlage für die Erfüllung einer Aufgabe zu eigen machen muß. Dabei muß von vornherein Klarheit darüber bestehen, daß die einwandfreie Beschaffenheit der Geräte für den Erfolg eines Fluges und auch für das Leben der Besatzung von wesentlicher Bedeutung ist. **Schlechte Wartung und falsche Gerätebehandlung haben schon oft Menschenleben und wertvolles Gut vernichtet.**

Diese Erkenntnis von der Wichtigkeit der Geräte hat bereits vor Jahren dazu geführt, ihre Zulassung im öffentlichen Flugbetrieb von dem Nachweis bestimmter Bedingungen abhängig zu machen. In den **Bauvorschriften für Flugzeuge** (BVF), die zu den Ausführungsbestimmungen des **Deutschen Luftverkehrsgesetzes** gehören, sind die Richtlinien für Konstruktion und Bau der Gerate festgelegt. Darüber hinaus enthalten sie weitere Bestimmungen für die Prüfungen[3]), denen jedes Gerätemuster vor der **Lufttüchtigkeitserklärung** zu unterziehen ist, sowie über die Leistungen, die dabei von dem Gerät erfüllt werden müssen. Die in den Flugzeugen verwendeten Geräte sind also von vornherein auf ihre Brauchbarkeit grundsätzlich geprüft, und jedes einzelne Stück wird, ehe es das Herstellerwerk verläßt, einer Tauglichkeitsuntersuchung und Eichung unterzogen, die durch einen jedem Gerät beigefügten **Prüfschein** belegt werden. Für die ständige Wartung kann diese Begleiturkunde des Herstellers als Unterlage für die Prüfung auf einwandfreie Beschaffenheit und Betriebsleistungen zurate gezogen werden. Nach den allgemeinen Bestimmungen gehören die Prüfscheine der Geräte zu den Papieren des Flugzeuges; um eine Verwechslung einzelner Geräte zu verhindern, sind sie mit bestimmten Kennzeichnungen oder einem **Abnahmeschild** versehen (Abb. 5).

Die Aufgabe, die ein Gerät erfüllen soll, kann von verschiedenen Gesichtspunkten aus betrachtet werden. Das führt verständlicherweise zu mehreren Geräten gleichen Verwendungszweckes und ab-

---

[3]) **Musterprüfung der Gerate.**

gesehen von der konstruktiven Gestaltung des inneren Mechanismus wird dadurch auch die äußere Form der Geräte beeinflußt. Größe und Einbaumöglichkeit sind davon abhängig. Diese Verhältnisse haben mit den Jahren der Entwicklung dazu geführt, daß die verschiedenen Hersteller Geräte herausgebracht haben, die qualitativ wohl ihrem Verwendungszweck gleichmäßig gerecht wurden, hinsichtlich ihrer **Austauschbarkeit** jedoch wesentliche Unterschiede aufweisen mußten. Es gab große und kleine Geräte mit verschiedenen Abmessungen und Einbaumöglichkeiten. Das Gerät eines bestimmten Herstellers konnte meistens nur gegen ein solches vom gleichen Muster ausgewechselt werden. Die durch diese Vielgestaltigkeit bedingten Ersatz- und Nachschubschwierigkeiten veranlaßten behördlicherseits eine Vereinheitlichung der Geräte in ihrer äußeren Form. Heute sind die Einbauabmessungen sämtlicher Geräte grundsätzlich genormt; man unterscheidet die **kleine** und **große Norm.**

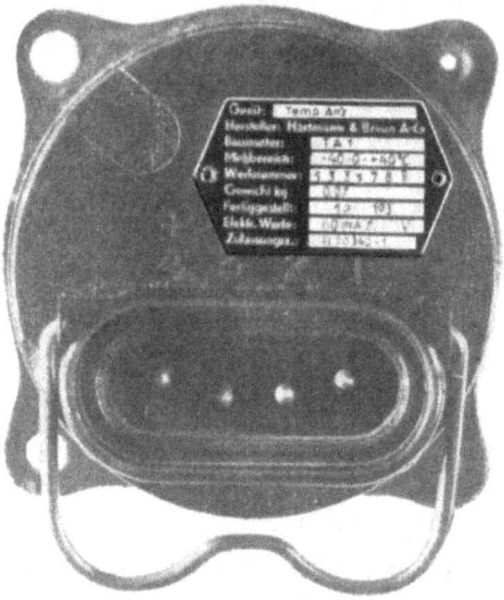

Abb 5. Gerate- und Abnahmeschild eines Temperaturmeßgerates

Die Maße einschließlich der Anschlüsse und Leitungen sind in den **Fl-Blättern,** die von der Behörde herausgegeben werden, zusammengestellt (Abb. 6). Durch die behördliche Erfassung der von den Herstellern nach Norm aufgestellten Einbau-Richtlinien in den Fl-Blättern wird eine willkürliche Formgebung und Änderung ausgeschaltet und die einwandfreie Auswechselbarkeit sowie Ersatzlieferung von Geräten in der gesamten Luftfahrt sichergestellt. Daher sind auch diesbezügliche **Änderungen eines einmal geprüften** und für den Einsatz im Luftverkehr zugelassenen **Gerätes genehmigungspflichtig.** Es ist auch nicht angängig, die bestehenden Lagerungsteile, Ausschnitte usw. zu ändern.

Alle im Flugzeug verwendeten Geräte faßt man unter dem Sammelbegriff **Flugzeuggeräte** zusammen und versteht darunter im engeren Sinne das Normalgerät, das nach den Bauvorschriften (Abschnitt Ausrüstung) im Flugzeug vorhanden sein muß. Mit dem Anwachsen der Gerätezahl unterschied man zuerst Flug- und Triebwerküberwachungsgeräte, bis die Zeit eine immer feinere Unterteilung notwendig machte, um alle die Belange und Forderungen berücksichtigen zu können, die sich zwangsläufig aus der Aufgabenstellung und der Entwicklung in der Flugtechnik ergaben. So teilt man heute die betrachteten Flugzeuggeräte ein in

Flieg	Flugüberwachungsgeräte Feinhöhenmesser	Fl XXX

Askania Werke Bln-Friedenau	Askania Werke Bln-Friedenau
Lieferungsgegenstand	Einbauvorschrift
Feinhöhenmesser Baumuster Lh 22r-10 Meßbereich 20 × 0,5 = 10 km	

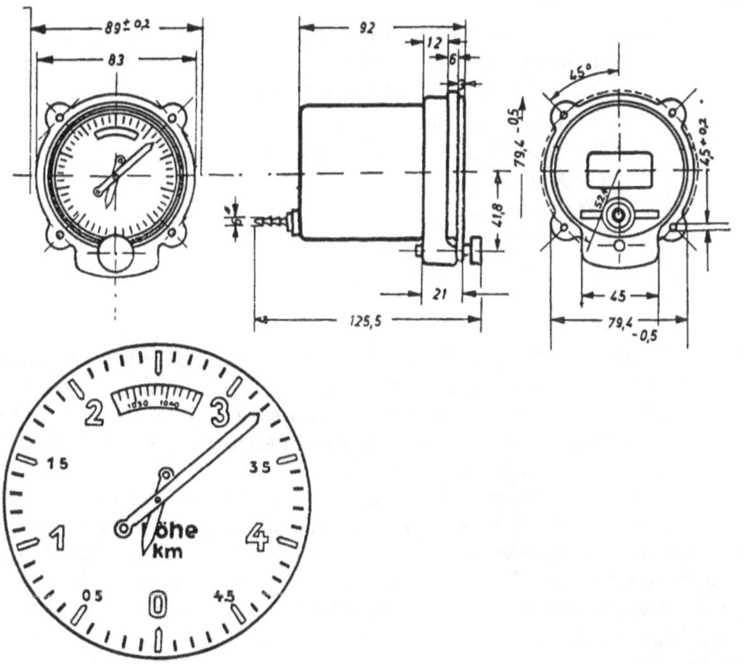

Zifferblatt mit 500 m Teilung
Gezeichnete Zeigerstellung 320 m
Maßstab: 1:1, 1:2,5

Gewicht. 0,49 kg

Abb. 6

a) Triebwerküberwachungsgeräte,
b) Flugwerküberwachungsgeräte[4]),
c) Flugüberwachungsgeräte,
d) Navigationsgeräte.

Sie dienen, wie aus den Kennworten ersichtlich, zur Überwachung des Flugzeuges und Fluges und werden daher in den behördlichen Vorschriften als **Überwachungsgeräte** bezeichnet. Die Überwachungsgeräte sind ein Teil der Ausrüstung, zu der außerdem die Sicherheits- und Rettungsgeräte sowie die elektrische Ausrüstung mit den Nachrichtengeräten zählen. Zieht man den Kreis weiter und umfaßt auch die im Flugzeug verwendeten Geräte, die als Überwachungsgeräte über die Forderungen der BVF hinausgehen, so kommt man in das Gebiet der Meßgeräte hinein. Eine besondere Rolle spielen hierbei die Schreibgeräte. Die für Flugversuche wichtigen **Meßgeräte** sind jeweils bei den betreffenden Flugmessungen beschrieben, soweit dies für das Verständnis der Ausführungen notwendig war (s. Bd. 7, 8 und 9).

Die im Flugbetrieb, sei es für Versuchs-, Verkehrs- oder Militäraufgaben, verwendeten Geräte erweitern sich durch mehrere andere Gebiete der Gerätetechnik. Als Grobeinteilung erhält man:

A) Überwachungsgeräte,
B) Sicherheits- und Rettungsgerate,
C) Nachrichtengeräte,
D) Meßgeräte[5]),
E) Bildgeräte,
F) Waffengeräte,
G) Übungsgeräte,
H) Bodengeräte.

Jede aufgezählte Hauptgruppe läßt sich, wie dies für die Überwachungsgeräte bereits erfolgte, in Untergruppen einteilen. Oft ist es dabei schwer, die Eingruppierung eines Gerätes richtig durchzuführen, zumal es Grenzfälle dadurch gibt, daß ein bestimmtes Gerät auf verschiedenen Gebieten angewendet wird.

Ganz abgesehen davon, daß das **Reichsluftfahrtministerium** als oberste deutsche Luftfahrtbehörde — auch durch die enge Zusammenarbeit mit der Industrie — für alle Geräte bestimmte **Richtlinien** herausgibt, sind in den Bauvorschriften lediglich die unter A, B, C angeführten Geräte erfaßt. Sie zählen, wie bereits angeführt, zur Ausrüstung[6]) des Flugzeuges und werden begrifflich so gekennzeichnet, daß allgemein für sie gilt:

[4]) Der Begriff des Flugwerküberwachungsgerätes ist neu und erst seit kurzer Zeit in die Flugtechnik eingeführt, in den BVF ist er daher noch nicht enthalten.

[5]) Neuerdings oft als „Flugprüfgeräte“ bezeichnet.

[6]) s. DIN L 22, die Normvorschrift weist bereits auf Grund der Entwicklung einige Lücken auf.

Die Überwachungs-, Sicherheits-, Rettungs- und Nachrichtengeräte, die in der Ausrüstung des Flugzeuges vorhanden sein müssen, sind diejenigen Geräte, die für die Verkehrssicherheit eines Flugzeuges unerläßlich sind.

Die Forderungen für das Vorhandensein bestimmter Geräte in der Ausrüstung richten sich nach der Verwendungsgruppe[7]) des Flugzeuges. In den BVF sind hierüber nähere Angaben enthalten[8]). In dem vorliegenden Band werden nur die Überwachungsgeräte des Flugzeuges[9]) behandelt, so daß hinsichtlich der Behandlung der Navigationsgeräte eine Einschränkung notwendig war. Zu den Navigationsgeräten zählen z. B. auch alle Rechengeräte für Kursberechnungen sowie entsprechende optische Hilfsmittel. Ihre Anwendung ist nicht unmittelbar durch die Verkehrssicherheit bedingt. Die nach den BVF vorgeschriebenen Navigationsgeräte werden im Flugzeug fest eingebaut, während die angeführten weiteren Hilfsgeräte lose mitgeführt werden; von ihrer Beschreibung ist abgesehen.

Das Flugwerküberwachungsgerät ist neuartig (s. d.) und erst durch Landehilfen (einziehbare Fahrwerke, Landeklappen usw. s. Band 4 u. 6) sowie durch die Entwicklung der verschiedenen flugtechnischen Einrichtungen entstanden; in den BVF sind sie noch nicht miterfaßt. Sie treten bisher auch nur in geringerer Anzahl bei technisch sehr hochentwickelten Flugzeugen auf.

Durch den Aufbau der Luftwaffe und ihre oft neuartigen Aufgaben und Forderungen ist auch die Zahl und Art der Geräte, die in ein Flugzeug eingebaut sein müssen, wesentlich beeinflußt worden[10]). Es ist daher nicht ausgeschlossen, daß die zukünftige Entwicklung Vorschriften erfordert, in denen hinsichtlich der vorgeschriebenen Ausrüstung zwischen Militär- und Zivilluftfahrt unterschieden wird. Die Ausarbeitung derartiger Vorschriften ist jedoch von zeitlich bedingten Erfahrungen abhängig, so daß ihre Herausgabe gegebenenfalls noch längere Zeit beanspruchen kann.

---

[7]) s. Bd. 9, Einleitung und Bd. 6 und 10.

[8]) s. hierzu Bd. 12 „Allgemeine Ausrustung“.

[9]) In früherer Zeit nannte man diese Geräte auch „Flugzeuginstrumente“ oder „Flugzeugbordgeräte“.

[10]) Dies gilt ebenso für Stratosphärenflugzeuge.

A. Triebwerküberwachungsgeräte

Allgemeines

Die Aufgabe der Triebwerküberwachungsgeräte ist bereits durch ihre Benennung grundsätzlich gekennzeichnet, so daß sich eine Begriffserläuterung über die Erklärungen in der Einleitung hinaus erübrigt. Die Triebwerküberwachungsgeräte dienen nicht allein dazu den Lauf des Motors, sondern alle zur Triebwerkanlage gehörigen Einrichtungen, insbesondere die Betriebsstoffanlagen[11]), auf Stand und im Fluge in ihrem betrieblichen Zustand ständig zu überwachen. Wie die BVF festlegen, können sie entweder nur Anzeigegeräte sein oder als Ferngeräte aus dem an der Meßstelle angebrachten Geber, der Leitung und dem Anzeigegerät bestehen.

Die erfolgreiche Abwicklung eines Flugvorhabens steht und fällt mit dem einwandfreien Arbeiten des Triebwerkes, soweit man von anderen Einflüssen, die durch die Besatzung, die Zelle oder von außen hervorgerufen werden, absieht. Die durch den Umfang der Einrichtungen einer Triebwerkanlage bedingte Überwachung mit vielartigen Geräten ist unerläßlich, da fast ausnahmslos nur eine **Fernbedienung** des Motors mit seinem Zubehör möglich ist, und die menschlichen Sinne ohne technische Hilfsmittel für eine Überwachung nicht ausreichen würden. Die große Anzahl der heute in den Flugzeugen verwendeten Geräte im Gegensatz zu den Anfängen des Flugzeugbaues (s. a. Abb. 1—4) ist in erster Linie durch die technische Entwicklung begründet. Sie äußert sich nicht allein in einer Erhöhung der fliegerischen Leistungen und Anforderungen an das Flugzeug im allgemeinen, sondern unter anderem auch neben der motorischen Leistungssteigerung in der technischen Gestaltung der neuzeitlichen hochgezüchteten und verfeinerten Triebwerke. Die Steigerung der Anzahl der Triebwerksgeräte ist fernerhin von der Anzahl der Motoren abhängig, die abgesehen von Ausnahmen (z. B. Dornier DoX) heute im viermotorigen Großflugzeug eine bestimmte Größenordnung erreicht hat (z. B. Junkers Ju 90, Focke-Wulf Condor, s. Abb. 7), ohne daß damit eine Grenze für die weitere Entwicklung festgelegt ist.

Selbst bei großen Flugzeugen ist die Möglichkeit für die **räumliche Unterbringung** der vielen Geräte begrenzt, so daß in dieser Hinsicht die verschiedensten Abhilfen gesucht wurden. Der eine Ausweg, der auch aus anderen Gründen bei Großflugzeugen gewählt wird, besteht darin, den Führer von der Triebwerküberwachung so weit wie möglich zu entlasten. Oft werden bei nebeneinanderliegenden Sitzen nur die Flugüberwachungs- und Navigationsgeräte auf der Seite des Führers unter-

---

[11]) Beachte die Begriffsfestlegungen für Betriebsstoffe (Kraftstoff, Schmierstoff, Kühlstoff), s. a. S. 44 und Bd. 4, Abschn. IX.

gebracht und die Triebwerküberwachungsgeräte auf der rechten Seite für den Bordwart gut sichtbar oder auch an einem besonderen „Maschinistenstand“ angeordnet. In diesen Fällen findet man meistens nur noch

Abb. 7. Blick in den Führerraum des Großraumflugzeuges Junkers Ju 90 (Foto Junkers)

die Drehzahlmesser — als zweite Geräte — im Führerraum mit vor (z. B. Junkers G 38, Dornier DoX, Blohm & Voß Ha 139, s. Abb. 8).

Ein weiterer Weg der **Raumnot** zu steuern, besteht darin, die Geräte äußerlich so zu gestalten, daß der Platzbedarf so klein wie möglich wird. Aus diesen — und auch anderen Gründen — entstand die **senkrechte Skala,** wie sie im II. Teil bei den Höhenmeßgeräten angeführt ist[12]). Diese Ausführung hat sich jedoch nicht durchgesetzt[13]), während die Vereinigung mehrerer Anzeigen in einem Gerät im neuzeitlichen Gerätebau eine wesentliche Rolle spielt. Es handelt sich hierbei um eine Lösung, bei der entweder die gleichen Anzeigen mehrerer Motoren vereinigt werden (z. B. Kraftstoff- und Schmierstoffdruck von zwei Motoren) oder verschiedene Meßstellen eines Motors auf einem Gerät anzeigen (Abb. 9).

[12]) Sogenannte Profilgeräte.

[13]) Nachteile durch die langen Zeiger bedingt (Schwingungsmöglichkeit). Wesentlicher Vorteil des Rundgerätes: bei geringem Zifferblattdurchmesser großer Anzeigebereich (bei 80 mm ∅ etwa 250 mm Zeigerweg), der bei Profilgeräten nur schwer erreicht werden kann, so daß die Ablesemöglichkeit leidet.

Eine einfache Verkleinerung des **Rundgerätes** würde eine Verringerung der unerläßlichen Ablesegenauigkeit ergeben, ebenfalls entstehen konstruktive Schwierigkeiten für das Meßwerk. Das sind Nachteile, die

Abb 8 Blick in den Besatzungsraum des Blohm & Voß Flugbootes Ha 139
mit besonderem Stand für den Triebwerkwart

beim **Mehrfachgerät** vermieden werden können. Die auf Grund dieser Verhältnisse entwickelten Geräte mit einer mehrfachen Anzeige[14]) haben zwar in der Tiefe einen größeren Platzbedarf, der durch die Unterbringung eines mehrfachen Mechanismus bedingt ist, in der Ebene des Gerätebrettes ergeben sie jedoch eine wesentliche Raumersparnis.

Die auf den folgenden Seiten behandelten und beschriebenen Triebwerküberwachungsgeräte sind **Normalgeräte**, wie sie heute in irgendeiner Ausführung im Flugzeug eingebaut sind Auf dem Weg ihrer Ent-

[14]) Bei Flugüberwachungsgeräten z. B. die Vereinigung von Grob- und Feinhöhenmessern, s. d. II. Teil.

wicklung sind viele Ideen entstanden und in praktischen Geraten[15]) verwirklicht worden, so z. B. der Drehzahlmesser nach dem Zählwerkverfahren (Bruhn-Tachometer[16]) oder der Drehzahlmesser nach dem Schwingungsverfahren (Frequenzmesser nach dem Frahmschen Prinzip, s. Bd. 9, Abschn. XI) sowie pneumatische Drehzahlmesser[17]). Das sind Geräte, die sich im Flugzeug nicht ausreichend bewährt haben und als Flugzeuggeräte vom Markt verschwunden sind. Damit ist jedoch nicht gesagt, daß die heutigen Geräte den Abschluß einer Entwicklung darstellen. In wenigen Jahren kann das beschriebene Gerät wieder veraltet oder durch bessere Erzeugnisse ersetzt sein.

Abb 9 Maximal-Doppeldruckmesser

Wie in der Einleitung bereits angeführt wurde, bestehen für den gesamten Gerätebau **behördliche Richtlinien und Forderungen** für die Leistungsfähigkeit der Geräte. In diesen, in den Bauvorschriften für Flugzeuge (BVF) festgelegten Bestimmungen (Ausführungsbestimmungen des Luftverkehrsgesetzes), ist auch die Meßgenauigkeit der Triebwerküberwachungsgeräte behandelt. Sie wird neben den Anzeigefehlern, die verständlicherweise durch unvermeidliche Mängel der Meßwerke bedingt sind, durch äußere Einwirkungen gestört. Das Flugzeug ist durch seine Aufgabe nicht nur den wechselnden atmosphärischen Bedingungen unterworfen, sondern auch durch den laufenden Motor sowie in der Luft (Böen) und am Boden verhältnismäßig großen Erschütterungen ausgesetzt, die auf die Geräte übertragen werden. Alle diese Auswirkungen dürfen die Anzeigegüte der Geräte nicht über ein bestimmtes Maß beeinflussen, wenn nicht der Zweck und Nutzen der Geräte darunter leiden soll[18]).

In den Bauvorschriften ist daher festgelegt:[19])

Meßgenauigkeit

a) Zulässiger Anzeigefehler in Prozent des Meßbereiches:

Drehzahlmesser (Nahmeßgeräte). . . .	±1½
Drehzahlmesser (Fernmeßgeräte) . . .	±2
Kühlstoffthermometer	±3

15) Hierzu gehört auch der Drehzahlmesser, der nach dem Reibradverfahren arbeitet.

16) Auch als differenzierender Drehzahlmesser bezeichnet.

17) Seinerzeit von den Askania-Werken hergestellt, s. a. unter I. Grundsätzliches.

18) Hierbei spielt die Gerätelagerung eine Rolle.

19) In den BVF, die in ihrer zurzeit bestehenden Ausführung zum großen Teil im Jahre 1933 abgeschlossen wurden, sind Ladedruckmesser noch nicht erfaßt. Für sie gelten heute sinngemaß die gleichen Bestimmungen wie für andere Druckmesser.

Schmierstoffthermometer . . . . ±3
Schmierstoffdruckmesser . . . . ±3
Kraftstoffdruckmesser . . . . ±3
Kraftstoffvorratsmesser . . . . ±3

Diese Anzeigefehler dürfen auch nicht überschritten werden:

1. bei den im normalen Fluge auftretenden Beschleunigungen und Fluglagen;
2. bei den im normalen Fluge auftretenden Erschütterungen sowie nach harten Abflügen und Landungen;
3. bei Temperaturen zwischen -30^0 und $+50^0$;
4. nach Überlastung um 30% des Meßbereichs für Drehzahlmesser, Thermometer, Kraftstoffdruckmesser und -Vorratsmesser, um das Fünffache des Meßbereichs für Schmierstoffdruckmesser;
5. bei Luftdrücken entsprechend dem Verwendungszweck des Gerätes, mindestens jedoch bis 500 Tor (mm QS[20]);

b) Zulässige Anzeigeträgheit:
Nach Änderung der Belastung über den ganzen Meßbereich entsprechend 5053 II c[21]) muß der Sollwert der Anzeige bis auf 5% innerhalb 5 s, bei Thermometern innerhalb 30 s erreicht sein;

c) Spannungs- und Druckschwankungen:
Bei Geräten mit elektrischer Übertragung, zu deren Betrieb eine fremde Stromquelle erforderlich ist, dürfen Schwankungen der Hilfsspannung zwischen —10% und +35% die Anzeige nicht beeinflussen;
bei Geräten mit pneumatischer oder hydraulischer Übertragung dürfen Schwankungen des Hilfsdrucks von ±25% die Anzeige nicht beeinflussen.

Im Sinne dieser Forderungen werden auch die in der Einleitung erwähnten Musterprüfungen der Gerate durchgeführt. Es gelten hierfür die ebenfalls in den BVF festgelegten Prüfvorschriften.

I. Drehzahlmesser

Grundsätzliches

Das einwandfreie Arbeiten einer Triebwerkanlage wird durch die gleichmäßige Leistung des Motors, die mit Hilfe der Betriebsstoffregulierung (Kraftstoff, Schmierstoff, Kühlstoff usw.) willkürlich eingestellt wird, gekennzeichnet. Dabei spielt die Bauart des Motors, ob luft- oder wassergekühlt, ob Stern- oder Reihenmotor, keine Rolle. Mit den derzeitigen Hilfsmitteln kann die Motorleistung jedoch nur auf dem Boden mittels Brems-Prüfstand, Bremsknüppel, Eichschraube usw.

---

[20]) s. Bd. 3, die Atmosphare.
[21]) Hinweis auf die Vorschriften für Laboratoriumsprüfungen der BVF.

oder im Fluge mit besonderen Vorrichtungen (z. B. Meßnabe[22]), die für den allgemeinen Flugbetrieb ungeeignet sind, sichtbar gemacht bzw. gemessen werden. Eine mittelbare Anzeige der Motorleistung ist hingegen durch die Drehzahl der Kurbelwelle[23]) gegeben, denn Motorleistung und Drehzahl sind voneinander abhängige Größen[24]). In erster Linie ist daher die **Drehzahl** als **Kennzeichen der Leistung** das gegebene Mittel, den Lauf des Motors überwachen zu können. So findet man den Drehzahlmesser, der früher mit Tachometer[25]) bezeichnet wurde, als Hauptgerät für die Überwachung des Triebwerkes in jedem Flugzeug vor. Selbst in den ersten Anfängen des Flugzeugbaues wurden bereits Drehzahlmesser verwendet, während andere Geräte nur in ganz geringem Umfang oder fast gar nicht angewendet wurden. Dies beruhte jedoch darauf, daß es Flugzeuggeräte in der damaligen Zeit noch nicht gab. Der Drehzahlmesser — oft als Umdrehungszähler bezeichnet[26]) — ist schon vor der Zeit des Flugzeugbaues bei anderen Verkehrsmitteln, vor allem aber bei stationären Maschinen, als Überwachungsgerät gebraucht worden. Er hat daher einen langjährigen Entwicklungsgang hinter sich, der zu den heute gangbaren Ausführungsformen im Flugzeugbau geführt hat. Man unterscheidet — abgesehen von den Arbeitsweisen — zwei Arten von Drehzahlmessern

Nah-Drehzahlmesser,
Fern-Drehzahlmesser.

Die erste Ausführung wird bei unmittelbarer Anzeige, z. B. bei einmotorigen Flugzeugen oder bei dreimotorigen Flugzeugen für den Mittelmotor angewandt, sofern die Entfernung zwischen Anschlußpunkt am Motor und Anzeigegerät eine zulässige Grenze nicht überschreitet. Die Übertragung erfolgt durch eine **biegsame Welle**[27]), deren Länge möglichst nicht über 2 m, im äußersten Fall bis zu etwa 3,5 m gewählt wird. Sie besteht aus einem Metallschlauch (auch Panzerschlauch genannt), in dem sich als Antrieb eine stark gefettete **Gliederkette** (auch Gliederwelle genannt) dreht (Abb. 10). Mit der Länge der biegsamen Welle

---

[22]) Von der DVL = Deutsche Versuchsanstalt fur Luftfahrt entwickelt.

[23]) Beim Rotationsmotor = Umlaufmotor die Drehzahl des Zylinderblockes. Es wird jeweils die Drehzahl des Motors (Kurbelwelle), nicht die der Luftschraube gemessen; letztere ist bei untersetzten Motoren naturgemäß geringer.

[24]) Je nach der konstruktiven Gestaltung des Motors (beachte Ladermotoren) und der Art der Luftschraube (feste oder verstellbare Luftschraube) ist die Leistung außer der Drehzahl auch von anderen Faktoren abhängig; s. hierzu auch Bd. 5 und 14.

[25]) Tachometer = Schnelligkeitsmesser.

[26]) „Umdrehungszähler" ist im allgemeinen keine einwandfreie Bezeichnung, sie ist nur dann zutreffend, wenn die Anzeige, wie beim veralteten Bruhn-Tachometer, nach dem Zählwerkverfahren arbeitet, s. a. unter „Allgemeines".

[27]) s. hierzu auch unter Luftschraubenstellungsanzeiger, Abschn. VI, Grundsätzliches.

wächst durch die zunehmenden Reibungskräfte die Bruchgefahr des Antriebes, aus diesem Grunde muß die Welle so geradlinig wie möglich verlegt werden[28]).

Einerseits durch den Anschluß am Motor, andererseits durch das im Betrieb sich erwärmende und flüssig werdende Schmiermittel der Antriebswelle besteht die Möglichkeit, daß Schmierstoff in das Anzeige-

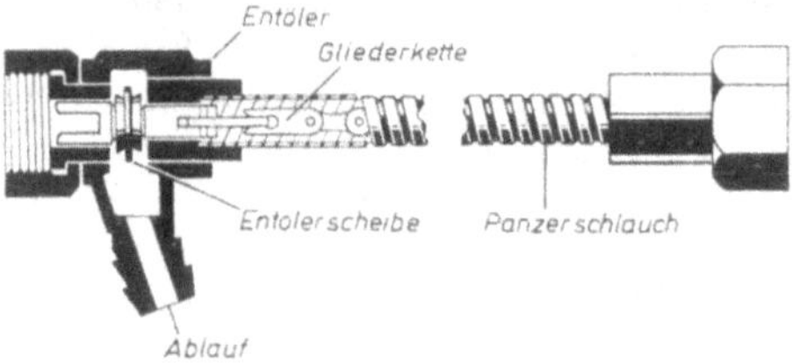

Abb. 10. Gliederkette und Entoler fur Nahdrehzahlmesser

gerät eindringt und Störungen hervorruft. Um dieser Gefahr vorzubeugen, werden an den Verbindungsstellen der Welle **Entöler** zwischengeschaltet; das ist ein kleines Scheibenrad, durch dessen Umlauf eindringender Schmierstoff nach außen geschleudert und durch einen Ablauf abgeleitet wird (Abb. 10). Je nach der Anzahl und Anordnung der Anzeigegeräte — bei Schulflugzeugen und nebeneinander liegenden Führersitzen werden z. T. zwei Geräte eingebaut — ist auch die Verwendung der Entöler verschieden. Bei der Durchführung durch ein Brandschott oder einen Vollspant wird die biegsame Welle durch ein **Zwischenstück**[29]) getrennt, bei zwei Geräten ein **Abzweiggetriebe**[30]) mit Doppelwelle eingebaut (Abb. 11). Der Einbau richtet sich von Fall zu Fall nach den örtlichen Verhältnissen im Flugzeug.

Wird die Entfernung zwischen Motor und Anzeigeort zu groß, so müssen Ferndrehzahlmesser verwendet werden. Auch für diese Geräte sind die verschiedensten Arbeitsweisen entwickelt worden, so z. B. Drehzahlmesser mit pneumatischer Übertragung. Diese Geräte haben sich jedoch nicht ausreichend bewährt und heute werden nur noch Ferndrehzahlmesser mit elektrischer Übertragung eingebaut.

Der **elektrische Ferndrehzahlmesser** besteht, wie bereits unter Allgemeines angedeutet, aus einem **Geber,** der in unmittelbarer Nähe des Motors angebracht wird, der elektrischen **Übertragungsleitung** und dem **Anzeigegerät.** Durch diese Arbeitsweise ist der Entfernung zwischen Geber und Anzeiger praktisch keine Grenze gesetzt, so daß der Fern-

[28]) Nach bestehenden Einbauvorschriften darf der Krümmungshalbmesser von biegsamen Wellen bei Drehzahlmessern 250 mm nicht unterschreiten: bei anderen Antrieben (z. B. Gerätepumpen) sind Halbmesser nicht unter 500 mm vorgeschrieben.

[29]) Auch als Brandschottdurchführung bezeichnet.

[30]) Auch als Parallelgetriebe bezeichnet.

drehzahlmesser für jedes Triebwerk, insbesondere für die Seitenmotoren von mehrmotorigen Flugzeugen verwendet werden kann. Die Verlegung der elektrischen Übertragung erfolgt grundsätzlich durch zwei Kabel (positive und negative Leitung).

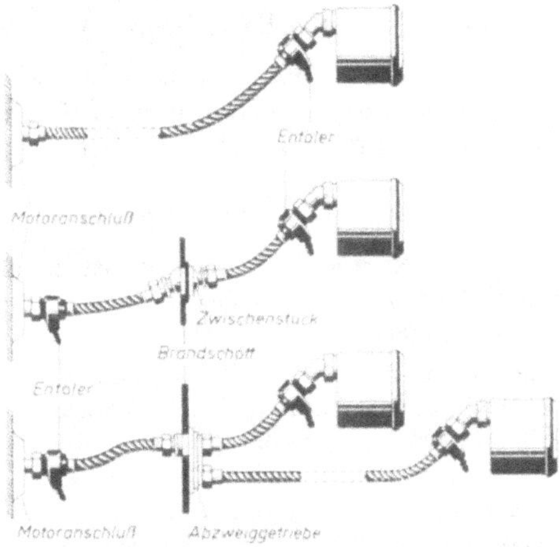

Abb. 11 Einbauarten des Antriebes für Nahdrehzahlmesser

Sofern der Geber aus wärmetechnischen Gründen nicht unmittelbar am Motor angeschlossen werden kann[31]), erfolgt eine Verbindung mit Hilfe einer kurzen biegsamen Welle, wie sie bereits beschrieben wurde. In diesem Falle gelangen ebenfalls Entöler zum Einbau, um den Geber vor Störungen durch Eindringen von Schmierstoff zu schützen (Abb. 12).

Abb. 12. Anbau eines Drehzahlgebers mit Entöler und biegsamer Welle am Motor

[31]) s. hierzu auch A I. 3. c).

Die bei den Nahdrehzahlmessern angewandten Arbeitsweisen sind auf rein mechanischer Grundlage entwickelt worden und allgemein im Maschinenbau bekannt. Die hiernach arbeitenden Geräte

1. Fliehpendeldrehzahlmesser,

2. Wirbelstromdrehzahlmesser

findet man mit entsprechenden Abweichungen in der konstruktiven Gestaltung bei den verschiedensten stationären und Verkehrsmaschinen. Eine besondere Entwicklung für das Flugzeug liegt den Ferndrehzahlmessern als

3. Elektrische Drehzahlmesser

zugrunde. Man erzeugt durch den Motor einen Strom und mißt seine Spannung in Abhängigkeit von der Drehzahl, wie dies in den nachfolgenden Abschnitten näher beschrieben wird.

Ein weiteres, of angewandtes Gerat zum Überwachen der Drehzahl[32]) ist das **Stroboskop,** das jedoch nicht in das Flugzeug eingebaut wird, sondern, als Handgerät zu bedienen, zu den Meßgeraten gerechnet werden muß (s. d. Einleitung und unter Teil II).

Im einführenden Abschnitt ,,Allgemeines" ist bereits näher erläutert, daß mit dem Anwachsen der Geräte im Flugzeug und dem dadurch bedingten Raummangel neue Wege gesucht werden mußten, um den Platzbedarf für die Geräte auf ein Mindestmaß zu beschränken. Sowohl bei den Überwachungsgeräten für den Flug als auch insbesondere bei den Triebwerküberwachungsgeräten hat dies im Gerätebau zu Mehrfachgeräten geführt. Neuerdings ist man daher dazu übergegangen, auch Drehzahlmesser als Mehrfachgeäte zu bauen. Die vorhergehend angeführte Einteilung der Drehzahlmesser ergänzt sich daher auf

4. Mehrfachdrehzahlmesser

Ganz abgesehen davon, daß die Arbeitsweisen der Nahdrehzahlmesser keineswegs die Möglichkeit ausschließen, sie zu Mehrfachgeräten weiterzuentwickeln, liegt für den auf kurze Entfernung zwischen Meßstelle und Anzeigeort einsetzbaren Mehrfachdrehzahlmesser kein Bedarf vor. Mehrfachgeräte sind brauchbar, wenn man mehrere gleichwertige Meßstellen an einem Motor hat oder die Werte mehrerer Motoren in einem Gerät vereinigt angezeigt werden sollen. Das erstere ist bei der Drehzahl nicht der Fall, sollen hingegen die Drehzahlen mehrerer Motoren in einem Gerät zusammengelegt werden, so kann es sich nur um seitlich angeordnete Triebwerke handeln oder um Motoren, die zwischen Meßstelle und Anzeigeort eine verhältnismäßig große Entfernung aufweisen. Mehrfachdrehzahlmesser werden daher stets Ferndrehzahlmesser sein und nach den vorhergehenden Ausführungen kann es sich dann nur um Geräte mit einer elektrischen Arbeitsweise handeln. Die Mehrfachdreh-

---

[32]) **Beachte auch den Gleichlaufspiegel im II. Teil.**

zahlmesser — sie sind auf dem Gebiet des Gerätebaues neuartig — sind aus den genannten Gründen eine Weiterentwicklung bereits vorhandener elektrischer Einfachgerate.

Der Mehrfachdrehzahlmesser ist vorerst eine Einzelausführung. Die Erfahrungen, die man ganz allgemein mit Mehrfachgeräten gemacht hat, die immer weiter steigende Vielzahl der Geräte im Flugzeug und die dadurch bedingte Raumnot erfordern es, jede nur gangbare Möglichkeit zur Platzersparnis auf dem Gerätebrett auszunutzen. Aus diesen Gründen ist auch der Entwicklung von Mehrfachdrehzahlmessern ein Weg gewiesen, der in absehbarer Zeit sicherlich weitere Geräte dieser Art ergeben wird.

1. Fliehpendeldrehzahlmesser

a) Arbeitsweise

Die Arbeitsweise des Fliehpendeldrehzahlmessers, der zu den Nahdrehzahlmessern gehört, ist bereits durch den Namen gekennzeichnet und grundsätzlich durch die seit Jahrzehnten bei stationären Maschinen, vor allem Dampfmaschinen, verwendeten Fliehpendel-Regler bekannt[33]). Rein schematisch betrachtet, werden an einer unmittelbar angetriebenen Welle zwei Gewichte, die man als Fliehpendel bezeichnet, gelenkig gelagert. Bei der Umdrehung der Welle mit den Gewichten haben diese das Bestreben, nach außen zu „fliehen“, d. h. sich von der Welle abzuheben. Je größer die Drehzahl ist, um so mehr heben sich die Gewichte von der Welle ab Die Größe der Entfernung der Gewichte von der Welle ist also von der Drehzahl abhangig. Überträgt man die jeweilige Entfernung auf einen Zeiger mit Zifferblatt, so ergibt sich bei entsprechender Eichung eine unmittelbare Anzeige der Drehzahl (Abb. 13).

Durch eine Feder, die sogenannte Rückholfeder, werden die Gewichte stets in ihre Ruhelage zurückgeholt; im Betrieb muß die Federkraft von der **Fliehkraft**[24]) der Gewichte uberwunden werden. Bei kleinen Drehzahlen sind die Fliehkräfte gering, so daß die **Anzeigegenauigkeit** zu Beginn des Anzeigebereiches nicht sehr groß ist. Eine ausreichende Ablesemöglichkeit besteht daher bei Fliehpendeldrehzahlmessern erst ab etwa 500 bis 600 Umdrehungen in der Minute.

Mit steigender Drehzahl wachst naturgemäß auch die Beanspruchung der Gerate. Um diese **Beanspruchung** so weit irgend möglich herabzusetzen, wird der Antrieb des Anzeigemechanismus neben einer selten angewandten direkten **Übertragung** in der Regel **untersetzt** ausgeführt. Es erfolgt dies motorseitig von vornherein dadurch, daß die Übertragung für den Antrieb der Anzeige an die Nockenwelle des Motors angeschlossen wird, sie hat gegenüber der Kurbelwelle nur die halbe

[33]) s. a. „Physik“.

[34]) Auch Zentrifugalkraft genannt. s. hierzu auch „Physik“ und Bd. 4 „Der Flug“, Abschn. X unter Kurve.

Drehzahl[35]). Geräte, die mit Untersetzungen angetrieben werden, weisen ein hierfür geeichtes Zifferblatt auf.

Die Motoren haben verschiedenen **Drehsinn,** sie laufen, vom Führersitz aus in Flugrichtung gesehen, entweder rechts herum (mit dem Uhrzeigersinn) oder links herum (entgegen dem Uhrzeigersinn[36]). Für die Anzeige des Fliehpendeldrehzahlmessers ist die Drehrichtung des Motors, wie sich durch einfache Überlegung aus Abbildung 13 ergibt, belanglos.

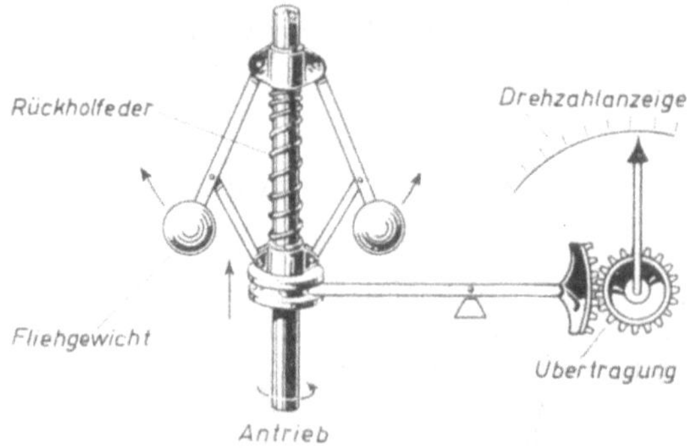

Abb 13 Arbeitsweise eines Fliehpendeldrehzahlmessers

b) Beschreibung

Je nach der Eigenentwicklung der verschiedenen Hersteller unterscheiden sich die in der Arbeitsweise gleichen Fliehpendeldrehzahlmesser im Meßwerk. Die Unterschiede sind jedoch nicht wesentlich, so daß die Darstellung einer Normalausführung für alle Geräte grundsätzlich gültig ist. Der schräge, seltener gerade **Anschluß**[37]) treibt mit einem, je nach dem Meßbereich veränderlich auswechselbarem Übersetzungsgetriebe — in Richtung zum Motor hin ist es eine Untersetzung — die an einer Pendelwelle gelenkig befestigten Schwungkörper an. Das Pendelsystem wird sowohl mit einfachen als auch doppelten Pendeln ausgeführt. Die Übersetzung erfolgt in der Regel in den Verhältnissen 1:1, 1:2 und 1:4[38]). Der Ausschlag der Schwungkörper wird im Betrieb durch einen Mitnehmerring über ein drehbar gelagertes Segment auf den Zeiger übertragen, der die Drehzahl auf dem geeichten Zifferblatt anzeigt. Durch

---

[35]) s. auch Bd. 5.

[36]) Mit dem Uhrzeigersinn laufend wurde früher auch mit Mdul oder Mul bezeichnet, entgegen dem Uhrzeigersinn laufend mit Edul. s. hierzu auch Bd. 4 „Der Flug", Abschn. X unter Kurve.

[37]) Der Anschluß wird auch schwenkbar ausgeführt, um eine möglichst geradlinige Führung der biegsamen Antriebswelle erreichen zu können (s. die Gerätemusterblätter, III. Teil).

[38]) Über- bzw. Untersetzungen von 1:4 sind Sonderausführungen und erfordern meistens ein Vorgelege am Antrieb.

die Rückholfeder, deren Kraft im Betrieb uberwunden werden muß, wird der Mechanismus in seine Ruhe- bzw. Null-Lage zurückgebracht.

Da die Reibung, wie bereits im Absatz „Grundsätzliches" betont, für die Zuverlässigkeit der Geräte eine wesentliche Rolle spielt, werden so weit möglich die schnell umlaufenden Wellen mit Kugellagern versehen. Eine besonders sorgfältige und widerstandsfähige **Lagerung** aller Teile ist mit Rücksicht auf die ständigen motorischen Erschütterungen und die Stöße beim Rollen, bei Abflug und Landung, wie auch bei allen anderen Geräten unerläßlich.

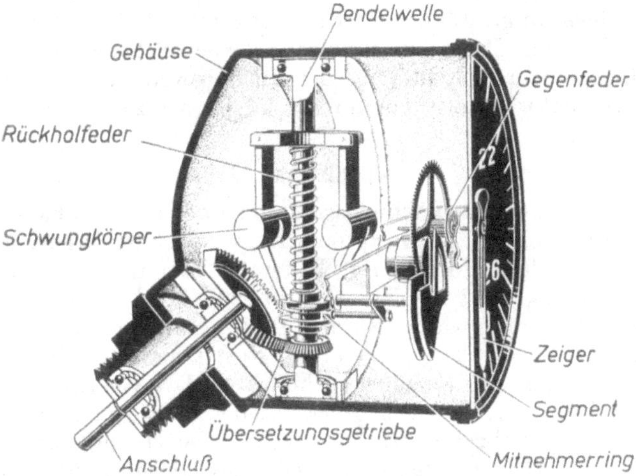

Abb 14. Innenansicht eines Fliehpendeldrehzahlmessers

Das heute fast ausschließlich aus Leichtmetall hergestellte Gehäuse dient, neben der Lagerung, zum Schutz des Gerätemechanismus gegen Beschädigungen und gegen Eindringen von Schmutz und Feuchtigkeit. Durch die Art des Gehäusewerkstoffes werden Beeinflussungen von in der Nähe befindlichen Kompassen vermieden. Aus diesem Grunde müssen auch alle anderen Teile des Gerätemechanismus aus nichtmagnetischem Werkstoff hergestellt werden.

Die **Anzeige** der Fliehpendeldrehzahlmesser richtet sich nach dem Bereich der Motordrehzahlen. Ein einfacher Zeigerumlauf geht über einen Meßbereich von 400—2400 oder 600—3000 Umdrehungen je Minute. Die Unterteilung erfolgt in Strichen mit Abständen von 50 zu 50 U/min bei einer Bezifferung mit Stufen von je 400/Umin.

Die einfache Arbeitsweise des Fliehpendeldrehzahlmessers ermöglicht auch eine einfache, widerstandsfähige Gestaltung des Meßwerkes. Die Anzeige ist stetig und selbst starke Drehzahlschwankungen werden nicht ruckweise, sondern fließend angezeigt. Bei der Anordnung von Doppelpendeln sind die Schwungmassen gegeneinander ausgeglichen, d. h. ausgewuchtet[39]), so daß das Gerät automatisch gegen Lagenänderungen des Flugzeuges (Beschleunigungskräfte, s. Bd. 2 und Bd. 4) unempfindlich ist. Bei einfachen Pendeln, die gegenüber dem Doppelpendel als „lagenabhängig" bezeichnet werden, wird die **Lagenempfindlichkeit** durch eine geeignete Wahl der Rückholfeder praktisch ausgeglichen.

Gegen **Temperatureinflüsse** ist der Fliehpendeldrehzahlmesser allgemein als unempfindlich zu bezeichnen. Bei der Gestaltung der Meßwerke werden die starken Temperaturschwankungen, die im Fluge auftreten können, durch eine von Erfahrungen abhängige Bemessung der Lagerungen berücksichtigt. Für den Betrieb sind hinsichtlich des Temperatureinflusses die vom Hersteller vorgeschriebenen Schmiermittel zu beachten. Insbesondere gilt dies für die Antriebswelle, die bei Schmiermitteln, die unter Einwirkung großer Kälte zu zäh werden, leicht brechen kann.

c) Einbau

Von den Triebwerküberwachungsgeräten ist der Drehzahlmesser nicht nur das älteste, sondern auch heute noch das wichtigste Gerät, und erst bei hochentwickelten Motoren mit Ladern[40]) kommt dem Ladedruckmesser (s. d.) eine gleich große Bedeutung für die Triebwerküberwachung zu. In allen Flugzeugen wird daher dem Drehzahlmesser auf dem Gerätebrett ein bevorzugter Platz eingeräumt, soweit man von der erforderlichen Bevorzugung der Flugüberwachungs- und Navigationsgeräte absieht (s. d.). Die Anordnung erfolgt so, daß der Flugzeugführer die Möglichkeit hat, den Drehzahlmesser im Blickfeld der Hauptgerate bequem überwachen zu können. Bei Flugzeugen mit nebeneinanderliegenden Führersitzen wird der Drehzahlmesser in der Mitte des Gerätebrettes, für den ersten und zweiten Flugzeugführer oder Bordwart gleich gut sichtbar, angeordnet. Wird ein Fliehpendeldrehzahlmesser als Nahdrehzahlmesser bei mehrmotorigen Flugzeugen verwendet, wie dies bei dreimotorigen Flugzeugen der Fall sein kann, so wird er als Mittelgerat eingebaut.

Die robuste und verhältnismäßig widerstandsfähige Bauart des Fliehpendeldrehzahlmessers läßt auch einen **festen Einbau** zu. Bei Flugzeugen früherer Zeit ist das Gerät fast immer ohne besonders schonende Lagerung fest am Flugzeug angeschraubt worden (vgl. Abb. 1). Bei den heute technisch hochentwickelten Flugzeugen wird der Drehzahlmesser wie jedes andere Gerat auf dem meistens elastisch gelagerten Gerätebrett befestigt. Die Befestigungsmittel müssen — wie bei allen anderen Geräten — aus **unmagnetischem Werkstoff** bestehen.

---

[39]) s. auch Bd. 4 und Bd. 9. Auswuchten = Gleichgewicht für jede Lage erzeugen. Unwucht = Gewichtsungleichheit der Teile eines um eine Achse drehbaren Körpers. Hierzu gehören auch Pendel mit ringförmiger Gestalt.

[40]) s. Bd. 5.

Hinsichtlich des Antriebes wurde über den Einbau bereits unter Abschnitt „Grundsätzliches" berichtet. Die Verlegung des Antriebes richtet sich von Fall zu Fall nach den örtlichen Verhältnissen im Flugzeug (s. a. Abb. 11).

d) Wartung

Wie unter b) angeführt, dient das Gerätegehäuse auch zum Schutz des Mechanismus gegen Nässe. Auf Feuchtigkeitsniederschlag, der einerseits Korrosion[41]) hervorrufen kann, andererseits zerstörend auf das Zifferblatt (Leuchtziffern s. auch unter Teil II) wirkt, ist daher zu achten. Sofern wahrnehmbare Feuchtigkeit nicht austrocknet, muß das Gerät ausgewechselt werden.

Störungen der Anzeige, die sich durch Schwankungen des Zeigers oder durch mangelnde Stetigkeit in der Anzeige bemerkbar machen, sind in den weitaus meisten Fällen auf den Antrieb durch die biegsame Welle zurückzuführen. Sie können eintreten durch:

1. Lockere Anschlüsse,
2. Schwingungen der Welle (ungenügende Lagerung),
3. Zu starke Wellenkrümmer,
4. Mangelnder Schmierstoff,
5. Verharzter Schmierstoff,
6. Verschmutzung.

Ebenso ist es möglich, daß durch einen Schaden am Entöler Schmiermittel in das Anzeigegerät eingedrungen sind; es wird dadurch ein Auswechseln des Gerätes notwendig.

Besteht die Annahme, daß die Anzeige nicht genau ist, so kann eine Nachprüfung auf Stand und im Fluge mit dem **Stroboskop** (s. II. Teil) erfolgen. Dabei darf der Anzeigeunterschied zwischen den beiden Geräten $\pm$ 30 U/min nicht überschreiten[42]); kann man einen vorhandenen Fehler nicht durch Behebung von Schäden am Antrieb beseitigen, so muß das Gerät ausgewechselt werden.

Fehlende Anzeige ist ebenfalls in erster Linie auf Schäden des Antriebes zurückzuführen; hierbei müssen auch vorhandene Vorgelege und Abzweiggetriebe beachtet werden. Erst wenn der Antrieb als einwandfrei festgestellt wird, ist der Schaden am Gerät selbst zu suchen und dieses gegebenenfalls auszuwechseln.

Die Lagerung der Geräte muß in trockenen Räumen erfolgen und bei langer Lagerzeit der Antrieb auf Verharzung der Schmiermittel zeitweilig überprüft werden. Eine Verschmutzung des Antriebes ist durch eine geeignete Schutzhülle zu vermeiden; dies ist besonders für den Transport zu beachten.

---

[41]) Korrosion = ein dem Verrosten gleicher Verfall der Metalle.

[42]) Nach den vom RLM herausgegebenen Vorschriften.

Hinsichtlich der Behandlung und Wartung der selbstleuchtenden Zifferblätter gelten die Richtlinien, die allgemein für alle Geräte mit Leuchtzifferblättern gültig sind (s. im II. Teil).

2. Wirbelstromdrehzahlmesser

a) Arbeitsweise

Beim Wirbelstromdrehzahlmesser, der wie das Fliehpendelgerät zu den Nahdrehzahlmessern gehört, beruht die Arbeitsweise auf **elektromagnetischer** Grundlage. In der Öffnung eines ringförmigen Dauermagneten ist ein ebenfalls ringförmiger Weicheisenkern so angebracht, daß zwischen beiden ein Luftspalt besteht. Der Weicheisenkern dient dazu, die Kraftlinien des magnetischen Feldes in dem Luftspalt zu

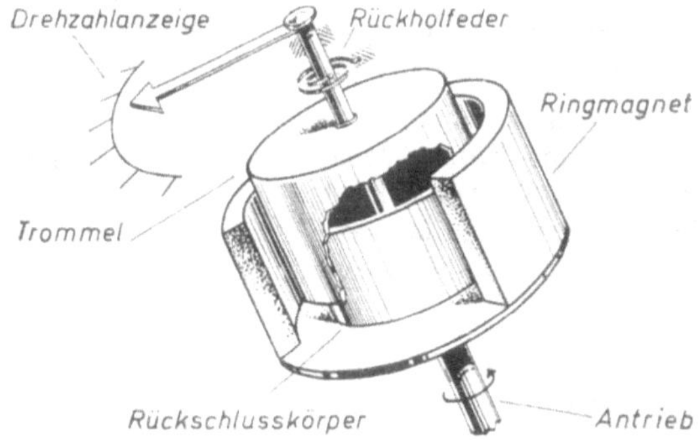

Abb. 15 Arbeitsweise eines Wirbelstromdrehzahlmessers

schließen und wird daher als Rückschlußkörper bezeichnet. In den Luftspalt ragt eine frei drehbare, aus Leichtmetall oder gleichwertigen Werkstoffen bestehende Trommel oder Glocke hinein; sie wird durch eine Feder in ihrer Null-Lage gehalten (Abb. 15). Wird durch den Antrieb der Ringmagnet mit dem Rückschlußkörper und damit das magnetische Feld in Drehung versetzt, so werden in der Glocke **Wirbelströme** erzeugt (induziert). Sie bewirken eine Drehung der Glocke gegen die Kraft der Rückholfeder.

Mit steigender Drehzahl wächst die drehende Kraft und damit der Ausschlag der Glocke, so daß bei entsprechender Eichung der unmittelbar mit der Glocke verbundene Zeiger auf einer Skala die Drehzahl des Antriebes bzw. des Motors anzeigt.

Da schon wenige Umdrehungen die Voraussetzungen für den Ausschlag der Glocke ergeben, ist auch bei einer geringen Drehzahl des Motors eine Ablesemöglichkeit der Anzeige vorhanden. Wirbelstromdrehzahlmesser werden aus diesem Grunde z. T. mit Zifferblättern hergestellt, die bereits von der Nullage an bequem ablesbar die Anzeige wiedergeben. Die **Anzeigegenauigkeit** ist über den ganzen Meßbereich gleichmäßig.

Hinsichtlich des Antriebes und der angewandten Übersetzungen gilt das gleiche, was bereits für den Fliehpendeldrehzahlmesser angeführt wurde.

Nachteilig ist bei dem Wirbelstromdrehzahlmesser, daß der **Drehsinn** des Antriebes dem der Anzeige entsprechen muß, da der Ausschlag des Zeigers bzw. der Glocke mit dem Drehsinn wechselt. Bei verschiedener Drehrichtung zwischen Motoranschluß und Anzeige muß in den Antrieb ein **Wendegetriebe** eingeschaltet werden, das je nach den Erfordernissen im Verhältnis 1:1 arbeitet oder gleichzeitig auch als Übersetzungsgetriebe verwendet werden kann.

b) Beschreibung

Der Arbeitsweise entsprechend ist der Gerätemechanismus bei Wirbelstromdrehzahlmessern verschiedener Herstellung bis auf reine Äußerlichkeiten gleich. Der im allgemeinen unmittelbar arbeitende Antrieb versetzt einen Ringmagneten mit Rückschlußkörper in Drehung und läßt dadurch, wie bei der Arbeitsweise geschildert, eine federgefesselte Glocke oder Trommel mit direkt gekuppeltem Zeiger ausschlagen. Dabei kann der Rückschlußkörper innerhalb des Ringmagneten liegen (Abb. 15) oder auch als Kapsel oder Mantel um den Magneten herumgelegt sein (Abb. 16).

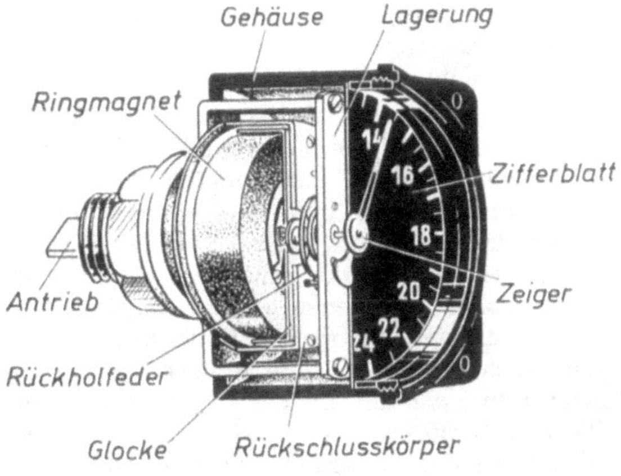

Abb. 16. Innenansicht eines Wirbelstromdrehzahlmessers

Der Anschluß für den Antrieb ist ausnahmslos gerade gerichtet. **Übersetzungen** werden in der gleichen Art wie bei den Fliehpendelgeräten im Verhältnis 1:2 und 1:4[43]) ausgeführt. Die Antriebswelle, die

[43]) Ausführung mit Sondermagneten.

den Ringmagneten und den Rückschlußkörper trägt, wird als einziger schnell umlaufender Teil des Meßwerkes in Kugellagern gelagert.

Hinsichtlich der übrigen Teile des Mechanismus und des Gehäuses gilt das gleiche, was für den Fliehpendeldrehzahlmesser erwähnt wurde. Eine Beeinflussung von in der Nähe befindlichen Kompassen wird vor allem jedoch durch das Magnetsystem hervorgerufen. Dieser Einfluß fällt fort, wenn das Gerät in Betrieb genommen wird, da sich dann das Magnetfeld in Drehung befindet, d. h. seine **Polarität**[44]) dauernd wechselt. Eine Kompensierung[45]) der Kompasse muß aus diesem Grunde bei laufenden Motoren erfolgen.

Der **Anzeigebereich** der Wirbelstromdrehzahlmesser ist den möglichen Motordrehzahlen angepaßt und wird für 200—2400 sowie 200 bis 3000 U/min ausgeführt. Bei einer Anzeige für Drehzahlen von 0—4000 U/min wird ein zweifacher Zeigerumlauf gewählt, in dieser Ausführung wird das Gerät mit einem kleinen Fenster versehen, das auf den zweiten Meßbereich von 2000—4000 U/min besonders hinweist (s. d. Gerätemusterblätter). Die Unterteilung des Zifferblattes erfolgt in Strichabständen von 50 zu 50 U/min bei einer Bezifferung in Abständen von je 200 Umdrehungen. Die Anzeige ist stetig, jedoch schwankt der Zeiger leicht bei starken Drehzahländerungen.

Gegen **Temperatureinflüsse** ist das Gerät verhältnismäßig empfindlich, da sich die durch Wärmeänderungen bedingten Ausdehnungen der Leichtmetallglocke auf die Wirbelströme auswirken und somit eine Änderung der drehenden Kraft, d. h. der Anzeige hervorrufen. Diese Fehlermöglichkeiten sind durch die begrenzte Auswahl der für die Glocke verwendbaren Metalle nur schwer auszugleichen[46]).

Durch den bestechend einfachen Aufbau seines Mechanismus ist der Wirbelstromdrehzahlmesser in der Meßtechnik weit verbreitet. Seine **Nachteile,** die einerseits durch die Änderung der Anzeige in Abhängigkeit vom Drehsinn, andererseits durch die Temperaturempfindlichkeit bedingt sind, haben das Gerät zum großen Teil aus der Luftfahrt verdrängt. Insbesondere gilt dies für Flugzeuge, die auch für große Höhen bestimmt sind oder solche, bei denen durch mangelnde Heizungsmöglichkeiten das Gerät den atmosphärischen Einwirkungen voll ausgesetzt ist. Hierbei muß beachtet werden, daß je nach den Verhältnissen im Flugzeug Temperaturschwankungen bis zu 70^0 und mehr auftreten können. Der Temperatureinfluß auf den Antrieb wurde bereits bei der Beschreibung des Fliehpendeldrehzahlmessers behandelt.

---

[44]) Mit Polarität wird das Vorhandensein zweier Pole gekennzeichnet, s. auch Physik.

[45]) s. den II. Teil, Abschn. D.

[46]) Reines Leichtmetall (Aluminium) hat einen verhältnismäßig hohen Temperaturkoeffizienten, man verwendet daher für die Glocke auch weniger empfindliche, geeignetere Legierungen.

c) Einbau

Als Nahdrehzahlmesser unterliegt der Wirbelstromdrehzahlmesser hinsichtlich des örtlichen Einbaues den gleichen Gesichtspunkten wie der Fliehpendeldrehzahlmesser. Dasselbe gilt für den Antrieb und die Verlegung der biegsamen Welle mit deren Zubehörteilen.

Da der Wirbelstromdrehzahlmesser durch die Art der Arbeitsweise und den Aufbau des Mechanismus nicht die gleiche Widerstandsfähigkeit wie das Fliehpendelgerät besitzen kann, ist eine **elastische Lagerung** beim Einbau unerläßlich. Sie wird bei einem Einzeleinbau durch die heute entwickelten und auf dem Markt erhältlichen Gerätelagerungsteile erreicht. Bei einem festen Einbau in ein Gerätebrett ist eine federnde Lagerung von vornherein durch die heute übliche elastische Aufhängung fast aller Gerätebretter gegeben.

d) Wartung

Wartungsmäßig ist der Wirbelstromdrehzahlmesser in der gleichen Art wie das Fliehpendelgerät zu behandeln (s. d.). Störungen in der Anzeige sind in erster Linie im Antrieb zu suchen und auf die bereits unter 1 d) angeführten Ursachen zurückzuführen. Bei einwandfrei befundenem Antrieb und mangelhafter Anzeige kann — abgesehen von rein mechanischen Fehlern — allgemein mit Korrosionsschäden der Leichtmetallglocke gerechnet werden. Sie rufen Änderungen der Wirbelströme und somit eine falsche Anzeige hervor. Störungen dieser und ähnlicher Art bedingen ein Auswechseln des Gerätes und weisen immer wieder darauf hin, daß ein empfindliches Gerät vor Feuchtigkeit gut geschützt und die Dichtigkeit des Gehäuses besonders beachtet werden muß. Alle weiteren Richtlinien für die Wartung decken sich mit denen für das Fliehpendelgerät.

3. Elektrische Drehzahlmesser

a) Arbeitsweise

Die Arbeitsweise der elektrischen Drehzahlmesser beruht darauf, daß die Spannung eines vom Motor angetriebenen Generators[47]) — dem **Geber** — von einem Spannungsmesser[48]) — dem **Anzeigegerät** — durch entsprechende Eichung als Drehzahl des Motors angezeigt wird. Dies ist möglich, da die Größe der Spannung von der Drehzahl des Gebers und somit von der Motordrehzahl abhängig ist. Die Übertragung der erzeugten Spannung vom Geber zum Anzeigegerät erfolgt durch zwei Kabel, deren Länge im Flugzeug praktisch beliebig groß sein darf. Der elektrische Drehzahlmesser ist daher ein **Ferndrehzahlmesser** (s. a. unter

---

[47]) Dynamomaschine.

[48]) Voltmeter.

„Grundsätzliches"), was jedoch nicht ausschließt, daß er auch als Nahdrehzahlmesser angewendet werden kann.

Für die elektrische Anzeige kann man verwenden:

a) Gleichstrom,
b) gleichgerichteten Wechselstrom,
c) Wechselstrom.

Die Ferndrehzahlmesser, die mit Gleichstrom oder gleichgerichtetem Wechselstrom arbeiten, haben sich wegen verschiedener Nachteile nicht ausreichend bewährt[49]), so daß sie von den Wechselstromgeräten verdrängt worden sind. Es werden aus diesem Grunde nur die Ferndrehzahlmesser nach der **Wechselstrom-Arbeitsweise** näher beschrieben, von denen es zwei Bauausführungen gibt, die sich grundsätzlich ähnlich sind.

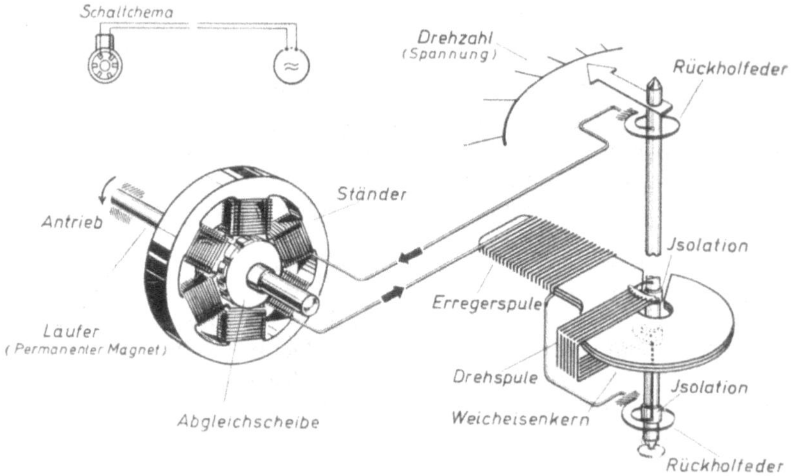

Abb. 17. Arbeitsweise und Schaltschema eines elektrischen Wechselstrom-Ferndrehzahlmessers (Bauart Deuta)

Der **Geber** des Ferndrehzahlmessers **Bauart Deuta** besteht aus mehreren elektrisch untereinander verbundenen Spulen, die auf Eisenkernen aufgewickelt sind. Die Eisenkerne sind ringförmig auf einem Kranz angeordnet, der zusammen mit den Spulen als **Ständer**[50]) bezeichnet wird. In diesem Ständer dreht sich der unmittelbar angetriebene Läufer[51]). Der **Läufer** ist ein, der Spulenzahl entsprechender sechspoliger permanenter Magnet, dessen einzelne nach innen gebogene Zacken wechselnd als Nord- und Südpol ausgebildet sind (Abb. 17). Durch die Drehung des Magneten wird in den Spulen des Ständers ein Strom erzeugt

[49]) Schnelle Abnutzung der Kollektoren und Schleifbursten des Gleichstromerzeugers; Unzuverlassigkeit der Gleichrichter (Temperaturempfindlichkeit).

[50]) Früher Stator genannt.

[51]) Früher Rotor genannt.

(induziert). Er wechselt seine Richtung durch die wechselnd vorbeilaufenden Nord- und Südpole des Magneten (Wechselstrom), so daß die Spannung der Ströme in den Spulen eine **Wechselspannung** ist. Die Größe der Spannung ist — wie bereits angeführt — von der Drehzahl des Gebers und damit von der Motordrehzahl abhängig[52]). Diese Arbeitsweise hat den Vorzug, daß bei den feststehenden Wicklungen der Spulen keine Stromabnehmer, d. h. keine Schleifbürsten erforderlich sind und eine Abnutzung vermieden wird.

Um die verschiedenen Geber auf einen gleichen Wert abstimmen, d. h. eichen zu können, ist am Läufer eine Abgleich- oder Eichscheibe angebracht. Diese Scheibe bildet einen „Nebenschluß" des permanenten Magneten, dessen Kraftfluß durch Näherung der Abgleichscheibe mittels Schraubgewinde beeinflußt wird. Der Geber liefert eine Überspannung, die man mit Hilfe dieser Eichvorrichtung bis zum erwünschten Spannungswert ausgleicht.

Im **Anzeigegerät** (Bauart Deuta) wird der Strom des Gebers über die Erregerspule eines hakenförmigen Weicheisenkerns geleitet, so daß dieser magnetisiert wird. Von hier aus geht der Strom über eine Drehspule, die mit der Zeigerachse fest verbunden ist; sie ist mit der Erregerspule in Serie[53]) geschaltet. Über die Zeigerachse geht die Stromführung zum Geber zurück.

Durch die mit den beiden Spulen erzeugten Magnetfelder, die ihre Polarität[54]) im gleichen Takte des durchfließenden Wechselstromes ändern, wird auf die Drehspule eine Kraft in stets gleicher Drehrichtung ausgeübt. Der Zeiger erhält einen Ausschlag, der mit wachsender Drehzahl des Motors, d. h. mit steigender Spannung größer wird und bei entsprechender Eichung der Skala unmittelbar die Motordrehzahl anzeigt. Die Drehung der Achse mit Drehspule und Zeiger erfolgt gegen die Kraft der Rückholfedern, die den Zeiger im stromlosen Zustand in seiner Nullage halten. Durch die Hakenform des Magneten wird erreicht, daß die Zeigerachse sich ohne Übersetzung über einen Bereich von 270° drehen kann.

Bei der gleichen Arbeitsweise des Wechselstrom-Drehzahlmessers nach der **Bauart Horn** wird für den **Geber** ein vierpoliger **Läufer** verwendet, der sich in einem **Ständer** mit derselben Spulenzahl dreht. Der Vorgang der Stromerzeugung unterscheidet sich nicht von der vorhergehenden Beschreibung. Im **Anzeigegerät** wird der Strom durch zwei Spulen (Feldspulen) eines aus lamellierten Blechen bestehenden Weicheisenkernes geleitet, geht dann über eine Meßfeder, die gleichzeitig als Rückholfeder dient, zur Drehspule und über die Zeigerachse und eine zweite Feder

[52]) Über die Arbeitsweisen eines einfachen Wechselstrom-Generators und eines Voltmessers s. Physik; sie entsprechen grundsätzlich den obigen Erläuterungen für den Ferndrehzahlmesser.

[53]) Auch Reihenschaltung genannt = hintereinanderschalten.

[54]) s. S. 30.

zurück zum Geber (Abb. 18). Der auch als Rückschlußkörper bezeichnete Weicheisenkern, der durch den Stromdurchgang mit Hilfe der beiden Erregerspulen[55]) magnetisiert wird, hat zwei haken- oder ringförmig ausgebildete Polschuhe, in deren Luftspalt sich die Drehspule über einen Bereich von etwa 270° dreht. Um eine ruhige Anzeige zu erzielen, ist, wie bei der vorhergehenden Bauart, an der Zeigerachse ein Dämpfungsflügel aus Leichtmetall befestigt. Er dreht sich in einer **Dämpfungs-**

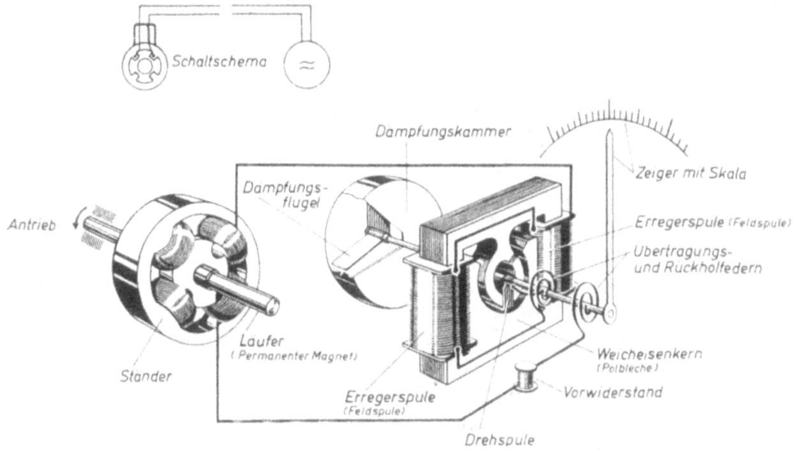

Abb. 18. **Arbeitsweise und Schaltschema eines elektrischen Wechselstrom-Ferndrehzahlmessers (Bauart Horn)**

kammer so eng anliegend an den Kammerwanden, daß die von ihm verdrängte Luft als Puffer wirkt und dadurch eine gleichmäßige, stetige Bewegung des Zeigers gewährleistet wird. Die Arbeitsweise gleicht hinsichtlich des Meßvorganges im übrigen der des bereits beschriebenen Gerätes.

Die von dem Drehsinn des Gebers unabhängige Anzeige ergibt schon in der Nähe des Nullpunktes gut ablesbare Werte, dabei ist die Einteilung der Anzeige von Stufe zu Stufe gleich, d. h. sie zeigt mit dem Wachsen der Drehzahl und damit der Spannung einen linearen Verlauf.

b) Beschreibung

Die Beschreibung des **Drehzahlgebers** (Bauart **Deuta,** Abb. 19) ist grundsätzlich durch die Schilderung der Arbeitsweise gegeben. Der aus einem Leichtmetallgehäuse, Ständer und Läufer bestehende kleine, leichte Spannungserzeuger gleicht im allgemeinen den Wechselstromgeneratoren, wie sie für die verschiedensten Zwecke (z. B. Fahrradbeleuchtung) verwendet werden. Der Läufer, der als schnell umlaufender Teil in Kugellagern gelagert ist, trägt auf einer Achse den permanenten

[55]) Auch Feldspulen genannt.

Magneten, den man nach seiner Form als Kronmagneten bezeichnet. An die Innenseite der sechs Zacken des Magneten ist ein magnetisch beeinflußbarer Nebenschlußring angelegt. Durch eine geeignete Werkstoffauswahl dieses Ringes wird eine durch Temperatureinfluß bedingte Spannungsänderung des Gebers ausgeglichen. Zusätzlich ist auf der Läuferachse die bereits behandelte Abgleichscheibe angebracht (Abb.19).

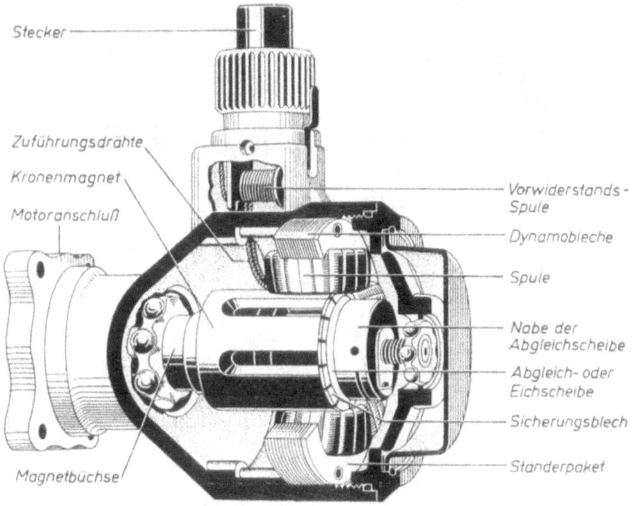

Abb. 19 Innenansicht eines Deuta-Wechselstrom-Drehzahlgebers.

An den Geber können auch zwei Anzeigegeräte angeschlossen werden, wie es für Flugzeuge mit doppelten Führersitzen (Schulflugzeuge) oder bei besonderem Maschinistenstand (s. u. Allgemeines) von Großflugzeugen erforderlich ist[56]). Der Geber wird meistens mit einer kurzen biegsamen Welle am Motor angeschlossen (s. S. 21 und Abb. 12). Bei direkter Kupplung mit dem Motor kann der Einfluß der Motorwärme bei unzureichender Kühlmöglichkeit trotz des Temperaturausgleiches Anzeigefehler hervorrufen.

Der **Drehzahlgeber** Bauart **Horn** ist dem vorhergehend beschriebenen Gerät ähnlich und in seinem Aufbau so einfach, daß von einer Schnittzeichnung abgesehen und anstatt dessen ein Foto der inneren Teile wiedergegeben ist (Abb. 20, vgl. das Gerätemusterblatt im III. Teil des Buches). Der aus Oerstitstahl gefertigte vierpolige Magnet des Läufers dreht sich in einem aus lamellierten Dynamoblechen hergestellten Ständer. Die Ständerpole sind für die Erzeugung eines gleichmäßigen Stromes[57]) mit besonderen Weicheisenpolschuhen versehen, die durch

[56]) Die Eichung ist dann jedoch eine andere oder der Geber ist stärker.

[57]) Möglichst sinusförmiger Strom.

Bleche aus Thermoperm verbunden sind. Durch diese Maßnahme wird der Einfluß von Temperaturunterschieden zwischen -60^0 bis $+120^0$ auf die Geberspannung in den zulässigen Fehlergrenzen ausgeglichen (kompensiert).

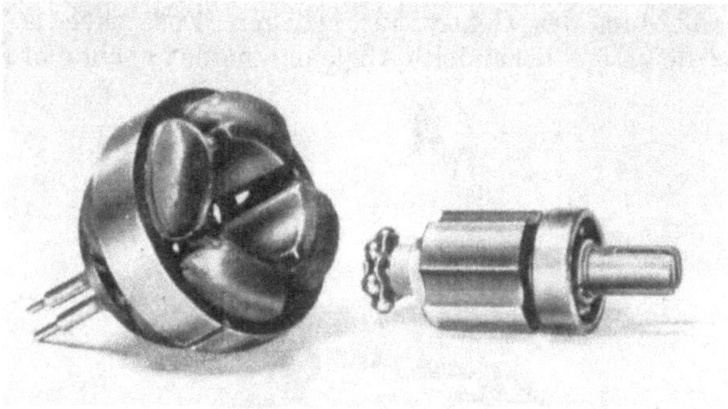

Abb 20 Stander und Laufer des Drehzahlgebers (Bauart Horn)

Ständer und Läufer sind in einem aus Leichtmetall hergestellten Gehäuse untergebracht, das mit Boden und Deckel spritzwasserdicht verschlossen wird. Die widerstandsfähige und gegen Temperatureinflüsse verhältnismäßig unempfindliche Bauart gestattet einen

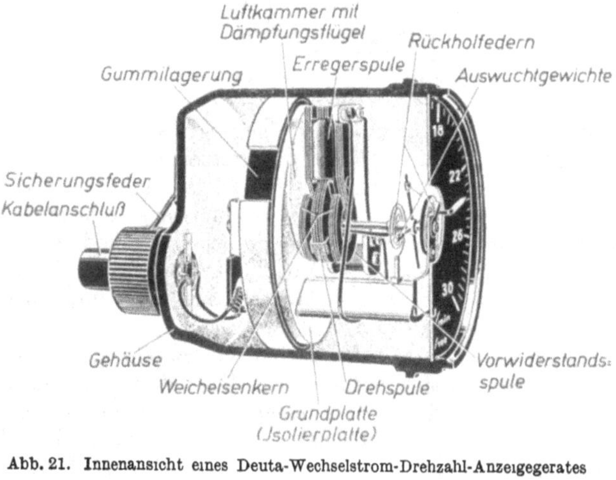

Abb. 21. Innenansicht eines Deuta-Wechselstrom-Drehzahl-Anzeigegerates

unmittelbaren Anschluß des Gerätes am Motor. Die doppeladrige Übertragungsleitung wird mit einem Schraubanschluß betriebssicher am Gerät befestigt. Für einen Anschluß an zwei Anzeigegeräte ist der beschriebene Geber nicht vorgesehen, hierfür wird ein Doppelgeber verwendet, der bei den Mehrfachgeräten erlautert ist (s. unter 4 a und b.)

Der Mechanismus des **Anzeigegerätes** Bauart **Deuta** (Abb. 21) ist mit Rücksicht auf Schäden durch Feuchtigkeitseinfluß in einem allseitig geschlossenen Preßstoffgehäuse untergebracht. Es besitzt nur eine große Öffnung, in die das Meßwerk eingeführt und mit Gummiring und Glasscheibe — sie wird durch einen Sprengring gehalten — dicht abgeschlossen wird.

Über einen, durch eine Kordelmutter gehaltenen Stecker erfolgt die Stromzufuhr zur Erregerspule, die auf den Mittelteil von drei übereinanderliegenden und hinten mit Eisenstückchen verbundenen Blechpaketen (Weicheisenkern) aufgewickelt ist. In dem Luftspalt zwischen den hakenförmigen Blechpaketen bewegt sich die Drehspule, deren Stromfluß über die beiden Rückholfedern läuft. Ein Dämpfungsflügel, der sich mit geringem Luftspalt in einer Dämpfungskammer dreht, sorgt für einen ruhigen Zeigerumlauf. Gegen Erschütterungen ist das Meßwerk mit einer Grundplatte aus Isolierstoff in einem Gummiring innerhalb des Gehäuses gesondert gelagert.

Eine besondere Auswahl für den Werkstoff des Weicheisenkernes kompensiert[58]) die im Fluge bedingten Temperatureinflüsse bis zu etwa 100^0 Wärmeunterschied. Zum Justieren[59]) des Gerätes auf die erwünschte Anzeige ist eine Vorwiderstandsspule auf der Grundplatte des Meßwerkes befestigt.

Entsprechend den verschiedenen Drehzahlgrenzen der Motoren werden die Anzeigegeräte mit vier **Meßbereichen** gebaut:

200—1800 U/min
300—2400 U/min
500—3000 U/min
600—3600 U/min.

Der Mechanismus des **Anzeigegerätes** Bauart **Horn** ist in einem spritzwasserdichten Leichtmetallgehäuse untergebracht. Auf den Weicheisenkern mit den beiden Erreger- oder Feldspulen ist ein kleiner Bock geschraubt, der die in Steinen gelagerte Zeigerachse mit Zeiger, Federn und Drehspule trägt. Unmittelbar mit dem Meßwerk ist die Dämpfungskammer fest verbunden und das Ganze auf einer aus Isolierstoff bestehenden Grundplatte befestigt (Abb. 22). Um die Erregerspulen in den an sich geschlossenen, rahmenförmigen Weicheisenkern einsetzen zu können, sind dessen einzelnen Bleche unterteilt und so ausgebildet, daß sie an der Trennstelle ineinander geschoben werden können. Auf der Grundplatte angeordnete Vorwiderstände dienen zur Justierung und Temperaturkompensation des Gerätes. Das Meßwerk wird geschlossen in die große vordere Öffnung des Gehäuses eingeführt und mit seiner Grundplatte auf dem Gehäuseboden festgeschraubt. Eine mit Gummidichtung und Schraubring gehaltene Glasscheibe schließt das Gehäuse

[58]) Kompensieren = ausgleichen.
[59]) Justieren = eichen.

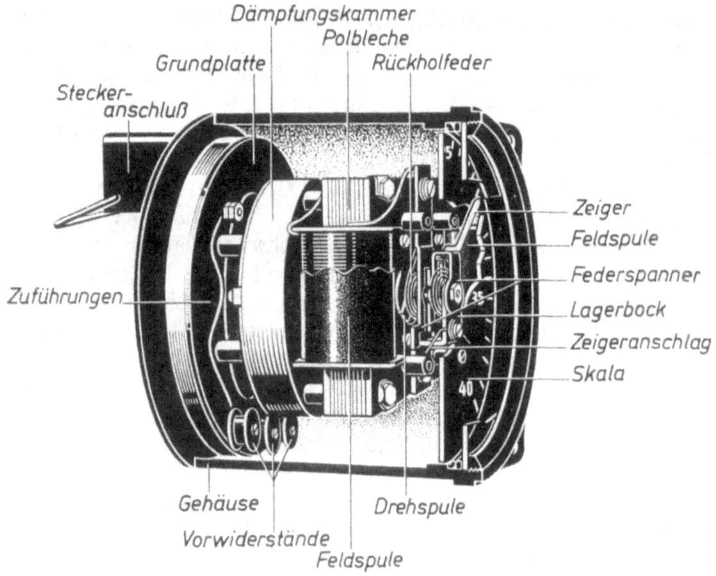

Abb 22 Innenansicht eines Horn-Wechselstrom-Drehzahl-Anzeigegerates

ab. Das Übertragungskabel wird mit einem Stecker am Gehäuseboden angeschlossen und durch einen Federbugel betriebssicher gehaltert.

Die Anzeige ist auf drei **Meßbereiche** abgestellt (vgl. die Gerätemusterblätter):

300—3000 U/min
300—3600 U/min
300—4000 U/min.

Für alle Anzeigegeräte ist der zugehörige Geber stets der gleiche, da der Meßbereich durch Eichung dem Wechselstromgenerator angepaßt wird. Die Geberausfuhrung Bauart Deuta lauft mit der halben Drehzahl der Kurbelwelle (0,5 n_{KW} = Kurbelwellendrehzahl) wie dies im gleichen Sinne bei den Nahdrehzahlmessern der Fall ist (Anschluß an der Nockenwelle, s. unter 1 a). Die Geber der Bauart Horn laufen hingegen mit der gleichen Drehzahl wie die Kurbelwelle, d. h. mit 1,0 n_{KW}. Sofern andere Über- bzw. Untersetzungen unter Berücksichtigung vorhandener Motoranschlüsse bedingt sind (s. hierzu auch die Gerätemusterblätter) ist eine Umeichung der Anzeigegeräte erforderlich. Die Anzeige ist stetig und bei der verwendeten Dämpfung auch bei starken Drehzahlschwankungen fließend.

c) Einbau

Für die örtliche Unterbringung von Ferndrehzahlmesser-Anzeigegeräten gelten die gleichen Richtlinien, die bereits für Nahdrehzahlmesser angeführt wurden. In weitaus stärkerem Maße als bei Geräten mit anderer Arbeitsweise ist der elektrische Drehzahlmesser durch seine beliebig verlegbare Verbindung zwischen Geber und Anzeigegerät für eine doppelte Anzeige geeignet, insbesondere bei Großflugzeugen mit einem Maschinistenstand (s. unter A. Allgemeines).

Der **Geber** wird je nach seiner Bauart verschieden im Triebwerk untergebracht. Entweder wird er unmittelbar an den Motor angeflanscht (s. unter a) Arbeitsweise) oder aus wärmetechnischen Gründen unter Zwischenschaltung einer kurzen **biegsamen Welle** und Befestigung an einem besonderen Halter mit dem Triebwerk verbunden (s. Abb. 12 und 23). Als **Wärmeschutz** kann man den Geber fernerhin auch unter Zwischenschaltung einer Pakkung aus Asbest oder gleichwertigem Werkstoff an seiner Halterung befestigen. Für die Anbringung des Halters wird eine möglichst erschütterungsfreie Stelle gewählt, so daß durch die nur mittelbare Verbindung zwischen Geber und Motor von vornherein zerstörende Einflüsse durch die feinen Triebwerksschwingungen ausgeschaltet werden[60]).

Abb 23 Deuta-Drehzahlgeber und Halter fur die Befestigung in der Triebwerkanlage

Der Einbau des **Anzeigegerätes** mit seinem feinen Mechanismus bedingt eine erschütterungsfreie Lagerung, die bei neuzeitlichen Flugzeugen durch die von vornherein **elastisch** gelagerten Gerätebretter gegeben ist. Bei einem Einzeleinbau außerhalb eines Gerätebrettes ist dieser Punkt besonders zu beachten, um die Lebensdauer und Betriebssicherheit der Geräte nicht unnötig zu gefährden.

d) Wartung

Störungen in der Anzeige der elektrischen Ferndrehzahlmesser, die sich in Fehlanzeige, Schwankungen des Zeigers oder zu niedriger und zu hoher Anzeige, wie sie durch ein Stroboskop zu ermitteln sind (siehe unter „Grundsätzliches" und 1 d), äußern, können sowohl auf den Antrieb des Gebers als auch auf elektrische Ursachen zurückgeführt werden. In erster Linie ist daher bei nicht offensichtlichen Fehlern der **Antrieb** zu prüfen; hierfür sind die unter 1 d) angeführten Richtlinien zu beachten.

[60]) Nach den deutschen Vorschriften ist eine unmittelbare Verbindung zwischen Geber und Motor nicht in jedem Falle statthaft.

Wird der Antrieb als einwandfrei befunden, so ist eine Fehlermöglichkeit in den elektrischen Leitungen zu suchen. Sie müssen nach bestimmten Vorschriften (BVF) verlegt sein, wie sie auch von den Geräteherstellern in deren Handbüchern oder Einbauanleitungen veröffentlicht werden.

Die **Leitungsverlegung** ist daher zu prüfen (Scheuerstellen, Schluß durch Feuchtigkeit), insbesondere die Verbindungsstellen am Geber und Anzeigegerät und soweit vorhanden die Trennstellen, die durch einen Tragflügelanschluß oder auswechselbare Triebwerke bedingt sind. Die Verbindung erfolgt durch vorgeschriebene Stecker; sie müssen auf Verschmutzung (Farbe) und Wackelkontakte, sowie die einwandfreie Beschaffenheit der Sicherungen nachgesehen werden. Überwurfmuttern müssen handfest sitzen, ohne „angeknallt" zu sein.

Sind sämtliche Leitungsorgane in Ordnung, so kann die Störung der Anzeige nur am Geber oder Anzeigegerät liegen; eine Behebung solcher Fehler erfordert ausnahmslos das Auswechseln der Geräte. Fehlanzeige oder Schwankungen der Drehzahl sind in solchen Fällen durch unsichere Kontakte im Anzeigegerät oder Verschmutzung sowie Korrosionserscheinungen in beiden Geräten bedingt. Zu hohe oder zu niedrige Anzeige ist auf eine Verstellung der Abgleichscheibe im Geber oder auch eine Änderung des permanenten Magneten zurückzuführen. Er kann durch Alterung und die ständigen Erschütterungen im Flugbetrieb in seiner Feldstärke nachlassen.

Die Temperatur des Gebers ist während des Betriebes durch den Raum (Motorvorbau) bedingt, in dem das Gerät untergebracht ist (beachte den Schutz vor der unmittelbaren Motorwärme durch den Einbau, s. diesen). Diese **Betriebstemperaturen** liegen bei etwa + 20 bis + 80° (bei luftgekühlten Motoren bei etwa + 40° C, bei flüssigkeitsgekühlten Motoren bei etwa +75° C, wobei die Anzeigegenauigkeit zwischen + 25 und — 10 U/min liegt[61]). Die Betriebsfähigkeit ist hierbei voll gewährleistet, da die zulässigen Temperaturgrenzen —60° und +120° C betragen. Das Anzeigegerät hat Betriebstemperaturen von etwa — 20° bis +50° C mit einer Anzeigegenauigkeit von ±25 U/min, dabei betragen die zulässigen Grenzen etwa — 60° und + 90° C.

Obgleich Geber und Anzeigegeräte auf das sorgfältigste gegen Feuchtigkeit geschützt sind, ist diese Fehlermöglichkeit wie bei allen anderen Geräten besonders zu beachten. Dies gilt auch für die Lagerung der Geräte, die bei ausreichend trockener Aufbewahrung auch gegen Verschmutzung und Korrosion der Kontaktstellen zu schützen sind.

---

[61]) Gegebenenfalls werden die Geber vom Hersteller auf eine bestimmte Betriebstemperatur eingestellt.

4. Mehrfachdrehzahlmesser

a) Arbeitsweise

Wird bei einem Großflugzeug oder für Schulzwecke eine Ferndrehzahlmesser-Anlage mit doppelten Anzeigegeräten für eine Meßstelle eingebaut, so kann es vorkommen, daß durch verschiedene Ursachen ein Anzeigegerät ausfällt. Verwendet man für die Erzeugung des Stromes nur einen Geber für zwei Anzeigegerate, so wird in diesem Fall die Spannung anwachsen und das restliche Anzeigegerät eine zu hohe Anzeige ergeben. Um dieser Fehlermöglichkeit vorzubeugen, ist ein **Doppelgeber** entwickelt worden, der sich in seiner Arbeitsweise von dem Einfachgerät nicht unterscheidet. Es sind bei diesem Gerät (Bauart Horn) zwei elektrisch und magnetisch voneinander getrennte Generatoren rein mechanisch miteinander verbunden und in einem Gehäuse untergebracht. Durch diese Bauausführung wird für einen Doppelgeber am Meßpunkt nur eine Anschlußstelle wie für ein Einfachgerät benötigt.

Das **Mehrfachanzeigegerät** des Ferndrehzahlmessers wurde aus Gründen der Raumersparnis entwickelt, wie dies im Abschnitt Grundsätzliches näher erläutert ist. Auch hier unterscheidet sich die Arbeitsweise des Doppelanzeigers (Bauart Horn) nicht von der des Einfachgerätes. Die Bauausführung der Arbeitsweise hat lediglich ein anderes äußeres Gesicht, da zwei elektrisch und magnetisch voneinander getrennte Meßwerke auf kleinstem Raum in einem Gehäuse vereinigt sind (s. unter Beschreibung). Die beiden getrennten, jedoch konzentrisch angeordneten Zeigerachsen tragen zwei Zeiger, die über die gleiche Anzeigeskala laufen, so daß der volle Zeigerumlauf über 270° für beide Anzeigen voll ausgenutzt wird. Ein Zeiger läuft von der Mitte des Zifferblattes, der zweite Zeiger von außen über die Anzeigeskala (s. unter Beschreibung und die Gerätemusterblätter). Durch diese Anordnung hat man sofort einen Überblick, ob die beiden angeschlossenen Motoren die gleiche, durch die Drehzahl gekennzeichnete Leistung haben. Diese Lösung der **Doppelanzeige** entspricht dem Bestreben, den Flugzeugführer in der Geräteüberwachung zu entlasten, wie dies im Abschnitt II 3 c) eingehender behandelt ist.

b) Beschreibung

Der Aufbau des **Doppelgebers** (Bauart **Horn**) entspricht dem des bereits beschriebenen Einfachgerätes und ist so übersichtlich, daß von einer Schnittdarstellung abgesehen wurde. In Abb. 24 sind die Teile vom Mechanismus als Foto wiedergegeben. Auf einer in Kugellagern laufenden Achse sind die beiden Dauermagneten aus Oerstit-Stahl aufgeschoben. Dieser Läufer dreht sich in einem Doppelständer, der zwei hintereinander gesetzten Ständern des Einfachgerätes gleichwertig ist. Die Pole der beiden Geber sind, wie aus der Abbildung ersichtlich, in Richtung der Läuferachse um 45° gegeneinander versetzt.

Der gesamte Mechanismus wird geschlossen in einem Leichtmetallgehäuse untergebracht, das mit Boden und Deckel spritzwasserdicht verschlossen wird Zwei durch Verschraubungen gesicherte Stecker dienen zum Anschluß der beiden doppeladrigen Übertragungsleitungen.

Abb. 24. Stander und Laufer des Doppel-Drehzahlgebers (Bauart Horn)

Der Mechanismus des **Zweifach-Anzeigegerätes** besteht aus zwei völlig voneinander getrennten gleichartigen Meßwerken, die auf einer Grundplatte miteinander verbunden sind und dadurch ein Aggregat bilden, das geschlossen in das aus Leichtmetall hergestellte Gehäuse eingesetzt

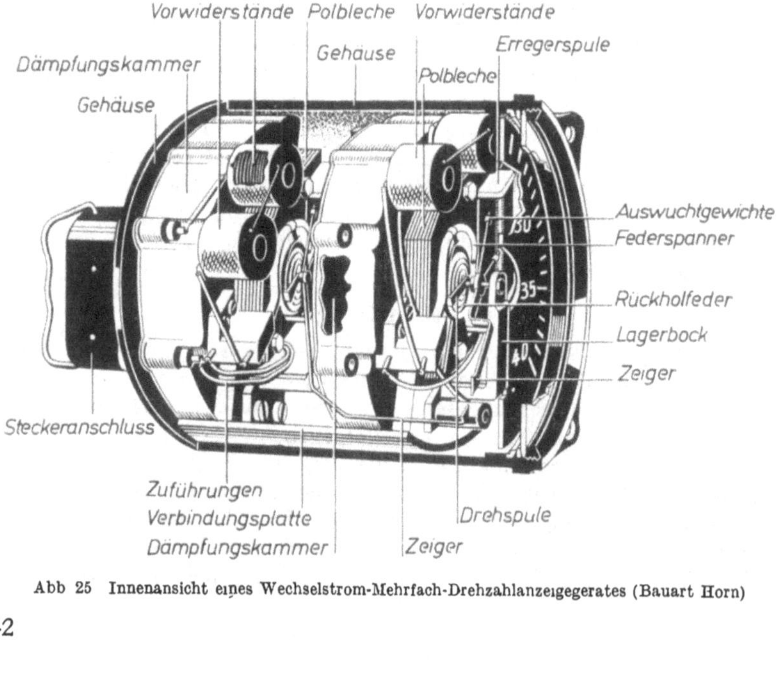

Abb 25 Innenansicht eines Wechselstrom-Mehrfach-Drehzahlanzeigegerates (Bauart Horn)

wird. Die beiden Meßwerke unterscheiden sich nur durch die Zeigerausführung. Der Zeiger des vorderen Meßwerkes wird in der üblichen Weise von der Mitte aus über die Anzeigeskala geführt, während der Zeiger des hinteren Meßwerkes durch einen feinen Umlenkhebel um das vordere Meßwerk herumgeführt wird und so über den äußeren Kranz der Anzeigeskala läuft. Die beiden Zeiger stehen daher auf derselben Skala einander gegenüber (Abb. 25).

Gegenüber dem einfachen Meßwerk (Abb. 18 und 22) weist das einzelne Meßwerk des Zweifach-Anzeigegerätes (Bauart Horn) verschiedene Vereinfachungen auf, die vor allem durch den geringen Raum, der in dem genormten Gehäuse zur Verfügung steht, bedingt sind. Der aus lamellierten Blechen zusammengesetzte, zweiteilige Weicheisenkern oder Rückschlußkörper ist um etwa die Hälfte verkleinert und hat nur eine Erregerspule zur Erzeugung des magnetischen Feldes, in dem sich die Drehspule bewegt. Die Ausbildung der Polschuhe ist im übrigen die gleiche wie bei dem Einfachgerät. Die **drehenden Teile** sind mit ihrer Achse auf der Vorderseite in einem kleinen Bock, auf der Rückseite in dem Boden der **Dämpfungskammer** gelagert. Gegen die Einwirkungen von Beschleunigungskräften (Kurve, Abfangen, Böen usw.) sind die drehenden Teile am Zeiger durch kleine Gewichte ausgewuchtet (massenausgeglichen). Je zwei Vorwiderstände dienen zum Justieren und Kompensieren des Gerätes.

Das Meßwerk wird in die große vordere Öffnung des Gehäuses eingesetzt und am Gehäuseboden verschraubt; eine mit Gummidichtung und Schraubring gehaltene Glasscheibe schließt das Gehäuse ab. Zum Anschluß der beiden doppeladrigen Übertragungsleitungen dienen zwei Steckdosen[62]), die in zwei am Gehäuseboden befestigte Buchsen eingesetzt und durch Federbügel betriebssicher gehaltert werden.

c) Einbau

Sowohl fur den **Doppelgeber** als auch das **Zweifachanzeigegerät** gelten die gleichen Einbaurichtlinien, die bereits für die Einfachgeräte unter 3 c) angegeben sind. Der Geber wird auf Grund seiner Widerstandsfähigkeit und seiner verhältnismäßig großen Unempfindlichkeit gegen Temperatureinflüsse unmittelbar an der Meßstelle des Motors angeflanscht. Als Wechselstromgeräte haben Ferndrehzahlmesser keinen Einfluß auf in der Nähe befindliche Kompasse, die Befestigungselemente müssen jedoch wie bei allen anderen Geräten den maßgebenden Vorschriften entsprechen.

---

[62]) Nach Vorschrift des Vereins Deutscher Elektrotechniker (VDE-Vorschrift) wird bei einer Steckerverbindung der spannungsführende Teil mit Steckdose, der spannungslose Teil mit Stecker bezeichnet.

d) Wartung

Hinsichtlich der Wartung sind bei den Mehrfachgeräten dieselben Punkte wie bei den Einfachgeräten zu beachten. Durch die doppelten Leitungen, Geber und Meßwerke erhöhen sich offensichtlich auch die Fehlermöglichkeiten. Dabei wird der Gefahr falscher Anzeigen durch Verwechseln von Leitungen und Steckern einerseits durch **unverwechselbare Stecker,** andererseits durch **farbige Leitungskennzeichnung** vorgebeugt. Anzeigestörungen, die nicht auf Leitungsfehler, sondern auf den Geber oder Anzeiger zurückzuführen sind, bedingen fast ausnahmslos ein Auswechseln der Geräte, da solche Fehler im allgemeinen nur vom Hersteller behoben werden können. Für eine Einlagerung gelten dieselben Hinweise, die für alle anderen Drehzahlmesser angeführt worden sind.

II. Druckmesser

Grundsätzliches

Alle **Betriebsmittel**[63]) werden den verschiedenen technischen Einrichtungen des Flugzeuges, insbesondere dem Triebwerk, aus Gründen der Betriebssicherheit zwangsläufig mit einem gewissen **Übermaß** zugeführt, sei es durch künstlichen oder natürlichen Druck (Gefälle). Auf Grund ihrer Arbeitsweise oder durch eine Steuerung verarbeiten die Verbrauchsstellen von Betriebsstoffen nur die erforderlichen Mengen und der Überschuß wird abgeleitet oder in die Entnahmebehälter zurückgeführt. Dabei ist es wesentlich, eine Prüfung der erwünschten Zufuhr zu ermöglichen. Im Falle des natürlichen Druckes, dessen Größe durch die Fallhöhe eines Behälters gekennzeichnet ist (z. B. Fallbehälter für Kraftstoff), kann durch ein einfaches **Schauglas** die Kontrolle erfolgen, da es sich dabei stets um leichtflüssige Betriebsmittel handelt. Sofern aber ein bestimmter künstlicher Druck für die Zufuhr irgendeines Betriebsmittels beliebiger Art notwendig ist, kennzeichnet die Größe des Druckes die einwandfreie Förderung.

Die **Druckmessung** stellt also nach dem heutigen Stand der technischen Entwicklung ein zuverlässiges Hilfsmittel für die Überwachung der Betriebsmittel-Zufuhr dar, wobei die **Mengenmessung** mittelbar mit erfaßt wird. Aus diesem Grund sind seit Jahren Druckmeßgeräte für die verschiedensten Zwecke entwickelt worden.

Ein Druck kann auf verschiedene Art gemessen und gekennzeichnet werden, was sich nicht nur auf die Anzeige, sondern auch auf die technische Gestaltung der Geräte auswirkt.

---

[63]) Betriebsmittel = alle zum Betrieb des Flugzeuges gehörenden Hilfsmittel, wovon Kraftstoff, Schmierstoff und Kühlstoff unter dem Begriff „Betriebsstoffe" gesondert zusammengefaßt werden (s. hierzu auch Bd. 4, Abschn. IX).

In der Technik mißt man den Druck[64]) als Gewicht (kg) auf eine bestimmte Flächengröße (cm^2) mit der Dimension $kgcm^{-2}$ (kg/cm^2) und bezeichnet die Einheit dieses Druckes (spezifischer Druck) als **technische Atmosphäre** = 1 at = 1 $kgcm^{-2}$. Im allgemeinen gilt dieser Einheits- oder Normaldruck als Ausgangs- oder Nullpunkt für eine Messung, da er dem atmosphärischen Druck, der im Ruhezustand auf das Gerät wirkt, d. h dem Normal-Luftdruck am Boden gleichwertig ist[65]). Ein niedrigerer Druck wird mit Unterdruck, ein höherer mit Überdruck und der Bezeichnung „atü" benannt. Man wählt aber für Triebwerküberwachungsgerate auch einen völlig drucklosen Zustand als Ausgangspunkt für eine Messung (absoluter Nullpunkt des Druckes oder absolutes Vakuum) und bezeichnet dann den Druck von diesem Nullpunkt aus betrachtet als **absoluten Druck** mit der Bezeichnung ata; der Ausgangs- oder Nullpunkt — d. h. 0 $kgcm^{-2}$ — ist dann gleich 0 ata. Ist der absolute Druck größer als 1 $kgcm^{-2}$, so setzt er sich nach den vorhergehenden Betrachtungen aus dem atmosphärischen und dem Überdruck zusammen, d. h. ata = 1 at + atü.

In der Mehrzahl aller Fälle (z. B. Kraftstoff- und Schmierstoffdruck) wird der Überdruck oder Unterdruck gegenüber der Atmosphare, d. h. gegenüber rund 1 at gemessen Außerdem werden **Druckdifferenzen** (z. B. der Druckunterschied zwischen dem Kraftstoffdruck und dem Ladedruck eines Motorgebläses) oder auch zusammengesetzte Drücke angezeigt. Im letzteren Fall handelt es sich im wesentlichen um die Messsung des **Ladedruckes,** der mit Hilfe des Verdichters (Gebläse oder Lader) erzeugt wird und sich aus dem atmosphärischen Druck (1 at) und dem Verdichtungsdruck (atü) zusammensetzt. Er wird folgerichtig als absoluter Druck (ata) gekennzeichnet[66]).

Bruchteile eines Druckes werden hinsichtlich der Anzeige in Form von Dezimalbrüchen angegeben. Dabei wird, wenn es sich um die Messung von Über- oder Unterdruck handelt und 1 at = 1 $kgcm^{-2}$ als Ausgangspunkt gilt, der vorhandene atmosphärische Druck nach den vorhergehenden Erläuterungen vernachlässigt und nicht mit angezeigt. Der Ausgangspunkt des Zeigers ist demnach eine Nullanzeige.

Der Zusammenhang zwischen den verschiedenen Werten mit ihren Kennzeichnungen ist in Abb. 26 dargestellt. Gleichzeitig sind die **Druckbezeichnungen** und Dimensionierungen nach Quecksilbersäule, Millibar und Zoll in das Diagramm eingetragen, so daß der Abbildung alle maßgebenden Druckwerte entnommen werden können. Nähere Erlauterungen über den Druck, seine Messung und Bezeichnung sind in Band 3, Abschn. VII enthalten.

---

[64]) s. Bd. 3, Abschn VII

[65]) Über die Zusammenhänge zwischen 1 at und dem atmosphärischen Druck siehe Bd. 3.

[66]) siehe unter 3 a).

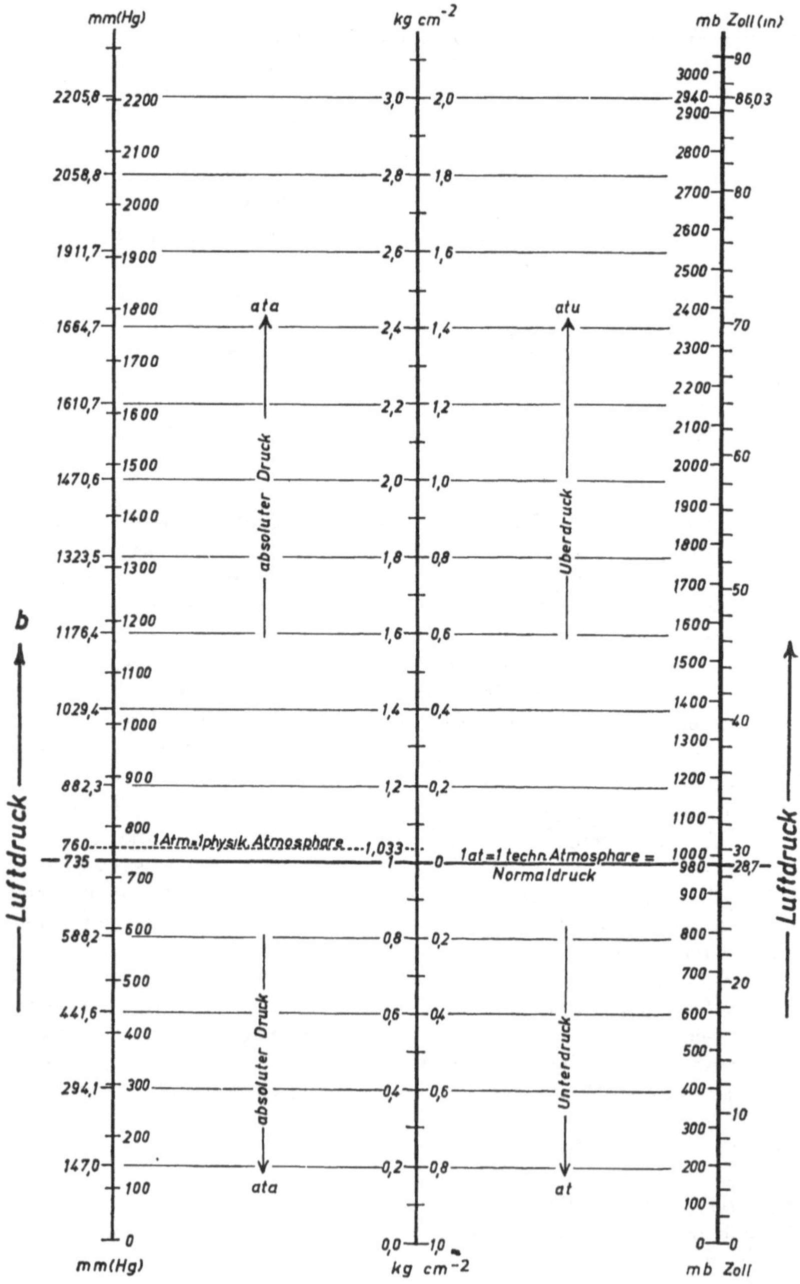

Abb. 26 Diagramm der verschiedenen Druckbezeichnungen

Für die Messung eines Druckes werden die verschiedensten Verfahren angewendet (s. a. Teil II und Bd. 3, Abschn. VII). Davon kommen zwei **Vorrichtungen für die Druckmessung** innerhalb einer Flugzeug-Triebwerkanlage in Betracht:

Röhrenfedern[67]),
Membrandosen,

die man auch als die eigentlichen Meßorgane bezeichnet.

Die **Röhrenfeder** ist ein im Querschnitt oval geformtes Rohr, das unter Berücksichtigung einer erforderlichen Federwirkung aus Phosphorbronze oder ähnlichen, gleichwertigen Werkstoffen hergestellt[68]) und kreisförmig gebogen wird. Ein durch das Druckmittel (Gas oder Flüssigkeit) auf das Innere der Röhrenfeder ausgeübter Druck bewirkt ein Aufbiegen des Rohrbogens. Diese Auslenkung[69]) des Rohres (Streckung des Rohres) wird als Maß für die Größe des zu messenden Druckes benutzt, wie dies in den nachfolgend behandelten Arbeitsweisen näher beschrieben ist.

Eine **Membrandose**[70]) besteht aus zwei runden, aus Bronze, Neusilber oder ähnlichen Werkstoffen hergestellten Tellern, die so miteinander verlötet sind, daß sie einen dosenförmigen Hohlkörper bilden. Durch eine wellenförmige Gestaltung der Dosenbleche und die Art des Werkstoffes erhält eine solche Dose genügend Elastizität, um sich bei Eintritt eines Gases oder einer Flussigkeit unter Druck mehr oder weniger ausdehnen zu können. Die Größe der Ausdehnung (Dosenhub) in Abhängigkeit vom Druck wird als Maß für die Druckmessung verwertet.

Röhrenfedern und Membrandosen zeigen nach einer Ausdehnung eine **Nachwirkung.** Sie äußert sich im wesentlichen darin, daß für den Rückgang in die Ausgangsstellung eine gewisse Zeit benötigt wird. Diese elastische Nachwirkung wird neben einer entsprechenden Gestaltung des Mechanismus (Werkstoffwahl, Anbringung von Federn) durch eine künstliche **Alterung** von vornherein so weit möglich ausgeschaltet. Im II. Teil des Buches wird hierauf noch näher eingegangen, da diese Maßnahme für die empfindlicheren Höhenmeßgeräte von besonderer Bedeutung ist.

Die Anwendung einer Röhrenfeder oder einer Membrandose für eine bestimmte Aufgabe ist beliebig Man findet beide Meßorgane für jede

---

[67]) Auch Bourdonrohr oder richtiger Schinzsche Röhre genannt.

[68]) Die Zusammensetzung des Werkstoffes ist wie auch bei den Membrandosen meistens Werkgeheimnis des Herstellers.

[69]) Auch als „Hub" der Rohrenfeder bezeichnet, s. a. S. 52 u. 58.

[70]) Man verwendet auch einfache Membranbleche (Membrane), die mit einer Dichtung auf ein Gehause aufgelegt und fest verbunden werden und mit dem Gehäuse zusammen ein Membrandosen ähnliches Meßorgan bilden (s. unter 4. elektr. Druckmesser) oder auch einen aus mehreren Dosen bestehenden „Membranbalg" (s. a. Abb. 28).

Art der Druckmessung, wenn auch bei unmittelbarer Übertragung des Druckmittels die Röhrenfeder für hohe Druckwerte, die vor allem bei der Schmierstoff-, Drucköl- und Gasdruckmessung[71]) mehrere Atmosphären betragen können, bevorzugt angewendet wird (s. hierzu unter 1 a). Im allgemeinen spielt der einzelne genaue Anzeigewert bei der Druckmessung keine ausschlaggebende Rolle, da die Drücke in der Betriebsmittelversorgung unvermeidlichen Schwankungen unterworfen sind, für die man verhältnismäßig weite Grenzen zulassen kann. In solchen Fällen steht der Zeiger des Anzeigegerates für die Dauer des Betriebes in einem zulassigen Sollbereich. Er wird am Zifferblatt besonders gekennzeichnet. Bei der Ladedruckmessung ist hingegen der genaue Anzeigewert sehr wichtig, zumal auf Grund der wahrend eines Fluges wechselnden Motorleistung der zugehörige Ladedruck ständig überwacht werden muß. Ladedruckmesser, die sehr feine Druckunterschiede anzeigen müssen, bedingen einen empfindlichen Anzeigemechanismus, für den dann ausschließlich Membrandosen verwendet werden.

Die **Druckmessung** kann **auf verschiedenen Wegen** erfolgen:

1. Das unter Druck stehende Betriebsmittel wird dem Meßorgan (Rohrfeder oder Membrandose) **unmittelbar** zugeführt. Dieses Verfahren wurde ursprünglich für alle Druckmeßgeräte angewendet, soweit sie im Flugzeugbau eingeführt worden sind. Nachteilig ist bei der direkten Druckübermittlung, daß bei einem Bruch der Geräteleitung der Druck für das betreffende Betriebsmittel verloren geht und damit die Förderung, wenn auch nicht immer vollständig unterbunden, zumindest aber stark gestört wird. Besonders ist hierbei die mögliche Brandgefahr zu beachten (Zerstörung einer Kraftstoffdruckleitung). Dieser Gefahr kann dadurch begegnet werden, daß man

2. den zu messenden Druck des betreffenden Betriebsmittels auf einen **Druckmittler**[72]) (Membrane) wirken läßt und ihn von hier aus mit einer Druckübertragungsflüssigkeit auf das Anzeigegerät weiterleitet. Druckmittler sind in verschiedenen Ausführungen angewendet worden, haben sich jedoch nicht in der erforderlichen Form bewährt[73]). Wenn man auch heute von ihrem Einbau im allgemeinen absieht, so sollen sie jedoch, da es sich hier um eine grundsätzliche Art der Druckübertragung handelt, der Vollständigkeit halber mit angeführt werden.

Bei der einen Ausführung wird an einer zweckmäßigen Stelle der Übertragungsleitung — meistens am Brandschott des Triebwerkgerüstes — ein Membran-Rohrbruchventil zwischengeschaltet. Dieser Druckmittler besteht aus einem zweiteiligen, verschraubten Gehäuse mit einer Stoffmembrane. Sie wird auf der einen Seite von dem unter

---

[71]) Feuerlösch- und Höhenatmeranlagen.

[72]) Auch als Druckübermittler oder als Membran-Rohrbruchventil bezeichnet.

[73]) Die Schwierigkeiten bestehen darin, die Leitungen zwischen Druckmittler und Anzeigegerat betriebssicher dicht halten zu können.

Druck stehenden Betriebsmittel, auf der anderen von der **Übertragungsflüssigkeit** berührt (Abb. 27).

Unter Berücksichtigung der im Flugbetrieb auftretenden Temperaturschwankungen bis zu 70° C und mehr[74]) muß die Druckübertragungsflüssigkeit Eigenschaften besitzen, die ein Einfrieren und damit Versagen der Anzeige von vornherein ausschalten. Fernerhin darf die Volumenänderung der Flüssigkeit durch **Temperatureinfluß** nicht so groß sein, daß dadurch unzulässige Anzeigefehler hervorgerufen werden. Für die Übertragungsflüssigkeiten, die im allgemeinen nach besonderem Rezept des Herstellers angefertigt werden, verwendet man unter anderem **Glyzerin.** Die Füllung der Leitung mit der Übertragungsflüssigkeit, die bei der Schmierstoffdruckmessung auch angewendet wird, wenn kein Druckmittler vorhanden ist, erfolgt nach besonderen Vorschriften und mit Hilfsgeräten, die einerseits durch den Gerätehersteller, andererseits durch **behördliche Anweisungen** festgelegt sind[75]).

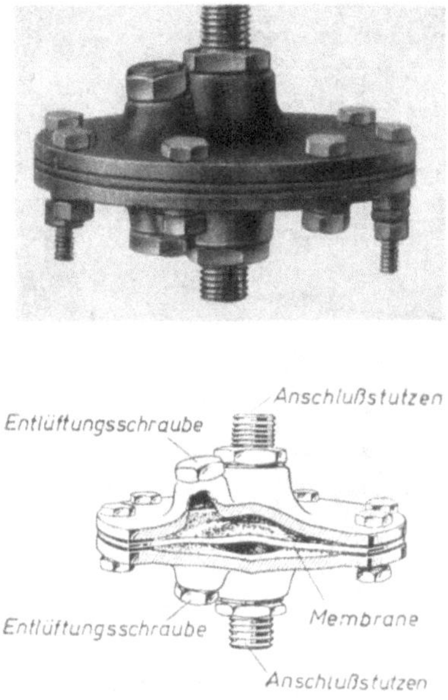

Abb 27. Membran-Rohrbruch-Ventil (Druckmittler)

Eine weitere Art der Druckmittlerausführung mit größerer Betriebssicherheit ist die **Druckdose.** Sie besteht aus einem Federbalg, der einseitig geschlossen ist und die Druckübertragungsflüssigkeit enthält. Über eine untrennbar mit dem Druckmittler und dem Anzeigegerät verbundene Leitung wird der auf die Dose wirkende Druck durch die Übertragungsflüssigkeit in die Röhrenfeder — das Meßorgan — geleitet. Druckmittler in dieser Form, die vor allem für die Schmierstoffdruckmessung vorgesehen sind, werden unmittelbar an der Druckentnahmestelle mit dem Triebwerk verbunden; z. B. wird ein solcher **Federbalg** mit einer Schraubverbindung in dem dazu bestimmten Öldruckgehäuse des Motors befestigt (Abb. 28). Ist ein solcher Einbau nicht möglich, so wird die Druckdose in ein Spezial-Aufnahmegehäuse eingesetzt und dieses unmittelbar an die Druckentnahmestelle ange-

---

74) Beachte die Temperaturgrenzen für die Meßgenauigkeit nach BVF unter A. Allgemeines. S. 18.

75) Zeitweilige Überprüfung und Wechsel der Übertragungsflüssigkeiten nach bestimmten Überholungszeiten, s. auch die TS-Lehrblätter der Luftwaffe.

schlossen. Durch die untrennbare Verbindungsleitung zwischen Druckmittler und Anzeigegerät ist ein gelegentliches **Nachfüllen** der Übertragungsflüssigkeit weder erforderlich noch möglich. Es kann fernerhin die Leitungslänge während des Einbaues nicht beliebig bestimmt werden, sie muß von vornherein festgelegt sein und nach besonderen Angaben vom Herstellerwerk gefertigt werden.

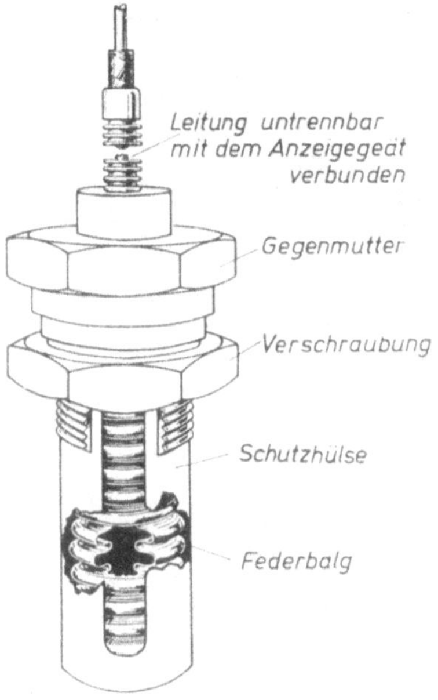

Abb. 28. Druckdose (Druckmittler)

Die Druckübertragung mit Hilfe von Druckmittlern ergibt **Vorteile**, wenn die Entfernungen zwischen der Meßstelle und dem Anzeigegerät sehr groß sind. Die dann erforderlichen Leitungslängen vergrößern einerseits die **Bruchgefahr** (Schwingungsmöglichkeiten), andererseits sind sie für einen bequemen Ein- und Ausbau unzweckmäßig; Druckmittler sind geeignet, in solchen Fällen Abhilfe zu schaffen.

Bei mehrmotorigen und Groß-Flugzeugen ergeben sich Leitungslängen und auch **Trennstellen** für seitliche Motoren, die für eine Druckübertragung, gleichgültig ob sie direkt oder durch einen Druckmittler erfolgt, von der Meßstelle durchgehend bis zum Anzeigegerät unbrauchbar sind. Für solche Verhältnisse wird ein anderer Weg der Druckmessung eingeschlagen.

3. Der Druck wird unmittelbar an der Meßstelle oder in deren Nähe zum Meßorgan geleitet und an Ort und Stelle auf eine **elektrische Meßweise** übertragen. Die Übertragung erfolgt derart, daß der Dehnungsweg des Meßorganes zur Änderung eines elektrischen Widerstandes ausgenutzt wird, der in einen vom Bordnetz gespeisten Stromkreis eingeschaltet ist. Das **Anzeigegerät** — einem Galvanometer[76]) ähnlich (Drehspul- oder Kreuzspulgerät, s. unter Arbeitsweise) — ist ein elektrisches Meßgerät, das den vom Widerstand gesteuerten Strom mißt und damit die Größe oder Änderung des Druckes anzeigt. Dieser Arbeitsweise werden verschiedenartige elektrische Schaltungen zugrunde gelegt.

Rein äußerlich entspricht die Arbeitsweise des elektrischen Druckmessers mit Geber und Anzeigegerät derjenigen des elektrischen **Fern-**

---

[76]) Galvanometer = Stromstärkemesser.

drehzahlmessers, so daß man sinngemäß von einem **Ferndruckmesser** sprechen kann, obwohl sich diese Kennzeichnung noch nicht eingebürgert hat.

Ferndruckmesser ermöglichen wie bei gleichartigen Geräten für andere Meßstellen eine praktisch beliebig lange Leitungsverlegung. Die elektrische Druckmessung stellt daher vor allen Dingen für Großflugzeuge mit seitlich angeordneten Triebwerken die einzig mögliche Meßweise dar.

Wie sich aus den vorstehenden Erläuterungen ergibt, ist jede Druckmessung eine **Differenzdruckmessung.** Es wird entweder der Unterschied zwischen dem atmosphärischen und dem künstlichen Druck oder der Unterschied zwischen zwei verschiedenen künstlichen Drücken gemessen, gleichgültig ob es sich um einen Unter- oder Überdruck handelt. Man spricht aber bei einer auf den atmosphärischen Druck bezogenen Vergleichsmessung nur von einer einfachen Druckmessung. Da man die Ladedruckmessung, die auf den luftleeren Raum bezogen wird (absolutes Vakuum), für sich betrachten kann (s. S. 45), erhält man nach den verschiedenen Überlegungen für die Arbeitsweisen als zweckmäßigste Unterteilung:

1. Einfache Druckmesser,
2. Differenzdruckmesser,
3. Ladedruckmesser,
4. Elektrische Druckmesser (Ferndruckmesser).

Diese Einteilung ist unabhängig davon, auf welches Betriebsmittel die Druckmessung bezogen wird. Bei der Beschreibung der einzelnen Geräte und den Gerätemusterblättern im III. Teil wird von Fall zu Fall auf das betreffende Betriebsmittel hingewiesen.

Wie bereits unter A. Allgemeines des näheren beschrieben, werden auch aus Gründen der **Raumersparnis** verschiedene Meßwerte hinsichtlich ihrer Anzeige in einem Gerät vereinigt, so daß **Mehrfachmeßgeräte** entstehen (s. Abb. 9). Die Zusammenfassung der Anzeigen ist verschieden, es werden u. a. sowohl mehrere Höhenmessungen (s. Teil II), als auch mehrere Betriebsdruckmessungen sowie gemischt Druck- und Temperaturmessungen vereinigt. Solche **Gemischt-Mehrfachmeßgeräte** zählen dann einerseits zu den Druckmessern, andererseits zu den Temperaturmessern.

Die Anwendung der Arbeitsweisen ist ebenfalls unterschiedlich, d. h. es kommen sowohl Federrohre als auch Membrandosen bei der direkten Druckzufuhr und der elektrischen Übertragung in Frage. Aus diesen Verhältnissen heraus ergibt sich als weitere Unterteilung für die Druckmeßgeräte neben den unter 1. bis 4. angeführten Einfachgeräten

5. Mehrfachdruckmesser.

Im Verlauf der Schilderung der Druckmeßgeräte werden von den Mehrfachgeräten nur diejenigen vollstandig behandelt, die sich auf reine Druckmessung beziehen, während von den Mehrfachgeräten mit gemischter Messung nur der Teil, der für die Druckanzeige wichtig ist, einer naheren Betrachtung unterzogen wird. Der Teil der Mehrfachgeräte, der eine Temperaturanzeige wiedergibt, wird dann bei den Temperaturmeßgeraten erläutert. Aus Gründen einer einheitlichen Unterteilung läßt sich diese Trenung nicht vermeiden. Sie ist im übrigen belanglos, da die grundsätzliche Beschreibung der jeweiligen Arbeitsweise in den einzelnen Abschnitten über die „Einfachgeräte" vorausgenommen wird.

1. Einfache Druckmesser

a) Arbeitsweise

Bei der Arbeitsweise des einfachen Druckmessers wird der Druck entweder unmittelbar durch das Betriebsmittel oder mit einer Übertragungsflüssigkeit (s. unter Grundsätzliches) auf das Anzeigegerat übertragen. Als **Meßorgan** wird eine kreisförmig gebogene **Röhrenfeder** verwendet, die an der Eintrittsöffnung für das Druckmittel fest gelagert

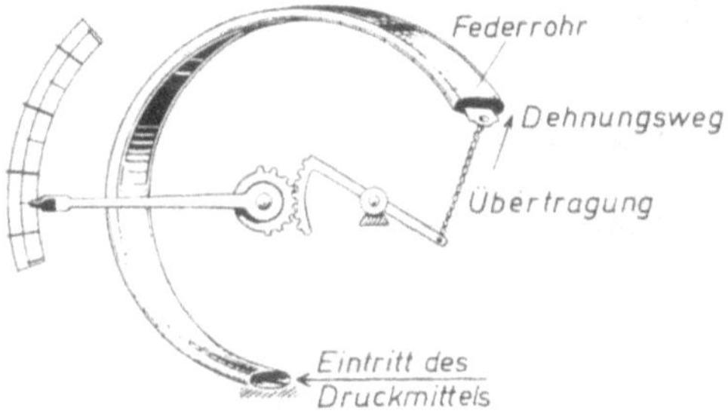

Abb 29 Arbeitsweise eines einfachen Druckmessers

ist. Wird das im Meßorgan befindliche Betriebsmittel oder die Übertragungsflüssigkeit unter Druck gesetzt, so streckt sich das Federrohr, und das freie geschlossene Ende macht einen Ausschlag. Dieser Weg der **Federstreckung** — man spricht dann auch von einem Hub der Röhrenfeder — wird mit einem Hebelwerk und Zahnrädern auf einen Zeiger übertragen, so daß dieser die Größe des Ausschlages anzeigt (Abb. 29). Bei dieser Druckmessung unterliegt die Außenseite der Röhrenfeder dem atmosphärischen Druck.

Der Federweg wächst bei den Federrohren im gleichen Verhältnis zum Druckanstieg, so daß sich ein gleichmäßiger Ausschlag, d. h. ein linearer Verlauf für die Anzeige ergibt, und die Abstände auf dem Zifferblatt von Stufe zu Stufe gleich groß sind. Bereits geringe Druckwerte erzeugen einen sichtbaren Federweg. Die Anzeige beginnt daher jeweils bei einem Nullwert, ganz abgesehen davon, daß für die Anzeige während des Betriebes nur ein höherer Druckwert (meistens ein bestimmter Bereich, s. unter Grundsätzliches) von Bedeutung ist. Wie aus den Erläuterungen hervorgeht, entspricht die **Nullstellung** des Zeigers dem äußeren atmosphärischen Druck, denn das Federrohr befindet sich in Ruhe, d. h. in seiner Ausgangs- oder Nullstellung, wenn der innere Druck gleich dem äußeren ist. Folglich gibt auch eine Druckanzeige den Unterschied zwischen dem inneren und äußeren Druck des Federrohres an und ist somit gleich einer **Differenzdruckmessung**; die Röhrenfeder zeigt — der Anzeige entsprechend mit Null beginnend — den Mehrdruck gegenüber dem Außendruck, d. h. einen Überdruck (atü) an.

Druckmesser mit dieser Arbeitsweise werden für Betriebsstoffe bis zu einem **Überdruck** von 15 $kgcm^{-2}$ verwendet, wie er bei Schmierstoffdruckmessungen einer Triebwerkanlage auftreten kann[77]). Bei Höhenatmeranlagen werden derartige einfache Druckmesser für einen Überdruck bis zu 250 $kgcm^{-2}$ angewendet.

b) Beschreibung

Der Arbeitsweise entsprechend ist bei dem einfachen Druckmesser eine einzelne Röhrenfeder am Ende ihrer Eintrittsöffnung auf einer Grundplatte starr gelagert; diese trägt gleichzeitig den gesamten übrigen Gerätemechanismus und den Anschluß für die Druckleitung. Ein Verbindungsstück — meistens eine kleine Feder[78]) — am freien Ende der Röhrenfeder überträgt die Federstreckung auf einen Hebel, der an der anderen Seite mit einem Zahnsegment versehen ist. Das Zahnsegment greift in ein Zahnrad oder Ritzel ein, das unmittelbar mit der Zeigerachse verbunden ist und somit den Zeiger ausschlagen läßt. Eine Rückholfeder führt den Zeiger jeweils in seine Ruhelage zurück und hebt etwa vorhandenen toten Gang auf (Abb. 30).

Die Grundplatte, die mit dem Meßwerk von vorne in ein aus Leichtmetall oder Preßstoff hergestelltes Gehäuse eingeführt wird, ist mit dem Gehäuseboden fest verschraubt. Das mit selbstleuchtenden Ziffern und Teilstrichen versehene Zifferblatt und eine mit Dichtung und Sprengring gehaltene Glasscheibe schließen das Gehäuse ab. Die Verbindung mit der Außenluft wird durch eine beliebig im Gehäuse vorhandene Undichte hergestellt.

Die einfachen Druckmesser verschiedener Herstellung unterscheiden sich in dem Aufbau ihres Mechanismus nur so wenig, daß die vorstehende Beschreibung für alle Ausführungen grundsätzlich gültig ist. Je nach dem Verwendungszweck, der durch die zu prüfenden Betriebsmittel bedingt ist, werden die Röhrenfedern und die Hebelübertragungen verschieden bemessen und danach wird auch der Anzeigebereich gestaltet.

---

[77]) Die auftretenden Druckwerte betragen bei Kraftstoff etwa bis zu 2 $kgcm^{-2}$, bei Schmierstoff etwa bis zu 10 $kgcm^{-2}$. Die höheren Grenzen der Anzeigen dienen zur Überwachung von auftretenden Überdrücken.

[78]) Bei Überdruck, der vielfach ohne Schaden für das Gerät das Dreifache des Höchst-Solldruckes betragen darf, legt sich die Röhrenfeder ohne einzuknicken gegen die Gehäusewandung oder einen Anschlag; wird das Verbindungsstück als Feder ausgebildet, die sich ausdehnen kann, so wird durch diese Maßnahme gleichfalls ein weiterer Schaden verhütet.

Einfache Druckmesser[79]) werden mit einem zugehörigen **Anzeigebereich** hergestellt für (s. hierzu die Fußnote[77], S. 53):

a) Kraftstoff bis zu 3 kgcm^{-2},
b) Schmierstoff bis zu 15 kgcm^{-2},
c) Feuerlöschanlagen bis zu 10 kgcm^{-2},
d) Druckölanlagen bis zu 160 kgcm^{-2},
e) Höhenatmeranlagen bis zu 250 kgcm^{-2}.

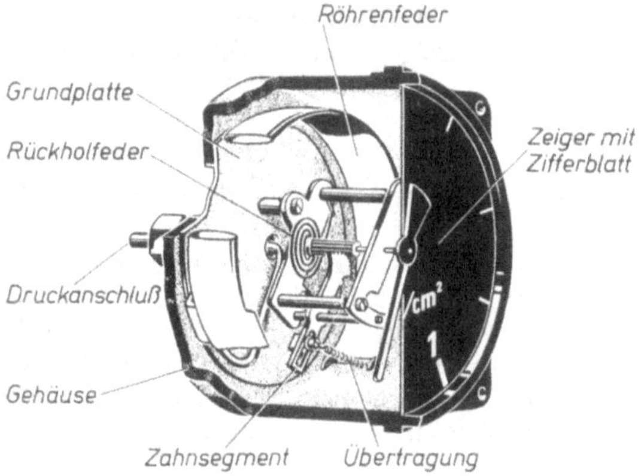

Abb 30 Innenansicht eines einfachen Druckmessers

Die Anzeige des Druckmessers, die uber einen Bereich von etwa 270° geht[80]), ist stetig und — wie bereits erwähnt — fast ausnahmslos durch eine konstante Zeigerstellung gekennzeichnet. Die einfache Arbeitsweise ermöglicht eine widerstandsfähige Gestaltung des Meßwerkes, das gegen Stöße und die im Fluge auftretenden Erschütterungen verhältnismäßig unempfindlich ist. Der **Temperatureinfluß**, durch eine geeignete Werkstoffwahl und Lagerung aller Geräteteile so weit möglich ausgeschaltet, ist nicht von ausschlaggebender Bedeutung, da die zulässigen Anzeigetoleranzen verhältnismäßig groß sind (s. S. 48). Darüber hinaus wird bei mittelbarer Druckmessung die **Übertragungsflüssigkeit** einem möglichen Temperatureinfluß angepaßt (s. S. 49).

---

[79]) Ungerechtfertigterweise zählt man im allgemeinen nur Kraftstoff- und Schmierstoffdruckmesser zu den Flugzeuggeräten, dies ist jedoch nur bedingt zulässig, sofern man die oben angeführten Überwachungsgeräte unter c) und e) in die Sicherheits- und Rettungsgeräte mit einbezieht. Druckmesser einer hydraulischen Anlage gehören dann zum Flugwerküberwachungsgerat. Hierbei ist auf die Sogmesser zu verweisen, die bei luftangetriebenen Geräten (automatische Steuerung) zur Anwendung kommen. Sie entsprechen grundsätzlich den Druckmessern und werden in mm WS geeicht (s. a. Bd. 3).

[80]) s. auch die Gerätemusterblätter, III. Teil des Buches.

c) Einbau

Der Einbau von Druckmessern ist hinsichtlich der örtlichen Unterbringung auf dem Gerätebrett von nicht so wesentlicher Bedeutung, da die Drucküberwachung gegenüber den anderen Aufgaben zurücktritt. Druckmesser werden daher auch an Stellen angebracht, die nicht im unmittelbaren Blickbereich des Flugzeugführers liegen, wobei der Einbau so erfolgt, daß eine einwandfreie Ablesemöglichkeit in jedem Falle gewährleistet ist. Bei nebeneinanderliegenden Führersitzen werden die Druckmesser auf der rechten Seite des Besatzungsraumes angeordnet. Im Zusammenhang mit Geräten gleichwertiger Aufgaben bilden sie in diesem Falle das Instrumentarium, dessen Überwachung im wesentlichen dem Bordwart übertragen ist. Bei Großflugzeugen mit einem besonderen Maschinistenstand (s. unter A. Allgemeines) werden die Druckmesser nur auf dem Gerätebrett dieses Standes untergebracht; um den Flugzeugführer zu entlasten, sind sie im Führerraum dann nicht vorhanden.

Druckmesser fur Rettungs- und Sicherheitsgerät, wie z. B. für Höhenatmer und Feuerlöscher, bringt man meistens unmittelbar am Gerat oder an deren Bedienvorrichtungen an. Damit wird bezweckt, daß das Überwachungsgerät sofort in die Blickrichtung des Besatzungsmitgliedes kommt, wenn ein Sicherheits- oder Rettungsgerat von ihm in Betrieb genommen werden soll. Mit dieser Maßnahme ist die Besatzung jedoch nicht davon entbunden, sich vor einem Fluge zu überzeugen, ob die verschiedenen Anlagen ihren im Ruhezustand vorgeschriebenen Betriebsdruck aufweisen.

Durch die einfache Arbeitsweise des behandelten Druckmessers ist auch eine einfache und robuste Ausführung der einzelnen Teile des Mechanismus möglich. Die einfachen Druckmesser gehören daher mit zu den widerstandsfähigsten Flugzeuggeräten, deren **Einbau** und Lagerung keine besonderen Vorrichtungen erfordert. Abgesehen von der elastischen Lagerung der Geräte durch die von vornherein federnd aufgehängten Gerätebretter der heutigen Flugzeuge, wird ein Druckmesser an seinem Einbauort **fest** angeschraubt. Voraussetzung ist, daß für die Befestigungseinrichtungen Werkstoffe gewählt werden, die in der Nähe befindliche Kompasse nicht beeinflussen können. Druckmesser für Feuerlöscher und Höhenatmer werden z. B. durch eine Verschraubung fest mit dem betreffenden Sicherheitsgerät verbunden. Es ist hierbei, wie auch in anderen Fällen, jedoch stets zu beachten, die Lagerung des betreffenden Gerätes so zu wählen, daß die ständigen feinen Erschütterungen im Flugbetrieb nicht unmittelbar auf das Anzeigegerät übertragen werden. Man erkennt solche Fehler leicht an einem dauernden, ganz feinen Vibrieren des Zeigers; eine Abhilfe ist meistens durch Unterlagen aus Filz oder Gummischwamm möglich.

d) Wartung

Die Wartung der im Flugzeug eingebauten einfachen Druckmesser bezieht sich vor allem auf die Überwachung der einwandfreien Anzeige.

Sobald hier Störungen auftreten, sind sie in erster Linie in der Druckübertragungsleitung zu suchen, gleichgültig ob die Druckzufuhr unmittelbar oder unter Verwendung eines Druckmittlers erfolgt. Undichtigkeiten in der Leitung führen entweder zu unzureichender Anzeige oder in den weitaus meisten Fällen zur Fehlanzeige. Bei einer Störungssuche ist, neben Bruchstellen in der Leitung, auf die einwandfreie Beschaffenheit vorhandener Schraubverbindungen zu achten, die gegebenenfalls nachgezogen werden müssen.

Abgesehen von Schäden an Leitungsrohren, die einen Ausbau erforderlich machen, darf bei undichten Verschraubungen nicht unbeachtet bleiben, daß bei solchen Undichtigkeiten mit einem Verlust der Übertragungsflüssigkeit gerechnet werden muß. Entweder wird eine Nachfüllung (s unter Grundsätzliches) erforderlich oder es muß bei Geräten, die zwischen Druckmittler und Anzeigegerät eine untrennbare Leitung besitzen, ein Austausch erfolgen; Schaden an diesen Geräten können nur vom Hersteller behoben werden.

Es sind fernerhin **Schäden** am **Druckmittler** möglich, die beim Rohrbruchventil meistens an der Stoffmembrane, bei einer Druckdose am Federbalg auftreten. Hierdurch können einerseits Anzeigefehler entstehen, andererseits kann auch eine unzulässige Vermischung der Übertragungsflüssigkeit mit dem Betriebsmittel erfolgen.

Sind die Leitungen für einwandfrei befunden, so ist eine fehlerhafte Anzeige schließlich durch das Anzeigegerät bedingt. Undichtigkeiten im Meßorgan oder Schäden des Meßwerkes, wie sie durch unzulässige Erschütterungen entstehen können, rufen gleichartige Fehler wie Leitungsundichtigkeiten hervor. Da das Gehäuse der Anzeigegeräte mit der Außenluft in Verbindung steht, ist bei Druckmessern besonders sorgfältig auf **Feuchtigkeitsniederschlag** (Korrosionsschäden) zu achten. Dies gilt im gleichen Sinne für die Lagerung der Geräte, die in trockenen Räumen zu erfolgen hat, fernerhin muß die Eintrittsöffnung des Druckmittels vor Verschmutzung geschützt werden (s. hierzu auch unter 2 d, S. 61).

2. Differenzdruckmesser[81])

a) Arbeitsweise

Um die Arbeitsweise des Differenzdruckmessers klar herausstellen zu können, bedarf es einer näheren Erläuterung, für welche **Art der Druckmessung** das Gerät eingesetzt wird. Ein großer Teil der heutigen hochgezüchteten Flugmotoren ist zur Steigerung und Erhaltung der Leistung in der Höhe mit **Ladern** ausgerüstet (Ladermotoren s. Bd. 5). Durch diesen Lader, den man auch als Gebläse bezeichnet, wird das Kraftstoff-Luftgemisch den Zylindern mit Überdruck zugeführt; er ist verständlicherweise für die Größe der jeweiligen Motorleistung maßgebend.

81) Siehe hierzu auch unter 3. Ladedruckmsser.

Mit Rücksicht auf die zulässige Beanspruchung des Motors darf die Leistung und somit der **Gebläsedruck** eine bestimmte Grenze nicht überschreiten[82]). Wie bereits unter Grundsätzliches erläutert, wird der Kraftstoff dem Triebwerk mit einem bestimmten Übermaß zugeführt. Soll das vom Motor benötigte Gasgemisch eine für die optimale Leistung zweckmäßige Zusammensetzung erhalten, so muß zwischen dem Gebläsedruck und dem Kraftstoffdruck ein Verhältnis bestehen, das den geschilderten Voraussetzungen für die jeweils richtige Motorleistung angepaßt ist. Aus diesem Grunde wird die Kraftstoffzufuhr, d. h. der **Kraftstoffdruck** durch den Gebläsedruck automatisch gesteuert. In

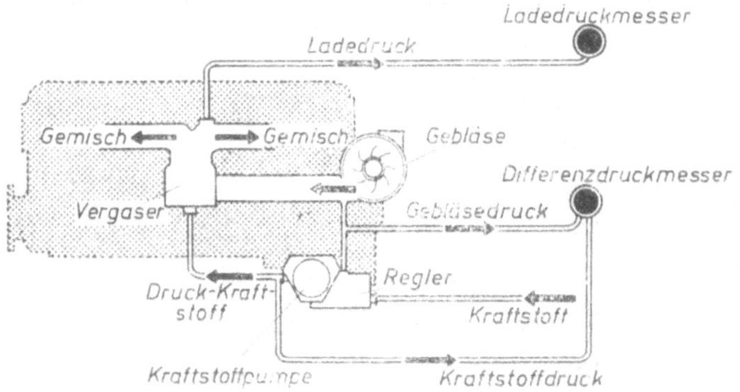

Abb. 31. Schematische Darstellung vom Anschluß eines Differenzdruckmessers am Motor

Abhängigkeit von dieser zwangsläufigen Regelung muß daher der Unterschied zwischen dem Gebläsedruck und dem Kraftstoffdruck ein bestimmter zulässiger Wert sein, dessen Überwachung mit Hilfe des **Differenzdruckmessers** erfolgt.

In Abb. 31 ist die Einschaltung eines Differenzdruckmessers in die Druckleitungen der Kraftstoff-Luftversorgung eines Motors schematisch dargestellt. Von dem Geblase oder Lader des Motors wird die Ladeluft zum Vergaser geführt; eine Abzweigleitung geht zum Regler der Kraftstoffpumpe und steuert die Pumpenförderung. Von der Kraftstoffpumpe wird der Kraftstoff unter Druck zum Vergaser geleitet. Der Differenzdruckmesser ist einerseits an die Leitung zwischen Gebläse und Regler, andererseits an die Leitung zwischen Kraftstoffpumpe und Vergaser angeschlossen, so daß er die Differenz zwischen dem Kraftstoffdruck und dem Gebläsedruck anzeigt. Zusätzlich wird an die Leitung zwischen Vergaser und Zylindern, in die das Gemisch unter Druck geführt wird, ein **Ladedruckmesser** angeschlossen (s. hierzu unter 3.).

Wie bereits erläutert, ist auch der einfache Druckmesser ein Differenzdruckmesser (s. S. 53). Würde man das Gehäuse dieses Gerätes zur

[82]) Sie ist auch von der Flughöhe abhängig.

Außenluft dicht abschließen und in das Innere den Gebläsedruck, hingegen in die Röhrenfeder den Kraftstoffdruck leiten, so muß der „einfache“ Druckmesser den Differenzdruck zwischen Gebläse und Kraftstoff anzeigen. Da die Möglichkeit besteht, das durch Undichtigkeiten des in dem Schema (Abb. 31) angegebenen Reglers Kraftstoff in das Gehäuse eindringen und Zerstörungen im Gerätemechanismus hervorrufen kann, wird von einer solchen Arbeitsweise kein Gebrauch gemacht[83]). Man verwendet anstatt dessen **zwei Röhrenfedern,** in die eine wird der Kraftstoffdruck, in die andere der Gebläsedruck geleitet. Wird z. B. — siehe Abb. 32 — durch den Kraftstoffdruck die eine Röhrenfeder gestreckt (Hub der Röhrenfeder s a S 47 u. 52), so wird das Zahn-

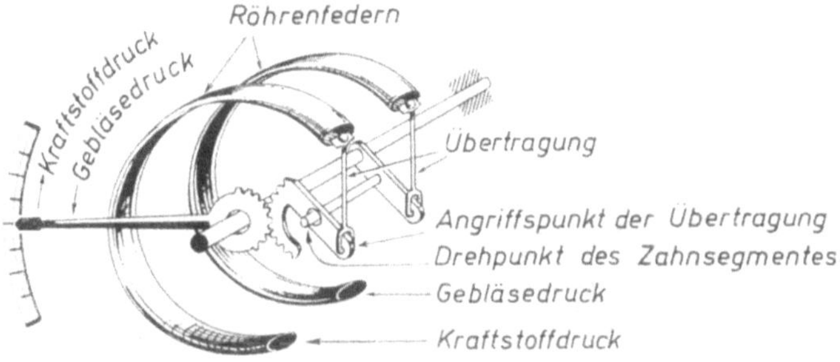

Abb. 32. Arbeitsweise eines Differenzdruckmessers

segment gedreht und ruft, wie aus der schematischen Darstellung hervorgeht, eine Rechtsdrehung des Zeigers und damit eine Anzeige des Kraftstoffdruckes hervor. Wird hingegen die zweite Röhrenfeder durch den Gebläsedruck gestreckt, so wird dadurch der Drehpunkt (Lagerpunkt) des Zahnsegmentes nach oben bewegt, während der Angriffspunkt der Übertragung in seiner Lage bleibt. Dadurch führt das Zahnsegment eine Drehung aus, die eine Linksdrehung des Zeigers bewirkt; sie entspricht dem Gebläsedruck. Der Gebläsedruck wird dadurch vom Kraftstoffdruck wieder abgezogen und der Rest der Anzeige ist der Differenzdruck zwischen Kraftstoff und Gebläse.

In der gleichen Weise wie beim einfachen Druckmesser ergibt sich auch beim Differenzdruckmesser ein gleichmäßiger Zeigerausschlag für den gesamten Meßbereich und damit ein Zifferblatt, dessen Abstände von Stufe zu Stufe gleich groß sind. Da sich der Kraftstoffdruck bis zu einer Grenze von etwa 2 $kgcm^{-2}$ (s. unter 1 b) und der Ladedruck bis zu einer Grenze von etwa 1,8 $kgcm^{-2}$ bewegt (s. unter 3 b), so beträgt der **Differenzdruck** nur Werte in der Größenordnung von **Zehnteln des Druckes.** Es handelt sich somit um sehr feine Anzeigewerte, die ein hochempfindliches Meßwerk voraussetzen.

---

83) Abweichungen hiervon s. unter Ladedruckmesser S. 62.

b) Beschreibung

Durch die grundsatzliche Übereinstimmung der Arbeitsweise entspricht auch der Aufbau des Differenzdruckmessers dem des einfachen Druckmessers. Auf einer Grundplatte sind zwei Röhrenfedern an ihren Eintrittsöffnungen fest gelagert; sie trägt gleichzeitig den gesamten Mechanismus und die beiden Anschlüsse für die Druckzufuhr (Abb. 33). Von dem freien Ende der einen Röhrenfeder führt eine Übertragung zu

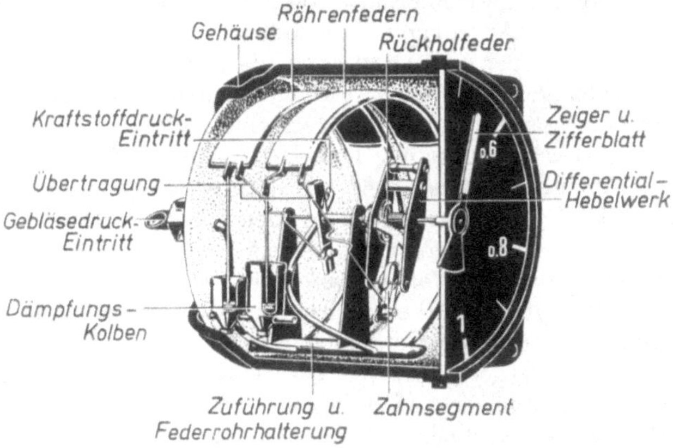

Abb. 33. Innenansicht eines Differenzdruckmessers

einem Zahnsegment, dessen Zähne in ein mit dem Zeiger fest verbundenes Zahnrad oder Ritzel eingreifen. Das Zahnsegment und die Zeigerachse mit Zeiger und Ritzel sind lose in ein Gerätewerk eingesetzt, so daß sie sich gegen dieses verdrehen können. Von dem freien Ende der zweiten Röhrenfeder führt eine Übertragung zum Gerätewerk. Durch die Drehbeweglichkeit zwischen Zahnsegment, Zeiger mit Ritzel und Gerätewerk ist eine Anzeige des Druckunterschiedes zwischen Kraftstoff- und Gebläsedruck, wie unter a) Arbeitsweise geschildert, möglich. Eine Rückholfeder hebt einen etwa vorhandenen Leerlauf im Mechanismus auf und führt gleichzeitig im drucklosen Zustand den Zeiger in seine Ausgangslage zurück. An jede Röhrenfeder ist eine kleine Dose angeschlossen, in der sich ein **Kolben,** der als gut luftdicht geführte Scheibe ausgebildet ist, zwangsläufig mit der Federstreckung bewegt. Dadurch wird die Bewegung im Meßwerk **gedämpft** und für eine **ruhige Anzeige** gesorgt.

Der gesamte Gerätemechanismus wird mit seiner Grundplatte von vorne in die große Öffnung eines aus Preßstoff oder Leichtmetall hergestellten Gehäuses eingeführt und mit dem Gehäuseboden fest verschraubt. Wie bei dem einfachen Druckmesser schließt ein selbstleuchtendes Zifferblatt und eine Glasscheibe, die mit einer Dichtung und einem Federring befestigt wird, das Gerät ab. Beliebig vorhandene **Un-**

dichten in dem Gehäuse stellen die Verbindung mit der Außenluft her, so daß beide Röhrenfedern von außen unter dem atmosphärischen Druck stehen.

Als **Übertragungen** zwischen den Meßorganen und dem Gerätewerk werden meistens **Federn** gewählt, um durch ihre Dehnungsmöglichkeit Schäden des Mechanismus bei einer Überbelastung zu vermeiden. Die Röhrenfedern legen sich bei einem zu großem Druck, der vielfach das Dreifache des höchstzulässigen Sollwertes betragen darf, an die Gehäusewandung oder einen Anschlag an, so daß sie dadurch vor einem **Einknicken** bewahrt bleiben (s. hierzu auch die Fußnote auf S. 53).

Abgesehen von geringfügigen Abweichungen ist die Gestaltung der Differenzdruckmesser verschiedener Herstellung grundsätzlich durch die vorhergehende Beschreibung gegeben. Der Einsatz dieser Geräte erfolgt im allgemeinen für den beim Arbeitsverfahren erläuterten Verwendungszweck; Druckunterschiede werden sonst an anderen Stellen der Triebwerkanlage nicht gemessen.

Wie bei den einfachen Meßgeräten gestattet auch beim Differenzdruckmesser die einfache Arbeitsweise eine widerstandsfähige Ausführung des Mechanismus. Die Geräte sind sowohl gegen Temperatureinflüsse, die durch eine geeignete Werkstoffwahl auf ein Mindestmaß beschränkt werden, als auch gegen Erschütterungen verhältnismäßig unempfindlich. Die **Anzeige** ist stetig und geht über einen Meßbereich von etwa 270°. Die Grenzen der Sollmeßwerte, die auch bei der Differenzdruckmessung in einem bestimmten Bereich liegen, werden meistens durch zwei selbstleuchtende **Markenzeiger** gekennzeichnet; sie können nach den auftretenden Druckwerten eingestellt werden. Die Anwendung von Druckmittlern ist im gleichen Maße wie bei den einfachen Geräten gegeben.

c) Einbau

Für den Einbau von Differenzdruckmessern sind im allgemeinen die gleichen Gesichtspunkte maßgebend, die für die einfachen Druckmeßgeräte angeführt worden sind; sie zählen bei Flugzeugen mit doppeltem Führersitz zu den Geräten, deren Betreuung dem Bordwart obliegt. In Großflugzeugen mit besonderem Maschinistenstand werden sie an diesem angeordnet, wenn auch der Druckunterschied zwischen Kraftstoff und Gebläse von besonderer Bedeutung für die Einhaltung der zulässigen Motorleistung ist. Das Schwergewicht liegt in diesem Falle jedoch bei der Überwachung der Gebläseleistung, so daß dem Ladedruckmesser (s. d.) eine bevorzugte Stellung zukommt.

Abgesehen von der Verwendung unmagnetischer Werkstoffe für die Befestigung, sofern der Einbauort in der Nähe von Kompassen liegt, braucht dem Einbau ein besonderer Augenmerk nicht geschenkt zu werden. Ihrer robusten Bauart entsprechend sind auch die Differenzdruckmesser gegen Erschütterungen widerstandsfähig genug, um einen **festen Einbau** vertragen zu können.

d) Wartung

Bei der Überwachung des einwandfreien Arbeitens von Differenzdruckmessern muß man berücksichtigen, daß durch die doppelte Druckleitung die Fehlerquellen gegenüber den Einfachgeräten anwachsen. Neben einer Fehlanzeige und einer zu geringen Anzeige kann sich eine einseitige Leitungsundichtigkeit auch durch zu hohe Anzeige bemerkbar machen. Dies bezieht sich im gleichen Sinne auf Undichtigkeiten im Gerätemechanismus, die ausnahmslos einen Eintritt des Druckmittels in das Gerätegehäuse zur Folge haben; ein Auswechseln des Gerätes ist dann unerläßlich.

Alle weiteren Richtlinien für die Wartung decken sich mit denen für die einfachen Geräte und ihren Fehlermöglichkeiten. Zu geringe oder Fehlanzeige kann aber auch dadurch hervorgerufen werden, daß die Öffnungen für den Eintritt des Druckmittels am Anzeigegerät durch Verschmutzung verstopft werden, dies gilt ebenfalls für einfache Druckmesser. Mit Rücksicht auf Beschädigungen der Meßorgane durch kurzfristige starke **Druckstöße** bei raschem Wechsel der Motordrosselung, werden die Öffnungen für den Druckeintritt am Anzeigegerät als feine, **kapillarartige Bohrungen** ausgeführt. Eine Verstopfung ist in diesem Falle leicht gegeben, so daß gegebenenfalls die in den Anschlußzapfen eingesetzten **Drosselstifte** mit einem feinen Draht gereinigt werden müssen. Bei einem Auswechseln der Geräte, ihrer Lagerung und einem Versand ist auf diesen Punkt besonders zu achten; die Eintrittsöffnungen an der Rückseite des Gehäuses müssen im ausgebauten Zustand geschützt werden.

3. Ladedruckmesser

a) Arbeitsweise

Für die Messung des Ladedruckes, auf den bereits unter Grundsätzliches besonders hingewiesen wurde, kommen **zwei Arbeitsweisen** zur Anwendung, für die entweder eine oder zwei Membrandosen[84]) als Meßorgane benutzt werden. Wie bei der Arbeitsweise des Differenzdruckmessers beschrieben, wird der Ladedruckmesser hinter dem Vergaser an die Gemischleitung zu den Zylindern (Abb. 31) oder bei Einspritzmotoren (s. Bd. 5) unmittelbar an die Laderleitung angeschlossen, so daß entweder der Druck des Kraftstoff-Luftgemisches oder der reine Gebläsedruck auf das Anzeigegerät übertragen wird. Bei Vergasermotoren wird der Ladedruckmesser zusammen mit dem Differenzdruckmesser, bei Einspritzmotoren allein verwendet.

---

[84]) Für Ladedruckmesser, für die eine sehr feine Anzeige wichtig ist, werden nur Membrandosen verwendet. Geräte mit Röhrenfeder befinden sich bisher nicht im praktischen Gebrauch (s. a. S. 48).

Bei der **Arbeitsweise** (Bauart **Askania**) mit **einer** praktisch luftleer gepumpten **Membrandose**[85]) wird diese in ein zur Außenluft dicht abgeschlossenes Gehäuse eingebaut und das Gehäuse mit der Laderleitung druckdicht verbunden. Eine durch Druck hervorgerufene Bewegung oder Ausdehnung (Zusammendrücken) der Dose (Dosenhub) wird mit einem Verbindungsstück auf ein Zahnsegment übertragen, dessen Drehung einen mit Zahnrad — auch Ritzel genannt — versehenen Zeiger ausschlagen läßt (Abb. 34). In der Ruhestellung, d. h. bei stillstehendem Motor, ist das Gehäuseinnere über das Gebläse mit der Außenluft verbunden. Auf die Dose, in der ein „absolutes Vakuum" herrscht, wirkt dann nur der Luftdruck, so daß allein der atmosphärische Druck angezeigt wird. Im Betrieb wirkt hingegen der aus atmosphärischem und Verdichtungsdruck bestehende Ladedruck auf die Dose, so daß von der Ruhestellung[86]) des Zeigers aus betrachtet, der reine Verdichtungsdruck angezeigt wird. Der Mechanismus mit Zeiger und Skala, die durch eine Glasscheibe sichtbar sind, wird mit in dem luftdicht abgeschlossenen Gehäuse untergebracht. Das geschilderte Arbeitsverfahren ist dem des Höhenmessers ähnlich. (S. Teil II.)

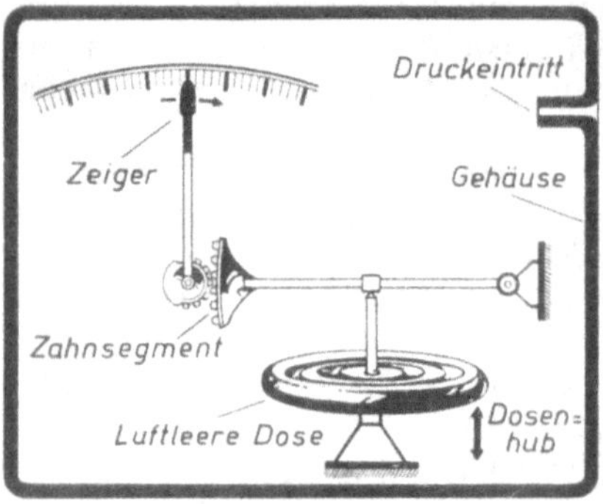

Abb. 34.
Arbeitsweise eines einfachen Ladedruckmessers

Nach den vorstehenden Erläuterungen ist auch der **Ladedruckmesser** als ein **Differenzdruckmesser** zu erkennen, denn er zeigt, wenn man die vorher beschriebene Ruhestellung (gleich etwa 1 ata Anzeige in Bodennähe) als Nullage betrachtet, den Druckunterschied zwischen der Außenluft und dem Gemisch oder der Gebläseluft an. Da die Dose luftleer ist, muß ihr Ausgangsdruck (absolutes Vakuum) für jeden Anzeigewert gleich Null gesetzt werden. Der angezeigte Druck ist demnach ein **absoluter Druck,** der aus atmosphärischem und Überdruck besteht (at + atü s. S. 45). Mit wachsender Flughöhe[87]) und abnehmender Motor- und Gebläseleistung sinkt sowohl der atmosphärische Druck (unter 1 at) als auch der Verdichtungsdruck, so daß der absolute Ladedruck geringer als 1 ata sein kann; es wird dann ein Unterdruck (Dezimalwert des absoluten Druckes) angezeigt. Den geschilderten Verhältnissen entsprechend wird die **Anzeige** des Ladedruckmessers in **ata** geeicht und dargestellt. Befindet sich das Gerät in Ruhe, so muß — wie bereits er-

[85]) s. auch Teil II des Buches unter Höhenmesser.
[86]) Beachte, daß diese „Ruhestellung" mit der Flughöhe veränderlich ist.
[87]) abnehmende Luftwichte, s. Bd. 3.

läutert — auf Grund der Arbeitsweise jeweils der auch von der Höhe abhängige örtliche Luftdruck von dem Ladedruckmesser angezeigt werden; der Zeiger wird daher stets eine andere „Nullstellung" einnehmen.

Wie bei Röhrenfedern wächst auch bei Membrandosen der Dosenweg im gleichen Verhältnis zum Druckanstieg. Die **Anzeige** ändert sich somit **linear** von Stufe zu Stufe, und das Zifferblatt weist eine gleichmäßige Teilung auf. Die Änderung der Zeigerstellung ist stetig und auch plötzliche **Druckänderungen** werden durch eine eingebaute **Dämpfung** (s. u. Beschreibung) fließend angezeigt.

Wenn bei dem geschilderten Ladedruckmesser das Anzeigegerät schneller abkühlt oder allgemein kälter ist als das ihm zugeführte Druckmittel, so können **Kondensationserscheinungen** hervorgerufen werden, durch die ein Niederschlag des im Gemisch enthaltenen Kraftstoffes erfolgt. Es besteht dadurch die Gefahr, daß der Mechanismus des Gerätes zu Schaden kommt und Anzeigefehler hervorgerufen werden. Insbesondere ist dies der Fall, wenn der Ladedruckmesser für die Messung des Gemischdruckes verwendet wird, während bei der reinen Gebläseluftdruckmessung mit Feuchtigkeitsniederschlag weniger zu rechnen ist.

Um Schäden des Ladedruckmessers durch Kraftstoff- oder Feuchtigkeitsniederschlag zu vermeiden[88]), wird eine andere **Arbeitsweise** mit **zwei Membrandosen**[89]) angewendet (Bauart **Fuess**). Die eine Dose ist luftleer gepumpt, d. h. sie ist evakuiert, und in die zweite Dose wird das Druckmittel geleitet; die Bewegung beider Dosen wird mit einem Hebelwerk auf einen Zeiger übertragen (Abb. 35). Der ganze Mechanismus wird in einem Gehäuse untergebracht, dessen Inneres mit der Außenluft, d. h. dem atmosphärischen Druck in Verbindung steht.

Auf die luftleere Dose wirkt der atmosphärische Druck[90]), sie wird dadurch zusammengedrückt und die Bewegung dieses Dosenhubes mit einem Hebelwerk auf einen Differentialhebel übertragen. Der Differentialhebel bewegt ein Zahnsegment, das damit nach der schematischen Darstellung der Abb. 35 eine Rechtsdrehung des Zeigers hervorruft; hiermit wird der atmosphärische Druck angezeigt (in Bodennähe gleich etwa 1 ata). Die Ladeluft, aus der umgebenden Luft des Flugzeuges entnommen, wird in dem Lader oder Gebläse des Motors verdichtet, so daß sich der Ladedruck, wie bereits angeführt, aus dem atmosphärischen und dem Verdichtungsdruck zusammensetzt. Bei Eintritt des Druckmittels in die Arbeitsdose dehnt sich diese aus; zur Wirkung

[88]) Beachte auch die Anzeige-Fehlermöglichkeiten durch Undichtigkeiten des Gehäuses.

[89]) Zur Vergrößerung des Dosenhubes werden als Meßorgane anstatt einer Einzeldose auch mehrere Dosen zusammengefügt (Dosensatz).

[90]) Der im Gehäuse herrschende, u. U. etwas gestörte atmosphärische Druck.

kommt jedoch nur der reine Verdichtungsdruck, da von außen auf der Dose der atmosphärische Druck lastet[91]) und den im Ladedruck enthaltenen atmosphärischen Druck (Luftdruck) aufhebt. Die Dose führt eine Bewegung aus, durch die der **Differentialhebel** angehoben wird (s. Abb. 35); das Zahnsegment wird gedreht und bringt den Zeiger zu einer weiteren Rechtsdrehung, womit zusätzlich der reine Verdichtungsdruck angezeigt wird. Die Summe beider Anzeigen ist damit gleich dem absoluten Ladedruck (ata), bestehend aus atmosphärischem Druck (at) und Verdichtungsdruck (atü).

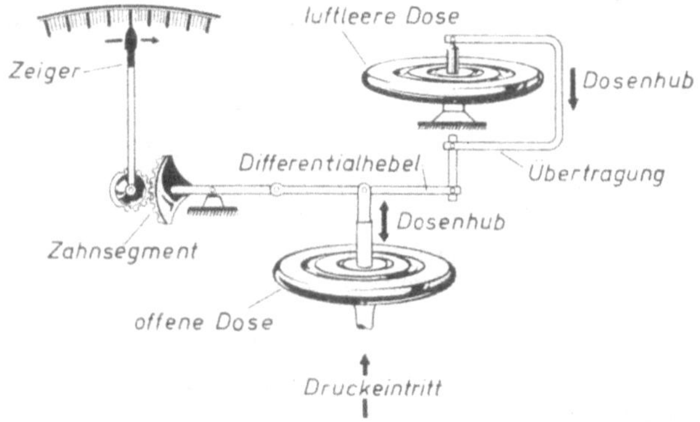

Abb. 35. Arbeitsweise eines Ladedruckmessers mit Differentialübertragung

Bei dieser Arbeitsweise, die sinngemäß dem vorher geschilderten Ladedruckmesser mit einer Dose entspricht, ist das druckdichte Gehäuse durch die zweite Dose ersetzt. Ein Kraftstoff- oder Feuchtigkeitsniederschlag kann nur innerhalb der einen Dose erfolgen, die genügend widerstandsfähig ist, um dadurch keinen Schaden zu erleiden.

Hinsichtlich der Anzeige und der Aufteilung des Zifferblattes gilt das gleiche, was für den Ladedruckmesser mit einer Dose angeführt wurde. Eine **Temperaturbeeinflussung** der Anzeige wird bei dem Ladedruckmesser dadurch kompensiert[92]), daß in das Hebelwerk ein **Bimetallstreifen**[93]) eingeschaltet wird; er hebt Anzeigefehler durch Temperaturbeeinflussung des Mechanismus über den ganzen Meßbereich auf.

---

[91]) Beachte die Fußnote Nr. 90; Druckstörungen werden durch die Differentialarbeitsweise ausgeglichen (kompensiert).

[92]) Kompensieren = ausgleichen, s. auch S. 37.

[93]) Aus zweierlei Metallen mit verschiedenen Ausdehnungskoeffizienten bestehend, so daß durch Temperatur eine Ausdehnung erzeugt und entsprechend auf das Hebelwerk des Gerätes übertragen wird (s. auch unter IV 4 a und insbesondere Teil II unter Höhenmesser).

b) Beschreibung

Bei dem **einfachen Ladedruckmesser** wird der Mechanismus in einem druckfesten Gehäuse aus Leichtmetall untergebracht. Auf einem Rahmen ist die luftleere, durch Bimetall temperaturausgeglichene Membrandose — auch **Aneroiddose**[94]) genannt — so befestigt, daß sie von der Außenseite des Gehäuses aus über eine luftdicht abgeschlossene Verstellschraube in ihrer Nullage verändert werden kann. Diese mit **Nullpunktberichtigung** bezeichnete Vorrichtung dient zum Justieren des Gerätes auf die richtige Anzeige oder Nullstellung des Zeigers (Abb. 36). An die Dose ist die Hebelübertragung zum Zeiger mit einer Übersetzung angeschlossen. Sie betätigt ein Zahnsegment, das in das Zahnrad (Ritzel) eines Zeigers eingreift und diesen ausschlagen läßt, d. h. der Dosenhub wird in Abhängigkeit vom Druck angezeigt. Eine Rückholfeder führt den Zeiger jeweils in seine Nullstellung zurück und hebt gleichzeitig etwa vorhandenen toten Gang in dem Meßwerk auf.

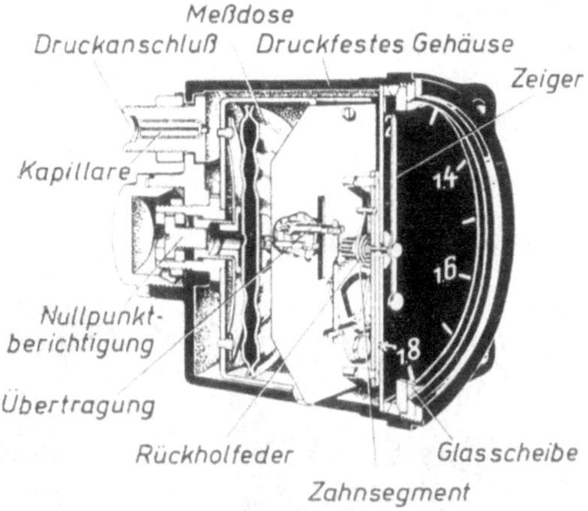

Abb. 36. Innenansicht eines einfachen Ladedruckmessers (Bauart Askania)

Durch einen Schraubanschluß wird das Gehäuse mit einer druckfesten Leitung mit der Gebläseleitung des Motors verbunden. In dem Anschluß ist eine **Kapillare**[95]) eingesetzt, so daß die ein- und ausströmende Ladeluft in ihrer Bewegung gedämpft wird und selbst starke Druckstöße abgefangen werden. Die Anzeige ist daher stetig und fließend; gleichzeitig dient die Kapillare dazu, bei Undichtigkeiten des Gehäuses das Abblasen des Ladedruckes zu verringern und Motorstörungen so weit möglich zu verhindern.

---

[94]) Aneroid, vom griechischen a (nicht) und neros (naß), also nicht naß = trocken. Siehe hierzu Aneroid-Barometer, Bd. 3, Abschn. VII.

[95]) Haarröhrchen, Rohr mit haarfeiner Bohrung.

Ein selbstleuchtendes Zifferblatt mit Zeiger, eine mit Dichtung und Schraubring befestigte Glasscheibe schließen das Gehäuse ab. Das in ata eingeteilte Zifferblatt, dessen Normalstellung bei Cina-Bodenluftwichte (Luftdruck b = 760 mm, Temperatur + 15° C, s. Bd. 3) eine Anzeige von rund 1,033 kgcm^{-2} ata aufweist, kann mit einer **verstellbaren Grenzmarke** versehen werden, die man auf den höchstzulässigen Ladedruck einstellt. Der **Anzeigebereich** beträgt 0,6 bis 1,8 ata, wobei der Arbeitsweise entsprechend, die Anzeige unter 1,033 als Unterdruck, darüber als Überdruck zu erkennen ist. Die Anzeige wird grob in Zehntel des Druckes unterteilt, läßt jedoch noch eine weitere Feinablesung zu.

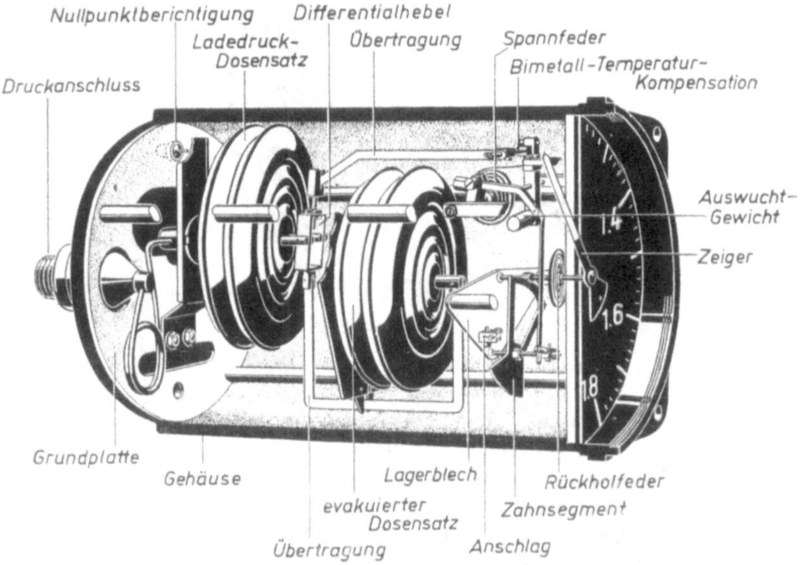

Abb. 37. Innenansicht eines Ladedruckmessers nach der Differenzdruck-Arbeitsweise (Bauart Fueß).

Bei dem **Ladedruckmesser** nach der **Zweidosen-Arbeitsweise** ist der Gerätemechanismus in einem normalen Preßstoffgehäuse, das nicht druckdicht ausgeführt ist, untergebracht. Durch diese Bauart steht das Innere des Gehäuses ständig mit der Außenluft, d. h. dem atmosphärischen Druck, in Verbindung. Als Meßorgane dienen **zwei Dosensätze,** die zur Erhöhung des Dehnungsweges als Doppeldosen gebaut sind. Der eine Dosensatz, in den das Druckmittel über einen im Gehäuse befestigten Anschluß geleitet wird, ist mit einer federnden Halterung auf einer Grundplatte so befestigt, daß man mit Hilfe einer Verstellschraube seine Nullage verändern kann. Diese Vorrichtung dient wie bei dem einfachen Ladedruckmesser zum Justieren des Gerätes und wird als **Nullpunktberichtigung** bezeichnet. Auf einer zweiten Grundplatte ist der luftleer gepumpte (evakuierte) Dosensatz befestigt (Abb.37).

Der Hub des ersten Dosensatzes wird auf einen frei beweglichen Differentialhebel übertragen, dessen Grundeinstellung mit Hilfe eines Umlenkhebels durch den evakuierten Dosensatz erfolgt. Mit einem weiteren Hebelwerk wird dann der Hub der Dosen auf ein Zahnsegment umgelenkt; es betätigt einen mit einem Zahnrad (Ritzel) versehenen Zeiger, so daß damit der Ladedruck angezeigt wird. Ein selbstleuchtendes Zifferblatt mit selbstleuchtendem Zeiger und eine mit Schraubring gehaltene Glasscheibe schließen das Gehäuse ab.

Die Ausführung der Anzeige, ihre äußeren Merkmale sowie alle weiteren Einrichtungen des Meßwerkes decken sich grundsätzlich mit denen des einfachen Ladedruckmessers. Wie bereits unter a) angeführt, hat der Ladedruckmesser nach der Zweidosen-Arbeitsweise den **Vorzug**, daß Beschädigungen des Gerätemechanismus durch Kraftstoff- oder Feuchtigkeitsniederschlag von vornherein ausgeschaltet werden.

c) Einbau

Wie sich aus den vorhergehenden Erläuterungen ergibt, spielt die Einhaltung des Ladedruckes sowohl für die erforderliche Motorleistung, als auch die Betriebsfähigkeit des Triebwerkes eine wesentliche Rolle. Eine unzulässige Überschreitung des Ladedruckes kann schwere Schäden und Ausfall eines Motors zur Folge haben. Es geht daraus hervor, daß dem Ladedruckmesser eine gleichgroße Bedeutung wie dem Drehzahlmesser zukommt. Auf Grund dieser Verhältnisse ist der Einbauort des Ladedruckmessers von den gleichen Richtlinien abhängig wie der des Drehzählers (s. diesen). Man findet daher den **Ladedruckmesser** stets zusammen mit dem **Drehzahlmesser** im Flugzeug eingebaut, und auch bei Großflugzeugen, in denen zur Entlastung des Flugzeugführers möglichst viele Geräte auf einem besonderen Maschinistenstand untergebracht werden (s. unter A. Allgemeines), muß der Ladedruckmesser im Führersitz vorhanden sein. Drehzahlmesser und Ladedruckmesser sind diejenigen Hauptgeräte, die dem Führer eine einwandfreie Überwachung der zulässigen Motordrosselung ermöglichen

Mit dem Anwachsen der Geratezahl vergrößert sich für den Flugzeugführer die Schwierigkeit, die verschiedenen Anzeigen mit dem Auge zu beherrschen. Eine wesentliche Bedeutung kommt daher einer sinnvollen und praktischen Anordnung der Gerate zu, um der Besatzung — dies gilt im gleichen Maße für den Bordwart — die Aufgabe der Triebwerküberwachung zu erleichtern und zu vereinfachen. Aus diesem Grunde werden beispielsweise Drehzahl- und Ladedruckmesser, insbesondere bei mehrmotorigen Flugzeugen, untereinander eingebaut, so daß sich dem Auge ein leicht erfaßbares **symmetrisches Bild** darstellt (Abb. 38, s. a. Abb. 7). Bei dieser Anordnung braucht der Führer nur bei Änderungen des Flugzustandes durch Wechsel der Höhe oder des Motordrosselungsgrades auf den einzelnen, genauen Anzeigewert zu achten. Während der übrigen Zeit reicht es aus, das **Anzeigebild** auf seine Symmetrie zeitweilig zu überprüfen; jede Störung, d. h. jede Abweichung eines einzelnen Gerätes hebt sich sofort aus dem Gesamtbild aller Geräte augenfällig heraus, wie es bereits aus der einfachen Darstellung Abb. 38 klar zu ersehen ist.

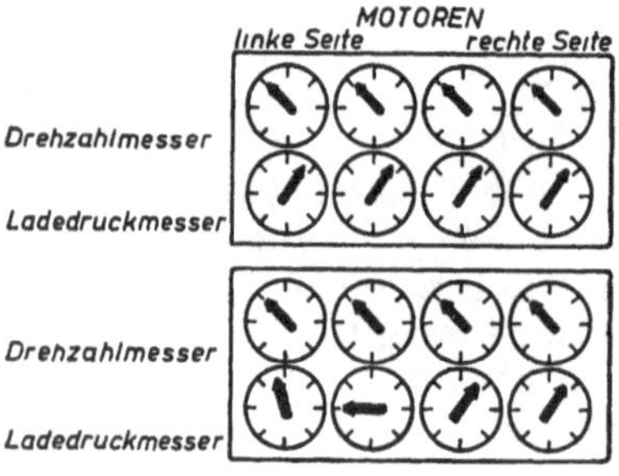

Abb. 38. Anzeigebild für Drehzahl und Ladedruckmesser bei einer einwandfreien und einer gestörten viermotorigen Triebwerkanlage

Der **Einbau** in bezug auf die einwandfreie Lagerung ist auch bei Ladedruckmessern grundsätzlich durch die neuzeitlichen **federnd** aufgehängten Gerätebretter gegeben. Ihrer Aufgabe entsprechend sind Ladedruckmesser mit einem hochempfindlichen Anzeigemechanismus ausgestattet; er erfordert eine sorgfältige Behandlung und eine erschütterungsfreie Lagerung, die neben den federnden Gerätebrettern durch die handelsüblichen Befestigungselemente erreicht wird. **Unmagnetischer Werkstoff** ist für die Befestigung wie bei allen anderen Geräten Voraussetzung, um in der Nähe befindliche Kompasse vor einer Beeinflussung zu bewahren. Aus dem gleichen Grunde weist auch der Mechanismus der Geräte keine Metalle auf, die Störungen dieser Art hervorrufen können.

d) Wartung

Wie bei allen Geraten, die zwischen Geberort und Anzeige eine besondere Verbindung erfordern, sind **Störungen** der Ladedruckanzeige in erster Linie auf die **Übertragungsleitung** zurückzuführen. Fehlermöglichkeiten sind in dieser Hinsicht um so eher gegeben, als durch seitlich angeordnete Triebwerke mehrmotoriger Flugzeuge die Leitungslängen zwangsläufig sehr groß gewählt werden müssen. Die dauernden, feinen Erschütterungen im Flugbetrieb, sowie örtliche Schwingungserscheinungen können Undichtigkeiten der langen druckdichten Verbindungen zwischen Motor und Anzeigegerät hervorrufen; **Trennstellen** durch abnehmbare Flugzeugteile (Flügelanschluß) und auswechselbare Triebwerke erhöhen diese **Fehlerquellen.** Wird die Druckleitung für einwandfrei befunden, so ist abgesehen von Störungen, die durch Schäden im Lader entstehen, die Ursache eines vorhandenen Anzeigefehlers im Anzeigegerät selbst zu suchen. Diese Fehler können bedingt sein durch:

a) Gehäuseundichtigkeiten,

b) Schäden des Gerätemechanismus,

c) Undichtigkeiten der Membrandosen

Gehäuseundichtigkeiten — z. B. Schäden an der Glasscheibe — sind lediglich für den einfachen Ladedruckmesser von Bedeutung, wie sich aus der Erläuterung der Arbeitsweise ergibt. Der Gebläsedruck, der in das Innere des Gehäuses geleitet wird, kann abblasen, so daß einerseits eine Minderung der Motorleistung, andererseits ein Druckabfall und damit eine zu niedrige Anzeige hervorgerufen wird. Eine Sicherung gegen den Abfall der Motorleistung bildet die bereits erwähnte, im Druckanschluß des Gehäuses eingebaute Kapillare; sie dient gleichzeitig dazu, Druckstöße abzufangen und damit eine ruhige Anzeige zu gewährleisten (s. unter Arbeitsweise).

Schäden des Gerätemechanismus entstehen im allgemeinen durch unzulässige Erschütterungen im Fluge, die sich bei einer nicht einwandfreien Lagerung im Dauerbetrieb naturgemäß auswirken. Zu diesen Schäden zählen auch Verschmutzungen des Kapillarrohres im Druckleitungsanschluß; zu geringe oder völliger Ausfall der Anzeige ist die Folge. Auf die Möglichkeit von Feuchtigkeitsniederschlag und damit verbundenen Zerstörungen im Mechanismus (Korrosionserscheinungen) wurde bereits hingewiesen; dieser Punkt ist vor allem bei Ladedruckmessern mit druckdichtem Gehäuse besonders zu beachten[96]).

Undichtigkeiten der Membrandosen zeigen die gleichen Auswirkungen wie Gehäuseundichtigkeiten. Abgesehen von der Möglichkeit, Verschmutzungen in der Druckzuführung zu beseitigen, bedingen alle anderen Schäden ein Auswechseln des Gerätes und eine Instandsetzung durch den Hersteller.

Wie jedes Gerät müssen auch Ladedruckmesser in trockenen, säurefreien Räumen gelagert werden. Vorhandene Öffnungen sind zu verschließen, um nicht nur dem Eindringen von Feuchtigkeit und damit Korrosionserscheinungen vorzubeugen, sondern auch die feinen Kapillaröffnungen im Druckanschluß vor Verschmutzung zu sichern. Bei einem Transport ist hierauf gleichfalls sorgfältig zu achten.

4. Elektrische Druckmesser

a) Arbeitsweise

Für **elektrische Druckmesser** sind im Verlauf der Geräteentwicklung die verschiedensten elektrischen Schaltungen versucht worden. Bei den heute im Flugzeug eingebauten Ferndruckmessern werden bei grundsätzlich gleichartiger Arbeitsweise **zwei Schaltungen** angewendet, die Brücken-Kreuzspulschaltung nach der Siemens Bauart (Luftfahrtgerätewerk Hakenfelde) und die Brücken-Drehspulschaltung von Patin (Bauart Eckardt).

Die bauliche Gestaltung der Arbeitsweise mit der **Siemens-Schaltung** wird in gleichem Maße für Einfach- und Mehrfachgeräte (s. d.) ange-

[96]) Das Gehäuse ist in diesem Falle nicht „entlüftet".

wendet. Die anschließend behandelte Bauart der **Patin-Schaltung** ist als Einfachgerät nur noch vereinzelt im Gebrauch und durch eine neue bauliche Gestaltung, wie sie bei den Mehrfachgeräten (Bauart Eckardt) zur Anwendung kommt, ersetzt (s. unter 5 a und b). Diese neue Bauart ist als Einfachgerät für Druckmessungen bisher nicht benutzt worden, sondern nur als Stellungsanzeiger (s. unter B. VII, 2) herausgekommen. Obwohl der Einfachdruckmesser in absehbarer Zeit als überholt zu betrachten sein wird, ist auf seine Bauart näher eingegangen, da sie einerseits in der Geräteentwicklung grundsätzliche Bedeutung hat, andererseits die Schaltung bzw. die Arbeitsweise auch für die Mehrfachgeräte gültig ist.

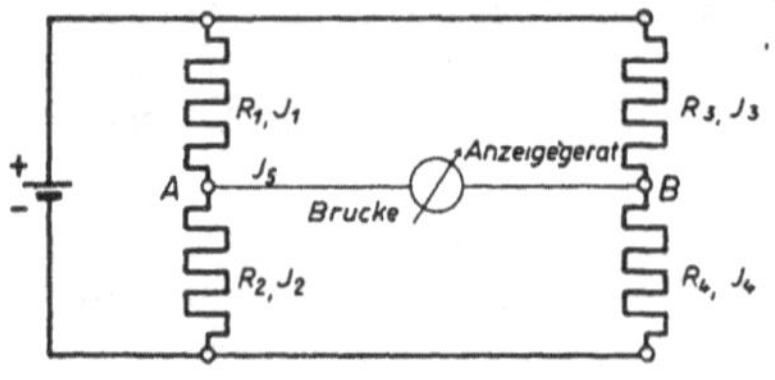

Abb. 39 Wheatestonesche Bruckenschaltung

Die verschiedenen Ausführungen der Arbeitsweise erfordern jeweils einen Geber und ein Anzeigegerät, deren Strombedarf aus dem Bordnetz entnommen wird. Die Grundlage der beiden Schaltungen ist die **Wheatstonesche Brückenschaltung**[97]), sie besteht aus einer Stromverzweigung mit mehreren Widerständen, in die eine Verbindung zwischengeschaltet ist. Sie bildet in dem Stromkreis eine Brücke (Abb. 39).

In einer Leitung kann bekanntlich nur dann Strom fließen, wenn ein Spannungsunterschied zwischen ihrem Anfangs- und Endpunkt herrscht[98]). Ist daher nach Abb. 39 in den Punkten A und B die Spannung gleich groß, so ist die Brücke stromlos. Spannung, Widerstand und Stromstärke sind voneinander abhängige Werte, so daß je nach der Spannung in Abhängigkeit von der Größe der Widerstände R_1 bis R_4 oder deren Verhältnis zueinander die Brucke von einem veränderlichen Strom durchflossen wird oder stromlos ist. Man kann auch sagen, daß eine Änderung der Widerstände eine **„Verstimmung“** der Brücke zur Folge hat und im Brückenzweig ein der Widerstandsänderung verhältnisgleicher (proportionaler) Ausgleichsstrom fließt. Dabei wird die Richtung des Stromes von der in den Punkten A und B anliegenden Spannung und somit von der **Spannungsänderung** bzw. vom Spannungsabfall bestimmt. Wird in die Brücke ein Galvanometer (Stromstärkemesser) zwischengeschaltet und werden ein oder mehrere Widerstände zwangsläufig verändert, so zeigt das Gerät den davon abhängigen jeweiligen Stromdurchfluß durch entsprechenden Ausschlag an. Wird die Brücke stromlos, so hört der Ausschlag auf; die Ausschlagrichtung ist von der Richtung des Stromes abhängig.

---

[97]) Wheatstone, englischer Physiker um 1850, s. a. Physik.

[98]) In dem gleichen Sinne wie in einem Rohr nur dann Wasser fließt, wenn an dem einen Ende der Wasserdruck größer ist als an dem anderen Ende.

Nach dem **Ohmschen Gesetz** (s. Physik) besteht zwischen der Spannung U, dem Widerstand R und der Stromstärke J die folgende Beziehung

$$U = R \cdot J$$

In den verschiedenen Verzweigungen fließen die Teilströme J_1 bis J_5. Da die Summe der Teilströme gleich dem Gesamtstrom ist[99]), z. B. bei einer Stromrichtung von A nach B ist $J_1 = J_2 + J_5$, wird im stromlosen Zustand der Brücke $J_1 = J_2$ und ebenso $J_3 = J_4$. Die Spannung in den Punkten A und B muß beim stromlosen Zustand der Brucke gleich sein, danach ergibt sich

$$U_A = U_B = J_1 \cdot R_1 = J_3 \cdot R_3 \text{ und ebenso } J_2 \cdot R_2 = J_4 \cdot R_4.$$

Bei einer Division der Gleichungen erhält man dann, da die Stromstärken $J_1 = J_2$ und $J_3 = J_4$ sind, als Voraussetzung für den stromlosen Zustand der Brücke das Verhältnis der Widerstände

$$\frac{R_1}{R_2} = \frac{R_3}{R_4}$$

Bei den Arbeitsweisen der behandelten Druckmesser ist die eine Brückenhälfte mit den Widerständen im Geber, die andere mit ihren Widerständen im Anzeigegerät untergebracht. Der Geber besteht aus dem Meßorgan (Membrandose oder Membranblech), dem Hebelwerk und einem Widerstand. Die durch den Druck des Betriebsmittels hervorgerufene Bewegung des Meßorganes (Dosenhub) wird mit einem Hebel auf einen Abgriff (Schleifer) übertragen.

Bei der **Siemensschaltung** wird der Abgriff mit dem Minuspol des Stromkreises verbunden. Durch die Bewegung des Abgriffes wird der Widerstand in Abhängigkeit vom Druck in zwei gleiche oder verschieden große Abschnitte unterteilt, die den Widerständen R_1 und R_2 der Schemazeichnung Abb. 39 entsprechen. Von den Enden des Widerstandes, den man zusammen mit dem Abgriff als **Geber-Potentiometer** bezeichnet, führen zwei Ableitungen zum Anzeigegerät (Abb. 40).

Das Anzeigegerät besteht aus einem als Ring ausgebildeten Dauermagneten (permanenter Magnet), dessen Polenden halbkreisförmig ausgebildet sind. Zwischen den Polen ist ein runder Weicheisenkern mit einem Luftspalt konzentrisch so befestigt, daß ein gleichmäßiges (homogenes) magnetisches Feld zwischen den Polenden und dem Kern erzeugt wird. In diesem magnetischen Feld, d. h. in dem gleichmäßigen, kreisförmigen Luftspalt, ist eine Spule, die man auch als Hauptrahmen bezeichnet, drehbar gelagert (Drehspule I). An der Rückseite dieser Drehspule ist kreuzförmig dazu eine zweite Spule (Drehspule II) angeschlossen, die sich außerhalb des Magneten in seinem Neben- oder Streufeld (magnetischer Nebenschluß) zwangslaufig mit dem Hauptrahmen dreht; sie wird auch als Richtrahmen bezeichnet. An der Drehachse dieser beiden Spulen ist der Zeiger befestigt.

Die beiden Ableitungen vom Geberpotentiometer führen zu zwei unveränderlichen Widerständen im **Anzeigegerät,** die den anderen Teil

[99]) Kirchhoffsches Gesetz, s. Physik.

der Brücke bilden und den Widerständen R_3 und R_4 der Schemazeichnung Abb. 39 entsprechen. Die aus dem Geberpotentiometer und den Anzeigerwiderständen bestehende Stromverzweigung, die über den Richtrahmen mit dem Pluspol des Stromkreises verbunden ist, hat eine

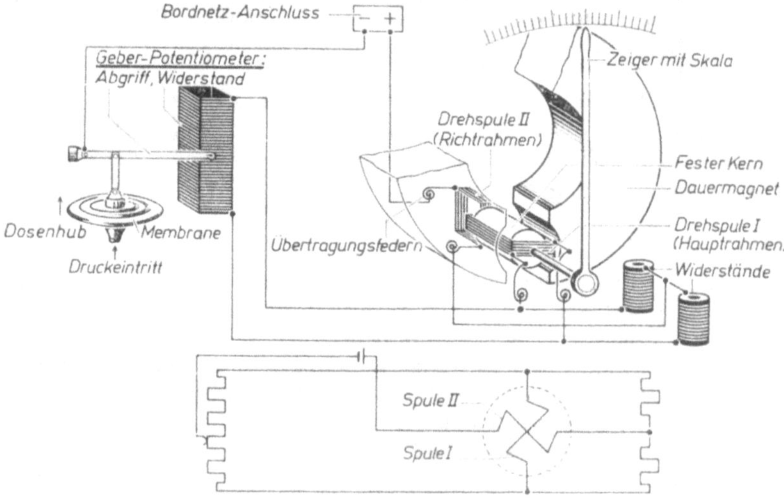

Abb 40. Arbeitsweise und Schaltschema des elektrischen Ferndruckmessers nach der Brücken-Kreuzspulschaltung Bauart Siemens (Hersteller Luftfahrtgerätewerk Hakenfelde)

Verbindung, d. h. eine Brücke, in der die Drehspule I zwischengeschaltet ist. Durch die beiden gekreuzt angeordneten Spulen und die Brücke wird die Arbeitsweise als Brückenkreuzspulschaltung bezeichnet.

Bei den verschiedenen Stellungen des Abgriffes im Geber fließt der durch das Potentiometer geteilte Strom durch die Spule I und erzeugt in ihr eine Drehkraft, die den Zeiger über einen Bereich von etwa 80° ausschlagen läßt. Dabei sind die Widerstände so bemessen, daß bei der Mittelstellung des Geberpotentiometers die Brücke stromlos ist. In diesem Falle würde das massenausgeglichene (Gewichtsausgleiche) Spulensystem im Gleichgewicht sein, d. h. in jeder beliebigen Lage stehen können. Durch die nachfolgend beschriebene Wirkung des Richtrahmens (Spule II) wird der Hauptrahmen in waagerechter Lage festgehalten und der Zeiger nimmt in Übereinstimmung mit der Mittelstellung des Gebers seine Mittellage im Anzeigebereich ein. Bewegt sich der Abgriff mit dem Absinken des Druckes nach unten, so erzeugt der in positiver Richtung durch die Brücke fließende Strom in der Spule I ein Drehmoment im Gegenuhrzeigersinn (Linksausschlag des Zeigers, Edul, s. Bd. 4, Abschn. X), umgekehrt beim Ansteigen des Druckes und negativer Stromrichtung ein Drehmoment im Uhrzeigersinn (Rechtsausschlag des Zeigers, Mdul oder Mul).

Um die Größe des von der Geberpotentiometer-Einstellung abhängigen Brückenstromes, der durch das Meßorgan, d. h. durch den Druck gesteuert wird, sichtbar machen zu können, muß ein lineares Gegenmoment[100]) zum jeweiligen Drehmoment der Spule vorhanden sein, damit der Zeiger in einer bestimmten Stellung je nach der Größe des erzeugten Drehmomentes stehen bleibt. Man sagt auch, um die veränderliche Größe des Brückenstromes und damit das Maß der Verstimmung anzeigen zu können, muß das erzeugte Drehmoment **gewogen** werden. Bei den üblichen Drehspulgeräten verwendet man hierfür Federn, deren Kraft mit dem Ausschlagwinkel im gleichen Maße wie die Drehkraft der Spule wächst und dieser entgegengerichtet ist. Der Verlauf der Federkraft über den Ausschlagbereich ist konstant, während der Verlauf der Spulendrehkraft von den **Spannungsschwankungen** des Flugzeugbordnetzes beeinflußt wird; dadurch können Anzeigefehler hervorgerufen werden.

Bei der besprochenen Arbeitsweise werden diese Fehler dadurch vermieden, daß die Gegenkraft zum Hauptrahmen durch den **Richtrahmen** erzeugt wird. Er wird nach der beschriebenen Schaltung (s. Abb. 40) ständig von dem gesamten Strom der an das Bordnetz angeschlossenen Anlage durchflossen. Eine stromdurchflossene Spule stellt sich in einem magnetischen Kraftfeld immer so ein, daß von ihr ein Maximum der Kraftlinien des Feldes erfaßt wird. Bei dem Richtrahmen ist das der Fall, wenn er senkrecht und damit der Hauptrahmen waagerecht steht. Um den Richtrahmen aus dieser Stellung herauszudrehen, ist eine hinreichende Drehkraft erforderlich.

Wird der Hauptrahmen wie vorher beschrieben zu einer Drehung in beliebiger Richtung gebracht, so wirkt in jedem Fall der Richtrahmen dieser Bewegung entgegen, da er mit einer entsprechenden Kraft in seine Ausgangsstellung zurückstrebt. Dabei verlaufen die gegeneinander wirkenden Drehmomente der beiden Spulen in Abhängigkeit von der Größe des Ausschlagwinkels so, daß die Voraussetzungen für die erforderliche Anzeige gegeben sind[101]). Der Richtrahmen erfüllt also die gleiche Aufgabe wie eine Feder und wird daher auch als **elektrische Feder** bezeichnet. Von Spannungsschwankungen ist die Anzeige bei dieser Ausführung praktisch unabhängig, da sich die Ströme in den Spulen I und II im gleichen Verhältnis ändern.

Die Zufuhr des Stromes zu den Spulen erfolgt durch kleine Federn, deren Richtkraft sehr gering ist, so daß sie auf die erzeugten Drehkräfte

[100]) Geradlinig = gleichmäßig verlaufendes Gegenmoment.

[101]) Es ist ein Drehmoment erforderlich, das dem Sinus des Verstellwinkels proportional ist. Dieser sinusförmige Verlauf ist nur dann erfüllt, wenn das magnetische Feld homogen, d. h. gleichmäßig ist, was bei der behandelten Anlage ausreichend erfüllt wird. Diese Voraussetzungen gelten bei der Sinusfunktion fur den Bereich von —45° bis +45°, der Richtrahmen stellt dann eine elektrische Feder mit linearer Kennlinie dar.

ohne Einfluß bleibt, jedoch ausreicht, um im stromlosen, d. h. abgeschalteten Zustand der Anlage den Zeiger jeweils in seine Nullage zurückzuführen und darin zu halten. **Temperatureinflüsse,** die im wesentlichen durch die Kupferdrahtwicklungen der Kreuzspulen bedingt sind, werden durch Widerstande, die den Rahmen vor- bzw. nebengeschaltet sind, ausgeglichen. Der Nebenwiderstand des Hauptrahmens dient gleichzeitig zum Justieren, um den Brückenstrom auf den jeweils erforderlichen Wert abstimmen zu können.

Die geschilderte Arbeitsweise hat den **Nachteil,** daß die Anzeige nur über eine Skala von etwa 90° erfolgen kann, während normale Rundgeräte im Flugzeug sonst einen Zeigerbereich von etwa 270 bis 300° haben. Man wendet daher für elektrische Ferndruckmesser noch eine zweite Arbeitsweise an, die hinsichtlich des Anzeigebereiches die gleichen Vorteile wie die übrigen Flugzeuggeräte aufweist. Das ist die **Patinschaltung.** Sie wird — wie eingangs angeführt — als Brücken-Drehspulschaltung (Bauart Eckardt) bezeichnet. Bei der Arbeitsweise dieses Ferndruckmessers bildet ein im **Geber** befindliches, aus Abgriff und Widerstand bestehendes Potentiometer die eine und ein im **Anzeigegerät** enthaltenes **Potentiometer** die andere Brückenhälfte (Abb. 41). Der Geber weist grundsätzlich die gleiche Bauart auf wie bei der vorhergehend beschriebenen Arbeitsweise. Durch den Hub einer vom Druckmittel beeinflußten Membrane wird ein Abgriff auf einem Widerstand bewegt und teilt ihn in gleiche oder verschieden große Abschnitte ein. Anfang und Ende des Widerstandes sind am Bordnetz angeschlossen und so mit dem Anfang und Ende des Widerstandes vom Anzeiger-Potentiometer verbunden. Fernerhin führt noch eine dritte Zuleitung vom Abgriff des Geber-Potentiometers zum Anzeigegerät.

Das Anzeigegerät weist einen Dauermagneten auf — einen sogen. Unipolarmagneten — dessen einer Pol ringförmig ausgebildet ist; der Magnet wird von einem Weicheisenmantel mit einem dazwischenliegenden Luftspalt umschlossen. In dem Luftspalt, d h. in dem magnetischen Feld, das von dem ringförmigen Teil des Magneten und dem Weicheisenmantel gebildet wird, bewegt sich eine drehbar gelagerte Spule, die einerseits mit einem Zeiger, andererseits mit einem Abgriff fest verbunden ist. Je nach der Stellung der Spule wird von dem Abgriff ein Widerstand in gleiche oder verschieden große Abschnitte eingeteilt. Der Strom der Brücke wird vom Abgriff des Geberpotentiometers über eine Übertragungsfeder zur Spule und vom anderen Ende der Spule zum Abgriff des Anzeigerpotentiometers geführt (Abb. 41. In der Abbildung ist nur der ringförmige Teil des Dauermagneten dargestellt).

Im drucklosen Zustand, d. h. bei **Nullstellung** des Zeigers, steht der Abgriff des Gebers einseitig auf kleinem Widerstand, eine gleiche Stellung nimmt der Abgriff des Anzeigers ein. Bei der zugrunde gelegten Schaltung und einer geeigneten Ausführung der Widerstände ist die Brücke und somit die Spule in diesem Zustand stromlos. Ist die Spannungsquelle völlig abgeschaltet, so wird der Zeiger durch die Kraft der Rückholfeder an einem Anschlag in Ruhestellung gehalten. Diese Zeigerstellung liegt um einen kleinen Betrag tiefer als die Nullstellung, so daß sofort zu erkennen ist, ob ein **spannungsloser Zustand** herrscht oder die Nullstellung vorliegt. Dehnt sich die Dose durch Eintritt des

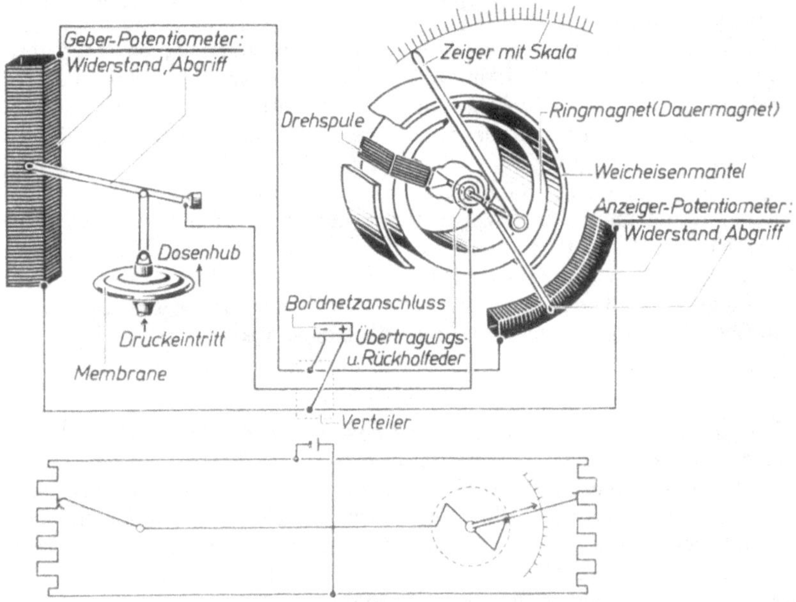

Abb. 41. **Arbeitsweise und Schaltschema des elektrischen Ferndruckmessers nach der Brücken-Drehspulschaltung von Patin (Bauart Eckardt)**

Druckmittels aus, so wird durch die zwangsläufige Bewegung des Geberabgriffes das für den stromlosen Zustand der Brücke erforderliche Verhältnis von den Widerstandsabschnitten der beiden Potentiometer gestört. Dadurch erhält die Spule Strom und es wird in ihr eine Drehkraft hervorgerufen, die sowohl den Zeiger ausschlagen läßt, als auch dem Abgriff des Anzeiger-Potentiometers eine neue Einstellung auf dem Widerstand gibt. Wird bei der Drehbewegung von Spule, Zeiger und Abgriff eine Einteilung erreicht, die gleiche Widerstandsverhältnisse zwischen den beiden Brückenhälften und somit gleiche Spannung an den Brückenenden bewirkt, so wird die Spule wieder stromlos und der Zeiger bleibt stehen. Damit wird unter der Voraussetzung der erforderlichen Eichung der Druck in Abhangigkeit vom Dosenhub angezeigt.

Je nach der Bewegungsrichtung des Abgriffes im Geber wird eine wechselnde Stromrichtung und somit ein wechselndes Drehmoment in der Spule erzeugt. Ein Druckanstieg ruft dadurch eine Rechtsdrehung des Zeigers, ein Druckabfall eine Linksdrehung hervor. Die als Stromzuführung verwendete Übertragungsfeder dient gleichzeitig dazu, den Zeiger in seine Nullstellung zurückzuführen. Wie sich aus der schematischen Darstellung der Arbeitsweise ergibt, ist bei der gewählten Bauart des Anzeigegerätes ein **Anzeigebereich** von rund 300^0 leicht einzurichten. Von **Spannungsschwankungen** ist diese Schaltung offensichtlich praktisch unabhängig.

Bei kleinen Druckunterschieden, d. h. bei geringen Änderungen des Dosenhubes und damit kleinen Änderungen der Stromverhältnisse durch die geringe Verschiebung des Abgriffes auf dem Widerstand im Geber, ergeben sich ebenfalls nur geringfügige Änderungen der Drehkräfte für die Bewegung der Spule und den Zeiger. Sie reichen zu einer Änderung der Anzeige nicht immer aus. **Kleine Druckunterschiede** kommen daher nicht zur Anzeige, wenn nicht durch die ständigen, vom laufenden Motor hervorgerufenen Erschütterungen im Fluge dieser Mangel behoben würde. Dieser Punkt ist bei allen elektrischen Geräten, die mit geringen Spannungen arbeiten, beachtenswert, wenn sie außerhalb des Flugzeuges einer Prüfung unterzogen werden.

b) Beschreibung

Die **Geber** der elektrischen Druckmesser verschiedener Herstellung sind durch die gleichartige Arbeitsweise in ihrem Aufbau grundsätzlich ähnlich. Wesentliche äußere Unterschiede des Mechanismus bestehen vor allem im Meßorgan, für das entweder ein **Membranblech,** eine **Membrandose** oder ein dosenähnlicher **Federungskörper** verwendet wird (Abb. 42 u. 43). Das aus Leichtmetall- oder Spezialguß hergestellte Gehäuse trägt in allen Fällen zwei Anschlüsse; für die Druckzufuhr den Schraubanschluß für eine druckdichte Leitung und für die dreiadrige elektrische Zuführung über einen Verteiler zum Anzeigegerät einen Steckanschluß, der mit einer Verschraubung gesichert wird[102]). Die Anordnung und Form der Meßorgane ist aus den Abbildungen gut ersichtlich. Auffällig ist die Gestaltung des Meßorganes bei dem Siemens-Schmierstoffdruckgeber. Für die Aufnahme der hohen Druckwerte — bis zu 15 $kgcm^{-2}$ — ist hier ein einfaches Membranblech verwendet, das mit einer Dichtung auf einem Gehäuse aufliegt und durch eine Verschraubung druckdicht gegen seinen Sitz gepreßt wird. Das Druckmittel wird durch eine außerhalb des Gehäuses liegende Umgehungsleitung zugeführt. Bei allen Bauarten ist das Meßorgan durch einen Anschlag so abgefangen, daß je nach der Ausführung eine Überlastung bis zu etwa dem Dreifachen des höchstzulässigen Anzeigewertes ohne Schaden für das Gerät bleibt.

[102]) Notfalls kann der Geber mit einer Schlauchtülle für den Anschluß an die statische Druckausgleichleitung versehen werden. S. hierzu den II. Teil des Buches Abschn. XI u. XII und allgemein Bd. 8, Abschn. II.

Der Dosenhub wird auf das **Potentiometer** durch einen Taststift und ein Hebelwerk, das den Abgriff ausschlagen läßt, übertragen; feine Schleifkontakte am Abgriff stellen die elektrische Verbindung her. Die

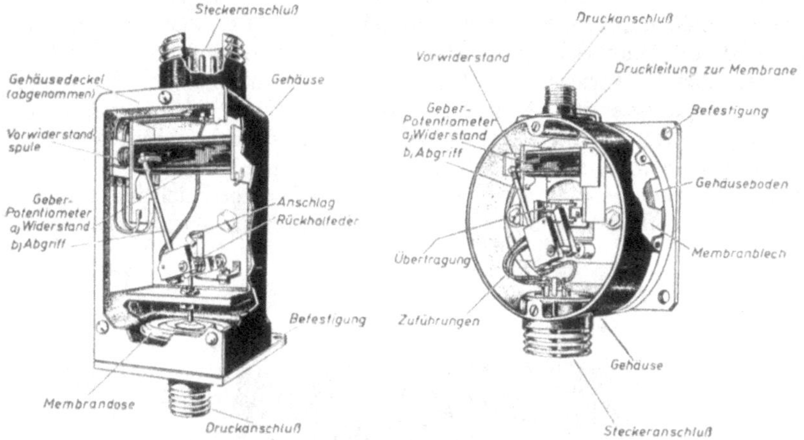

Abb. 42. Druckgeber fur elektrische Ferndruckmesser nach der Siemens-Bauart (Luftgerätewerk Hakenfelde) a) Kraftstoffdruckgeber b) Schmierstoffdruckgeber

Anordnung der Übertragungen ist so ausgeführt, daß Druckabweichungen in beiden Richtungen keine Beschädigungen hervorrufen können.

Gegen **äußere Einflüsse** sind die Gehäuse spritzwasserdicht ausgebildet, sie werden im Triebwerk durch Verschraubungen und Schellen unmittelbar an der Meßstelle oder in deren Nähe befestigt.

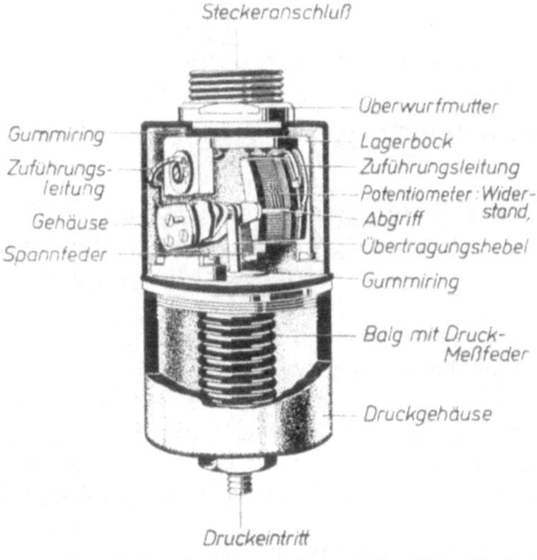

Abb. 43. Druckgeber fur elektrische Ferndruckmesser (Bauart Eckardt) fur Kraftstoff und Schmierstoff

Das **Anzeigegerät** der **Siemens** Brücken-Kreuzspulschaltung hat ein Preßstoffgehäuse, das auf der Vorderseite durch eine fest eingebaute Glasscheibe abgeschlossen ist. Das auf einem Preßstoffsockel befestigte Meßwerk wird in die hintere Öffnung des Gehäuses eingeführt und über das Gehäuse dann nochmals ein dünner Blechschutzmantel geschoben; er wird mit einer Schraube befestigt. Auf dem Boden des Preßstoffsockels, dessen Rückseite für den Anschluß der dreipoligen elektrischen Steckdose ausgespart ist, sind die verschiedenen Widerstandsspulen mit einer Leichtmetallhalterung befestigt; sie dienen, soweit sie nicht für die Arbeitsweise (s. d.) erforderlich sind, zum Justieren[103]) und zur Temperaturkompensation des Gerätes. Drei mit einer Leichtmetallplatte verbundene kleine Säulen tragen den kreisförmig gebogenen Dauer-

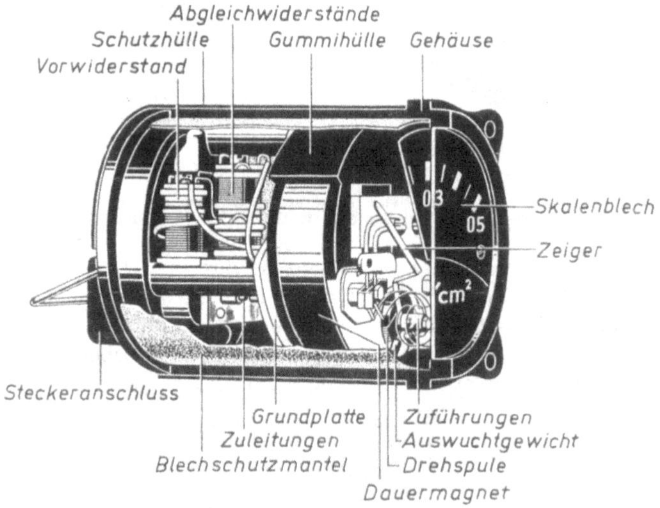

Abb. 44. Innenansicht eines Ferndruckmesser-Anzeigegerätes nach der Siemens-Bauart (Luftfahrtgerätewerk Hakenfelde)

magneten und eine darauf geschraubte Halterung den festen Kern. Dieser Halter dient gleichzeitig als Lagerung für die Kreuzspulen, den Zeiger sowie die Übertragungsfedern (Zuführungen) und das Skalenblech (Abb. 44).

Um den Mechanismus gegen Beschleunigungskräfte und Erschütterungen weitestgehend zu schützen, sind die drehenden Teile durch kleine, an der Zeigerachse befestigte Gewichte massenausgeglichen (ausgewuchtet). Fernerhin ist das Meßwerk für den gleichen Zweck mit einer **Gummihülle** umschlossen. Eine Beeinflussung von in der Nähe befindlichen Kompassen wird dadurch ausgeschaltet, daß über den

[103]) Justieren = eichen, s. unter Arbeitsweise.

ganzen Mechanismus ein Blechmantel geschoben wird, der als **Rostschutz** einen leichten Kupferüberzug hat (beachte auch den Blechmantel, der von außen über das Preßstoffgehäuse geschoben wird).

Der selbstleuchtende Zeiger bewegt sich über eine selbstleuchtende Skala mit schwarzem Untergrund und einen Anzeigebereich zwischen 80 bis 90°. Je nach dem Verwendungszweck des Gerätes, das im gleichen Maße für die Schmierstoff- und Kraftstoffdruckmessung anwendbar ist, wird der **Anzeigebereich** zwischen

0—0,5 kgcm^{-2} Kraftstoffdruck[104])
0—1,0 ,, ,,
0—2,0 ,, ,,
0—10 ,, Schmierstoffdruck

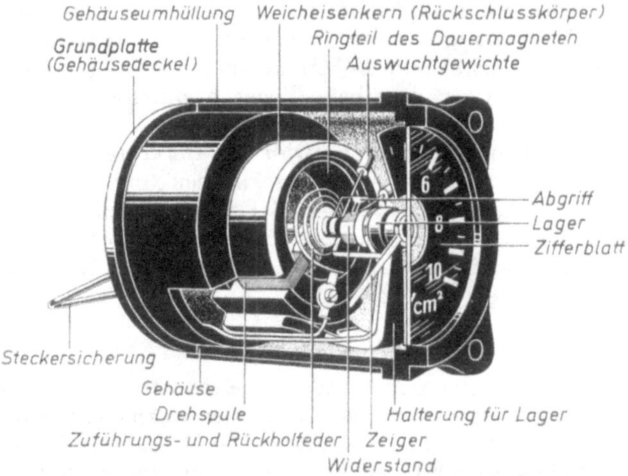

Abb 45 Innenansicht eines Ferndruckmesser-Anzeigegerates nach der Patin-Bauart (Bauart Eckardt)

ausgeführt[105]). Eine federnde Halterung auf der Rückseite des Gerätes dient als Sicherung gegen ein ungewolltes Lösen des Steckeranschlusses.

Bei dem Drehspul-**Anzeigegerät** nach der Bauart von **Eckardt** ist das Gehäuse ebenfalls aus Preßstoff hergestellt und mit einer fest eingeschraubten Glasscheibe versehen. Der auf einer Grundplatte befestigte Mechanismus wird von hinten in die große Öffnung des Gehäuses eingeschoben und schließt es deckelförmig ab. Der aus einem Kreisteil und einem Ring bestehende Dauermagnet (Unipolarmagnet) wird von einem

---

[104]) Druckmesser für 0—0,5 kgcm^{-2} Meßbereich sind heute nicht mehr gebräuchlich.

[105]) Neuerdings werden die Anzeigerbereiche zur Überwachung von kurzfristigen Überdrücken erhöht, s. d. Fußnote unter 1 a) S. 53.

Weicheisenmantel umschlossen, der ebenfalls auf der Grundplatte befestigt ist. Eine am Ringteil des Magneten angeschraubte Halterung trägt die Lagerung für den Zeiger mit Abgriff, die Zuführungs- und Rückholfeder sowie die Drehspule. Fernerhin ist auf der Lagerhalterung der Widerstand des Anzeigerpotentiometers befestigt. Ein Skalenblech mit Leuchtziffern auf schwarzem Grund schließt den Mechanismus zur Glasscheibe hin ab (Abb. 45). Die Zuführung vom Geber erfolgt mit einer dreiadrigen Leitung über einen Verteiler; ein Stecker in der hinteren Aussparung des Gehäusedeckels dient zur Verbindung mit der Steckdose, die durch einen besonderen Bugel gesichert wird und die Verbindung mit dem Anzeigemechanismus herstellt.

Durch den besonderen Aufbau des Gerätes, der im wesentlichen auch dadurch gekennzeichnet ist, daß der „Weicheisenkern" zur Erzeugung des erforderlichen magnetischen Feldes als Mantel um den Magneten herum liegt, ist in weitgehendstem Maße für eine **Abschirmung** Sorge getragen. Hierzu dient ebenso die Gehäuseummantelung, so daß eine Beeinflussung von in der Nähe befindlichen Kompassen praktisch ausgeschaltet ist.

In der beschriebenen Ausführung wird das Gerät als Einfachdruckmesser nur noch für die Schmierstoffdruckmessung mit einem Anzeigebereich von 0—10 $kgcm^{-2}$ verwendet. Bei den **Mehrfachgeräten** ist die bauliche Gestaltung der Arbeitsweise eine völlig andere, wie dies im nächsten Abschnitt näher erläutert wird (s. auch den einleitenden Text unter a) Arbeitsweise).

c) Einbau

Die Gebergeräte elektrischer Ferndruckmesser werden — wie bereits angeführt — unmittelbar an der Meßstelle oder dessen Nähe eingebaut, dabei muß beachtet werden, daß während des Betriebes keine höheren **Temperaturen** als etwa 60° C auf das Gerät einwirken können. Die im Gerät verwendeten Isolierstoffe weisen darüber hinaus eine gewisse Wärmeempfindlichkeit auf, außerdem kann eine höhere Temperatur die Güte der Anzeige beeinflussen. Gegen **Erschütterungen** sind die Geber durch ihren Aufbau weitestgehend geschützt. Auf die Dauer können aber wie bei jedem anderen Gerät die ständigen feinen Schwingungen, die durch das Arbeiten des Triebwerkes im Fluge hervorgerufen werden, zerstörenden Einfluß auf den Mechanismus haben. Gegen Beschädigungen dieser Art leisten Unterlagen aus Leder und Filz bei der Befestigung gute Dienste.

Der Einbau der Anzeigegeräte unterliegt hinsichtlich der örtlichen Unterbringung den gleichen Richtlinien wie jeder andere Druckmesser; es sei hierzu auf die Ausführungen unter 1 c) verwiesen. In dem gleichen Sinne wie man Ladedruck- und Drehzahlmesser zu einem symmetrischen Bild auf dem Gerätebrett vereinigt, erfolgt dies auch für die Druckmeßgeräte der verschiedenen Betriebsmittel. Die Geräte werden hierbei durch die bestehenden **Norm-Farben** gekennzeichnet[106]), indem man den Rahmen der Glasscheibe mit der zugehörigen Kennfarbe bemalt. Man erhält damit sofort einen Überblick über die Zugehörigkeit der Geräte zu dem jeweiligen **Überwachungszweck.** Wenn auch seitens der Hersteller die Geräte von vornherein für die Beanspruchungen im Flugbetrieb widerstandsfähig genug gebaut sind, so bedingt doch die verhältnismässig empfindliche Gestaltung des Anzeigemechanismus eine erschütterungsfreie Lagerung, die in erster Linie durch die federnd aufgehängten neuzeitlichen Gerätebretter gegeben ist. Sie ist allein schon deshalb notwendig, um Gewähr für eine einwandfreie, ruhige Anzeige zu erhalten. Bei einem Einzeleinbau ist es erforderlich, das Gerät durch die handelsüblichen Einbauelemente **federnd** zu lagern.

Ferndruckmesser sind vor allem für Triebwerke mehrmotoriger Flugzeuge bestimmt, die lange Übertragungsleitungen bis zum Anzeigeort erfordern; sie können aber auch für einmotorige Flugzeuge oder für den Mittelmotor eines dreimotorigen Flugzeuges gleich gut eingesetzt werden. Im wesentlichen ist für die Wahl eines Gerätes einerseits die Bordnetzanlage, andererseits die **Vereinheitlichung** aller Gerätemuster im Flugzeug bestimmend. Man wird eine vielartige Geräteeinrichtung schon mit Rücksicht auf die **Ersatzteilbeschaffung** vermeiden und einer gleichmäßigen Ausrichtung auch in bezug auf die den Geräten zugrunde liegenden Arbeitsweisen den Vorzug geben[107]).

d) Wartung

Die Betreuung der im Flugzeug eingebauten Geräte, zu der auch die laufende Überwachung der einwandfreien Anzeige gehört, bezieht sich vor allem auf die Übertragungsleitungen. Besonders bei neuzeitlichen mehrmotorigen Flugzeugen, die durch abnehmbare Triebwerke sowie die Trennstellen an Rumpf und Tragwerk zwischen Geber, Verteiler und Anzeigegerät mehrere Stecker und Steckdosen erfordern, ist leicht mit Fehlermöglichkeiten zu rechnen. Diese Verbindungsstellen müssen nicht nur fest sitzen, sondern auch von Korrosionserscheinungen und Verschmutzungen frei sein, wenn fehlerhafte Anzeigen vermieden werden sollten. Fehlanzeige oder heftiges Anschlagen des Zeigers am oberen oder unteren Ende des Anzeigebereiches weisen auf solche Leitungsstörungen hin. Zu den Fehlerquellen gehören auch durch Schwingungserscheinungen erzeugte Scheuerstellen und dadurch beschädigte Leitungsteile; Abhilfe ist neben der notwendigen Ausbesserung durch zusätzliches Anschellen der Kabel gegeben, wobei die in den BVF[108]) festgelegten Einbauvorschriften berücksichtigt werden müssen.

---

[106]) Braun = Schmierstoff, gelb = Kraftstoff, s. DIN, L 5.

[107]) Hierfür sind auch die behördlicherseits festgelegten Bestimmungen maßgebend.

[108]) BVF = Bauvorschriften fur Flugzeuge.

Soweit die Kabelverbindungen keine Schäden aufweisen und die Fehler in den Geber- oder Anzeigegeräten zu suchen sind, müssen die verschiedenen **Vorschriften** für die **Prüfung** der im Flugzeug eingebauten Geräte beachtet werden; sie werden einerseits von den einzelnen Herstellern, andererseits von den behördlichen Dienststellen herausgegeben[109]). Eine falsche Polung zwischen den Geräten oder zum Bordnetzanschluß wird grundsätzlich durch unverwechselbare Stecker ausgeschaltet. Ergeben sich Fehler an dem Geber oder am Anzeigegerät, so ist ein Auswechseln des beschädigten Gerätes unerläßlich.

Neben den angeführten Störungsmöglichkeiten ist, wie auch bei allen anderen Geräten, auf Feuchtigkeitsniederschlag in den Gehäusen zu achten; Schwitzwasserbildung an den Glasscheiben sind die besten Anzeichen hierfür. In diesem Sinne muß auch die Lagerung der Geräte in trockenen, säurefreien Räumen erfolgen und der Steckeranschluß gegen Beschädigungen, gleich welcher Art, geschützt werden.

5. Mehrfachdruckmesser

a) Arbeitsweise

Bei den Mehrfachdruckmessern handelt es sich, wie es bereits unter Grundsätzliches angeführt wurde, um eine Vereinigung von mehreren Meßstellen in einem Anzeigegerät. Es werden die einfachen und die Differenzdruckmeßweisen mit Röhrenfedern und Membrandosen angewendet. Die Übertragung des Druckes auf die Anzeigeeinrichtung erfolgt unmittelbar oder durch Umwandlung in eine elektrische Arbeitsweise, niemals tritt jedoch die Vermischung von elektrischen und mechanischen Arbeitsweisen bzw. Meßwerken in einem Gerät auf. Für die zurzeit gebräuchlichen Mehrfachgeräte ergibt sich die folgende Übersicht, deren Vollständigkeit von der zeitlichen Entwicklung abhängig ist.

Die einfache Druckmessung erfolgt bei den Mehrfachdruckmessern nach der gleichen Arbeitsweise wie sie unter 1 a) beschrieben und in Abb. 29 schematisch dargestellt ist. Man **vereinigt Kraftstoff- und Schmierstoffdruckmessungen** in zweifacher oder vierfacher Anzeige, indem

a) bei dem **Zweifachgerät** die beiden Röhrenfedern konzentrisch auf eine Doppelachse mit zwei Zeigern arbeiten,
b) bei dem **Vierfachgerät** zwei Doppelsysteme mit je zwei Röhrenfedern vier einzelne Achsen mit getrennten Zeigermittelpunkten betätigen.

Um die Klarheit der Darstellung auf dem Zifferblatt zu erhalten, werden die Anzeigen voneinander getrennt. Dadurch wird der jeweilige Anzeigebereich verringert, bei dem Zweifachgerät auf die Hälfte, bei dem Vierfachgerät auf ein Viertel. Für die Güte der Ablesemöglichkeit ist diese

---

[109]) Beachte auch die Gerätewartung der TS-Lehrblätter der Luftwaffe.

Übersicht über die gebräuchlichen Mehrfachdruckmesser

Arbeitsweise	Meßorgan	Betriebsdruck	Geräteausführung	Hersteller
Einfache Druckmessung	Röhrenfeder	Kraftstoff und Schmierstoff	Zweifachgerät	Maximall Eckardt
	Röhrenfeder	Kraftstoff und Schmierstoff	Vierfachgerät	Maximall Eckardt
Differenz-Druckmessung	Röhrenfeder	Kraftstoff-Gebläse- und Schmierstoff kombiniert	Zweifachgerät	Eckardt
Ladedruckmessung	Membrandosen	Ladedruck	Zweifachgerät	Fuess
Elektrische Druckmessung	Membrane und Drehspule	Kraftstoff oder Schmierstoff oder beides zusammen	Zweifachgerät	Eckardt
	Membrane und Drehspule	Kraftstoff und Schmierstoff (mit Temperaturmessungen vereint)	Vierfachgerät	Eckardt
	Membrane und Kreuzspule	Kraftstoff und Schmierstoff	Vierfachgerät	Siemens (LGW Hakenfelde)
	Membrane und Kreuzspule	Kraftstoff und Schmierstoff (mit Temperaturmessungen vereint)	Vierfachgerät	Siemens (LGW Hakenfelde)
	Röhrenfeder[110]) und Kreuzspule	Drucköl	Zweifachgerät	Siemens (LGW Hakenfelde)

Bemerkung: Die Anzeigen der elektrischen Vierfachgeräte können nach Wunsch variiert werden, da die Anzeigearbeitsweise fur die verschiedenen Betriebsmittel und Betriebsmittelzustände gleich ist (s. unter Temperaturmesser).

[110]) s. hierzu unter Flugwerküberwachungsgeräte B VIII.

zwangsläufige Verkleinerung des Zeigerweges ohne Bedeutung, denn wie es bereits unter „Grundsätzliches“ betont wurde, handelt es sich bei der Druckmessung um eine Anzeige, die sich in einem begrenzten Sollbereich bewegt (s. hierzu auch unter c) Einbau).

Die Differenzdruckmessung (Kraftstoff-Gebläsedruckdifferenz) wird bei den Mehrfachgeräten mit einer Schmierstoffdruckmessung zusammengelegt. Auch in diesem Falle unterscheiden sich die Arbeitsweisen nicht von denen unter 1 a) und 2 a) beschriebenen (s. Abb. 29 u. 32). Es ergeben sich am Gerat **drei** verschiedene **Anschlüsse,** fur den Kraftstoffdruck, den Gebläsedruck und den Schmierstoffdruck. Die Röhrenfedern betätigen einerseits über ein Differentialhebelwerk, andererseits durch unmittelbare Übertragung mit einem Zahnsegment zwei konzentrisch angeordnete Zeiger, deren Achsen ineinander geschoben sind (eine Hohlachse, eine Vollachse). Der Anzeigebereich wird wie bei den anderen Zweifachgeräten halbiert, so daß jeder Zeigerweg über rund 140^0 Winkelausschlag geht.

Für Ladedruckmesser als Mehrfachgeräte wird die **Arbeitsweise mit zwei Dosen** und der Differentialübertragung angewendet. Dabei unterliegen die Dosensätze über eine Gehäuseundichte dem atmosphärischen Druck (s. unter 3 a, Abb. 35). Das Gehäuse hat dann nur zwei Anschlüsse für die beiden Dosen (Dosensätze), denen das Druckmittel unmittelbar zugeführt wird. Die Zeiger sind konzentrisch angeordnet und weisen wie alle mechanisch arbeitenden Zweifachgeräte eine Hohl- und eine Vollachse auf, die übereinandergeschoben sind. Für dieses **Zweifachgerät** ist der Zeigerweg ohne Schaden für die Güte der Ablesemöglichkeit für beide Zeiger über das ganze Zifferblatt ausgedehnt, so daß sich die Anzeigen überlagern. Bei gleichartigen Motoren einer Triebwerkanlage, die gleiche Leistung und somit gleichen Ladedruck aufweisen müssen, kann durch die beschriebene Art der Anzeige sofort eine Unstimmigkeit in der Motorenregulierung erkannt werden. Einer der beiden Zeiger wird hinsichtlich seiner Zugehörigkeit zu einem bestimmten Motor besonders gekennzeichnet (s. d. III. Teil d. Buches).

Die elektrischen Mehrfachgeräte stimmen in ihren Schaltungen mit denjenigen der Einfachgeräte grundsätzlich überein. Vergleicht man jedoch die Vereinigung von mehreren elektrischen Anzeigevorrichtungen in einem Gerät mit den Mehrfachgeräten der mechanischen Arbeitsweisen, so ergeben sich bemerkenswerte Unterschiede. Bei den mechanischen Meßweisen bleiben die einzelnen Meßwerke in ihrer äußeren Gestalt und im Aufbau bestehen. Sie werden lediglich auf einen kleineren Raum zusammengedrängt, und so ineinandergeschachtelt, daß zum Teil, wie vorher beschrieben, eine konzentrische Zeigeranordnung gewählt werden kann. Das ist bei den elektrischen Mehrfachgeräten bisher nicht möglich gewesen.

Bei der **Brücken-Kreuzspulschaltung** nach der **Siemens**-Bauart verwendet man, wie unter 4 a) erläutert, einen ringförmig gebogenen

Dauermagneten mit einem Weicheisenkern für die Erzeugung des magnetischen Feldes. Dieser Magnet bleibt bei den Mehrfachgeräten in seiner ursprünglichen Gestalt erhalten, jedoch wird je nach der Anzahl der Anzeigen der Magnet (Ringmagnet) anstatt mit einer Aussparung, mit mehreren Polbohrungen versehen (Abb. 46, vgl. hierzu Abb. 40). Durch diese Bauart bildet das Mehrfachmeßwerk ein geschlossenes Aggregat, in dem die einzelnen Kreuzspulsysteme untrennbar miteinander verbunden sind. Die Zeigerachsen sind durch die jeweilige Unterteilung des Ringmagneten kranzförmig auf dem Skalenblech angeordnet und weisen einen dem Einfachgerät gleichwertigen Anzeigebereich auf.

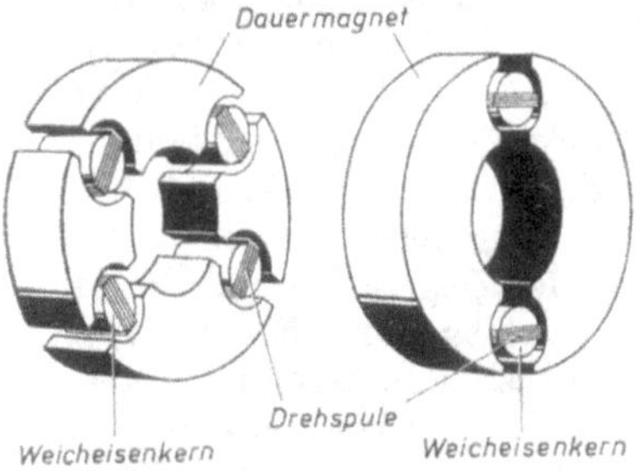

Abb. 46. Anordnung der Polbohrungen bei dem Ringmagneten des elektrischen Anzeigegerätes bei der Siemens-Bauart (Luftfahrtgerätewerk Hakenfelde)

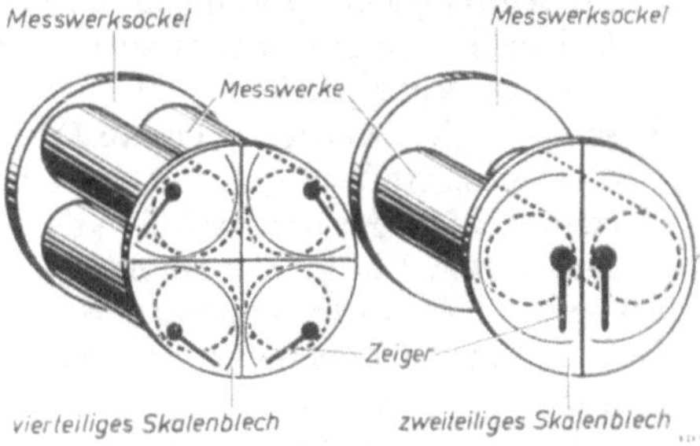

Abb. 47 Anordnung der einzelnen Meßwerke in den elektrischen Mehrfachanzeigegeräten nach der Patin-Schaltung (Bauart Eckardt)

Eine völlige andere Bauart ist für die Mehrfachanzeigegeräte bei der **Patin-Schaltung** gewählt, ohne daß davon die Arbeitsweise, d. h. die Schaltung berührt wird. Gleichgültig ob es sich um ein Gerät mit zwei oder mehr Anzeigen handelt, bildet in allen Fällen jede einzelne Anzeigeeinrichtung ein vollständig in sich **abgeschlossenes Aggregat,** das unabhängig von den anderen Anzeigen oder ihren Bauteilen zusammengefügt wird und auch arbeiten kann. Jedes Meßwerk wird für sich hergerichtet, geeicht und einzeln in die Gehäuselagerung eingesetzt; das **Gehäuse** stellt nur eine gemeinsame **Schutzhülle** dar (Abb. 47). Durch diese bauliche Gestaltung des Mehrfachanzeigegerätes erhält die Arbeitsweise im Vergleich zum Einfachgerät ein anderes, äußeres Gesicht. Dies ist auch dadurch gekennzeichnet, daß gegenüber dem Einfachgerät der Zeigerweg auf rund 180° bei dem Zweifachgerät und auf rund 150° bei dem Vierfachgerät verringert wird. Der Anordnung der Meßwerke entsprechend sind die getrennt arbeitenden Zeigerachsen bei dem Zweifachgerät in der Mitte, bei dem Vierfachgerät kranzförmig auf dem äußeren Kreis des Geräteumfanges angeordnet (s. auch die Gerätemusterblätter im III. Teil). Da jedes Meßwerk ein in sich abgeschlossenes Teil darstellt, setzt sich auch das Gesamtzifferblatt aus einzelnen Teilen zusammen (s. hierzu Abschn. IV. 3 a und b). Der große Vorzug in der Formgebung der Arbeitsweise dieser Mehrfachgeräte besteht darin, daß die einzelnen

Meßwerke bei Störungen beliebig ausgebaut werden können, während bei allen anderen Mehrfachgeräten mit gleichen Aufgaben das gesamte Meßwerk einer Wiederherstellung unterzogen werden muß.

Die Geber sind bei den elektrischen Mehrfach-Meßanlagen die gleichen wie bei den Einfachgeräten. Ein Unterschied besteht darin, daß der Verteiler für die Aufnahme mehrerer Geberleitungen die erforderlichen Anschlüsse aufweist und die Zuführungsleitung bis zum Anzeigegerät mehradrig ausgeführt ist.

b) Beschreibung

Der Aufbau eines **Zweifach- oder Doppeldruckmessers**, der nach der einfachen Druckmessung arbeitet, ist in Abb. 48 klar herausgestellt. Die beiden Röhrenfedern sind zusammen in einer Halterung gelagert; diese dient gleichzeitig als Organ für die Druckzufuhr. Auf einer Grundplatte befestigte Lagerplatten tragen das doppelte Meßwerk, daß wie bei den Einfachgeräten jeweils aus dem Ubertragungssteg, dem Zahnsegment, dem Ritzel, der Rückholfeder und der Zeigerachse mit Zeiger besteht. Zwei Anschläge begrenzen den Ausschlag der Röhrenfedern. Das Meßwerk ist in einem aus Preßstoff hergestellten Gehäuse untergebracht. Zweifachdruckmesser mit der gleichen Arbeitsweise jedoch verschiedener Herstellung sind sich grundsätzlich ähnlich, so daß die Beschreibung und bildliche Darstellung des Gerätes als allgemein gültig betrachtet werden kann.

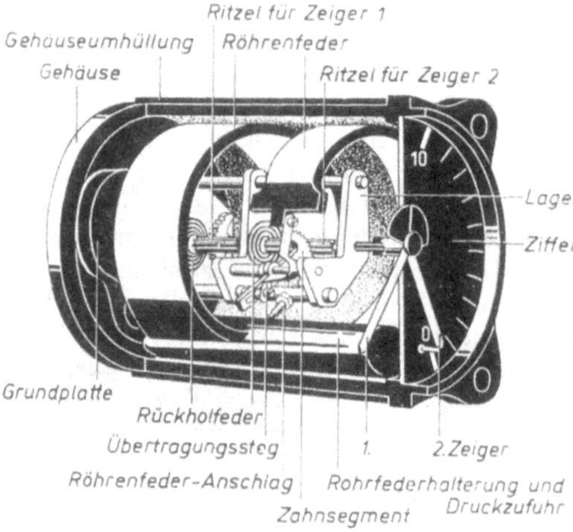

Abb. 48. Innenansicht eines Doppeldruckmessers

Bei dem mechanischen **Vierfachdruckmesser** mit derselben Arbeitsweise (Abb. 49) werden zwei Doppelmeßwerke durch Verbindungsplatten und Stifte zu einem Meßwerk zusammengefügt und geschlossen auf einer

Grundplatte befestigt. Jedes **Doppelmeßwerk** trägt zwei Röhrenfedern, die einzeln mit einer federnden Übertragung auf unabhängig voneinander gelagerte Zahnsegmente wirken; sie betätigen zwei getrennte, mit Ritzel versehene Zeigerachsen. Je eine Rückholfeder hebt etwa vorhandenen toten Gang in dem Mechanismus auf und führt den betreffenden Zeiger im drucklosen Zustand in seine Ausgangsstellung zurück.

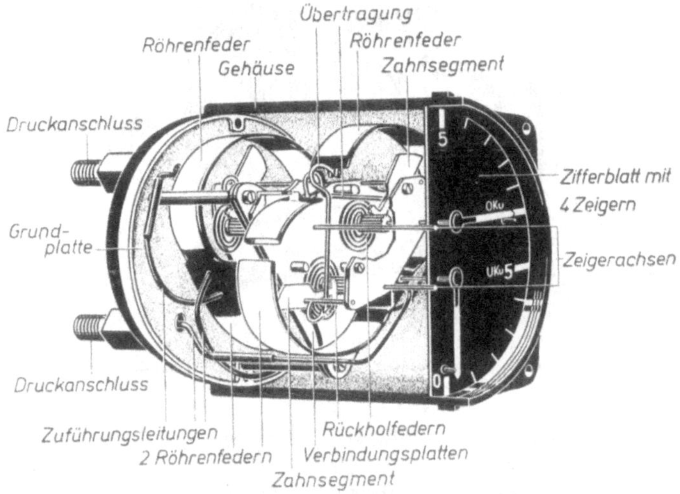

Abb. 49. Innenansicht eines Vierfachdruckmessers

Vier Gewindenippel, die je nach der zugehörigen Betriebsstoffart farbig gekennzeichnet[111]) sind, dienen zum Anschluß der verschiedenen druckdichten Leitungen. Das Meßwerk wird geschlossen in ein mit einer Glasscheibe versehenes Preßstoffgehause eingesetzt. Wie bei den Zweifachgeräten ist diese Bauart für Druckmesser verschiedener Herstellung grundsätzlich gleichmäßig gültig; soweit Unterschiede vorhanden sind, beziehen sie sich auf unwesentliche Äußerlichkeiten.

Ein Mehrfachdruckmesser, in dem **eine Differenzdruckmessung** (Kraftstoff-Gebläsedruckdifferenz) mit **einer Schmierstoffdruckmessung** vereinigt ist, zeigt Abb. 50. In diesem Gerät ist das gleiche Differenzdruckmeßwerk, das unter 2 b) beschrieben und in Abb. 33 dargestellt ist, mit einem einfachen Druckmessermechanismus — s. unter 1 b) und Abb. 30 — zusammengefügt. Auf einer Grundplatte sind getrennt die Röhrenfedern der Differenzmessung und das Federrohr für die einfache Druckmessung gehaltert. Zwei kleine Säulen mit Zwischenplatten tragen die hintereinandergeschalteten Meßwerke, die auf eine ineinandergeschobene

---

[111]) s. DIN L 5 und die Fußnote Nr. 106 unter 4 c).

Doppelachse (eine Hohl- und eine Vollachse) arbeiten. Wie bei dem Einfachgerät wird eine ruhige Anzeige des Differenzdruckes durch zwei an die Röhrenfedern angeschlossene Dämpfungskolben bewirkt. Die Ausführung der Meßwerke entspricht im übrigen den Einfachgeräten, so daß auf die zugehörigen Abschnitte und Abbildungen verwiesen sei.

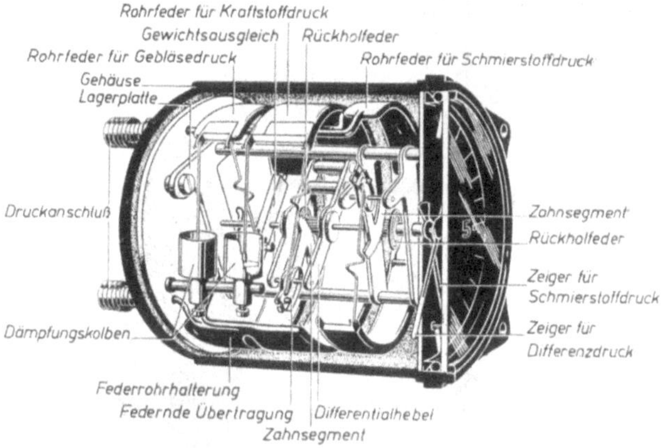

Abb. 50. **Innenansicht eines Mehrfachdruckmessers mit einer Differenzdruck-(Kraftstoff-Ladedruck-differenz) und einer Einfachdruck-Anzeige**

Das Meßwerk wird als geschlossenes Aggregat in die große vordere Öffnung eines aus Preßstoff hergestellten Gehäuses eingeschoben und mit diesem über die Schraubanschlüsse für die Druckleitungen durch die zugehörigen Muttern fest verbunden. Eine mit Gummiring abgedichtete und mit Schraubring gehaltene Glasscheibe schließt das Gehäuse ab. Für die Kennzeichnung der zu überwachenden Betriebsdrücke ist das Gerät mit selbstleuchtenden, verstellbaren Bereichsmarken versehen. Mehrfachdruckmesser verschiedener Herstellung für den gleichen Überwachungszweck sind sich grundsätzlich ähnlich, so daß die Beschreibung als allgemein gültig zu betrachten ist.

Bei dem **Doppelladedruckmesser,** der mit einer Differentialübertragung arbeitet (Bauart **Fuess,** vgl. unter 3 a und b), sind die beiden Meßwerke dadurch als untrennbares Ganzes zu betrachten, daß der evakuierte Dosensatz, der aus drei Einzeldosen besteht, auf beide Anzeigen gleichmäßig wirkt. Er stellt mit seiner doppelten Hebelübertragung, die an die beiden Differentialhebel der Arbeitsdosensätze angeschlossen ist, die Verbindung im Mechanismus her. Die beiden aus je zwei Einzeldosen bestehenden Arbeitsdosensätze sind wie bei dem Einfachgerät mit einer elastischen Halterung auf einer Grundplatte so befestigt, daß mit Hilfe von kleinen Schrauben ihre Lage verändert und damit jedes Meßwerk für sich justiert werden kann (Nullpunktberichtigung). Von diesen Dosen führt eine doppelte, spiegelbildlich ausgeführte Hebelübertragung zu den Zahnsegmenten, die in die beiden Ritzel einer Doppelzeigerachse (eine Vollachse, eine Hohlachse) eingreifen und die beiden Zeiger ausschlagen lassen. Die mit Schlitzöffnungen in der Übertragung lose angelenkten Hebel werden dadurch bündig in ihrer Lagerung geführt, daß zwei getrennt arbeitende Spannfedern die betreffenden

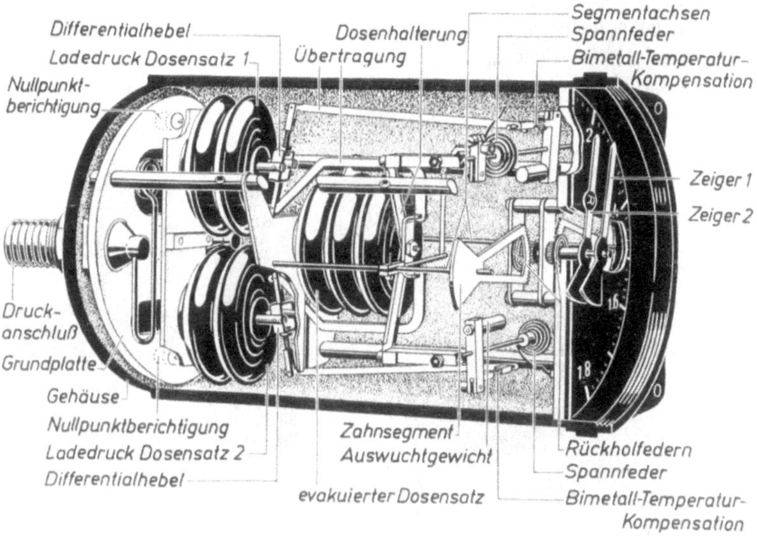

Abb. 51. Innenansicht eines Doppelladedruckmessers (Bauart Fueß)

Hebel ständig gegen die Kraft der Dosensätze zum Anliegen bringen. Zwei Bimetallstreifen[112]) kompensieren die auftretenden Temperatureinflüsse und zwei Rückholfedern heben etwa vorhandenen toten Gang im Meßwerk auf. Sie führen gleichzeitig die beiden Zeiger, von denen der eine, wie auch der betreffende Druckanschluß und die Nullpunktberichtigung, besonders gekennzeichnet sind, im drucklosen Zustand in ihre Ausgangsstellung zurück (Abb. 51).

Drei durch kleine Säulen verbundene Leichtmetallplatten tragen den gesamten Mechanismus, an dessen Rückseite die beiden Druckanschlüsse befestigt sind und der nach vorne durch das gleiche Zifferblatt wie bei dem Einfachgerät abgeschlossen wird. Das Meßwerk wird in die große vordere Öffnung eines aus Preßstoff hergestellten Gehäuses eingesetzt und mit diesem über die Druckanschlüsse mit zwei Muttern fest verschraubt. Die Dosensätze sind dem atmosphärischen Druck durch die Undichten des Gehäuses ausgesetzt, das von einer mit Schraubring und Gummidichtung gehaltenen Glasscheibe verschlossen wird.

[112]) s. unter 3 a) und II. Teil, XI. Abschn.

Elektrische Mehrfachgeräte werden entweder als reine **Druckmesser** oder als **gemischte Druck- und Temperaturmesser** hergestellt. Unter den Triebwerküberwachungsgeräten gibt es elektrische Zweifachdruckmesser nur nach der Patin-Schaltung (s. auch die Liste S. 83 und die Gerätemusterblätter). Das schließt nicht aus, auch die Siemens-Schaltung einem Zweifachdruckmesser zugrunde zu legen, wie dies bei den Flugwerküberwachungsgeräten (Druckölmesser) erfolgt (s. Abschn. B). Die jeweilige Geräteausführung ist in solchen Fällen eine Bedarfsfrage, die von den technischen Einrichtungen der verschiedenen, im Gebrauch befindlichen Flugzeugmuster abhängig ist.

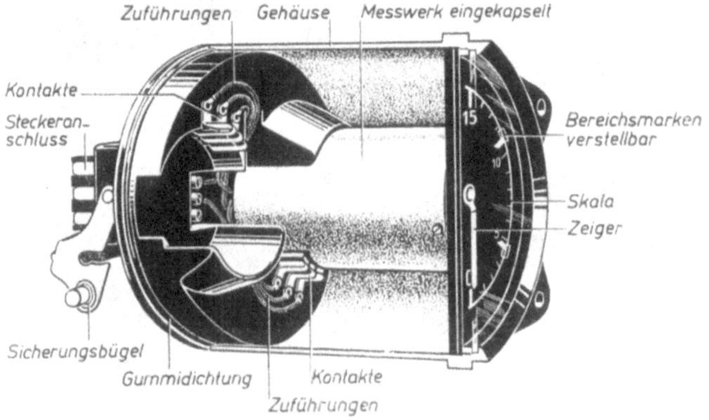

Abb 52. Innenansicht eines elektrischen Zweifach-Anzeigegerates nach der Patin-Schaltung (Bauart Eckardt). Das eine Meßwerk ist herausgenommen

Das **elektrische Zweifachgerät** (Bauart Eckardt) besitzt zwei einzelne, getrennte Meßwerke, die sich in ihrem Aufbau von dem unter 4 b) beschriebenen Meßwerk des Einfachgerates wesentlich unterscheiden. Für die Erzeugung des magnetischen Feldes wird ein Kernmagnet verwendet, der in einen röhrenförmigen Weicheisenmantel eingesetzt ist. In dem Luftspalt zwischen Kern und Mantel bewegt sich die Drehspule um einen Winkel von etwa 90°, er wird durch eine Zahnradübertragung auf den Zeiger um rund das Doppelte erweitert. Die Ausführung des Meßwerkes mit seinen Einzelteilen ist bei den Temperaturmeßgeräten, für die es ebenfalls unverändert verwendet wird, näher beschrieben und durch eine Schnittzeichnung dargestellt (s. Abschn. IV. 3 a u. b).

Jedes Meßwerk ist in eine Leichtmetallhülse eingekapselt. Sie wird auf der Vorderseite durch den zugehörigen Teil des Skalenbleches abgeschlossen. Die zusammengefügten Teile bilden ein geschlossenes Aggregat, das einzeln mit einem Steckanschluß auf eine Grundplatte aufgesteckt wird (Abb. 52). Die Grund- oder Steckerplatte besitzt eine Aussparung, die zur Aufnahme der Steckdose vom Übertragungskabel dient; mit einem Bügel wird die Steckdose betriebssicher gehaltert.

Über die Grundplatte mit den aufgesetzten Meßwerken wird das aus Spezialguß hergestellte Gehäuse geschoben und mit ihm verschraubt; die übliche Glasscheibe schließt das Gehäuse ab.

Bei den **Vierfachgeräten derselben Bauart** werden die gleichen Meßwerke auf eine größere Grundplatte aufgesetzt. Der Unterschied der Zwei- und Vierfachgeräte besteht neben ihrer Größe lediglich darin, daß bei zwei Meßwerken die Zeiger nach außen, bei vier Meßwerken nach innen weisen, wie dies unter a) Arbeitsweise näher erläutert ist.

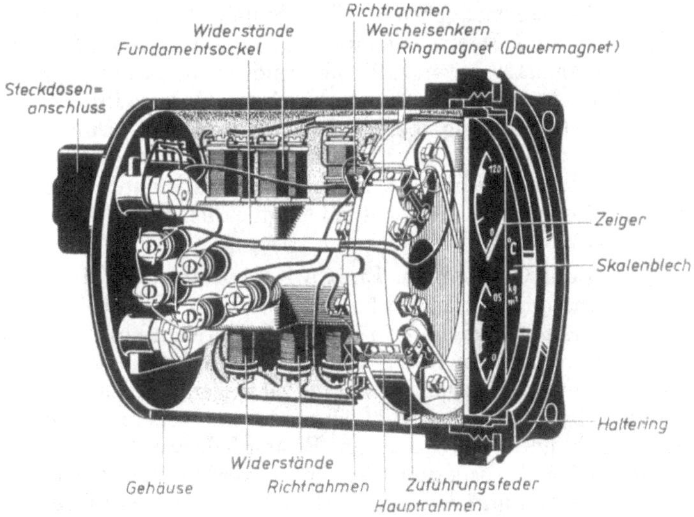

Abb. 53. Innenansicht eines elektrischen Vierfach-Anzeigegerätes nach der Siemens-Bauart (Hersteller Luftfahrtgerätewerk Hakenfelde)

Das **Vierfachgerät** nach der **Siemens-Bauart** (Luftfahrtgerätewerk Hakenfelde) hat einen ringförmigen Dauermagneten, der die vier Spulensysteme aufnimmt und zu einem geschlossenen Mechanismus vereinigt, wie dies unter a) Arbeitsweise erläutert und zeichnerisch besonders dargestellt ist (Abb 46). Das so gebildete Meßwerk wird auf einen Leichtmetallsockel aufgeschraubt und dieser wiederum auf einer Grundplatte aus Preßstoff befestigt. Der Sockel trägt die Widerstände für die Temperaturkompensation und die Justierung des Gerätes, sowie die Widerstände der im Anzeiger jeweils enthaltenen zweiten Hälfte der Brückenkreuzspulschaltung (s. unter 4 a und Abb. 39 u. 40). Ein Skalenblech mit vier Zeigern, deren Achsen kranzförmig auf dem äußeren Rand des Geräteumfanges angeordnet sind, schließen den Mechanismus nach vorne ab; kleine verstellbare, selbstleuchtende Bereichsmarken dienen zur Begrenzung des zulässigen Anzeigebereiches (Abb. 53). Über den ganzen Mechanismus wird ein aus Preßstoff hergestelltes Gehäuse mit einer fest eingebauten Glasscheibe geschoben und mit der Grundplatte verschraubt. Um das Gehäuse ist ein Blechschutzmantel gelegt, der zur Abschirmung der Beeinflussung von in der Nähe befindlichen Kompassen dient. Eine Buchse in der Grundplatte nimmt die Steckdose der Übertragungsleitung auf, sie wird mit einem Bügel betriebssicher gehaltert.

c) Einbau

Die für den Einbau maßgebenden Gesichtspunkte unterscheiden sich bei den Einfach- und Mehrfachgeräten nicht. Im Abschn. IV 1 c) ist darauf hingewiesen, daß getrennte Druck- und Temperaturanzeigegeräte auf dem Gerätebrett zusammen untergebracht werden, da ihre Meßwerte die Betriebsmittelversorgung übersichtlich kennzeichnen. Durch die gemischten Druck- und Temperatur-Mehrfachanzeigegeräte wird das Bestreben, die Besatzung in ihrer Überwachungsaufgabe durch Zusammenlegen von Anzeigen zu entlasten, besonders glücklich gelöst, es erübrigen sich daher zusätzliche Hinweise.

Die Lagerung der Geräte beim Einbau richtet sich nach der von der Arbeitsweise abhängigen konstruktiven Gestaltung. Die Geber sind — sofern solche benötigt werden — in ihrem Aufbau so robust ausgeführt, daß bei dem erforderlichen festen Einbau an der Meßstelle von vornherein allen Beanspruchungen Rechnung getragen ist. Es ist auf die betreffenden Abschnitte der Einfachgeräte zu verweisen. Bei den Anzeigegeräten kann, wenn es sich um Röhrenfedergeräte handelt, notfalls auf eine federnde Lagerung verzichtet werden. Bei den empfindlicheren Dosengeräten und den elektrischen Meßwerken mit ihren feinen Spulensystemen empfiehlt sich stets eine elastische Aufhängung. Ganz allgemein muß hierzu angeführt werden, daß die Lebensdauer der Geräte durch einen schonenden Einbau nur erhöht werden kann, die Entwicklung der federnden Gerätebretter und die nach Vorschrift zu verwendenden Einbauelemente weisen grundsätzlich hierauf hin (beachte die verschiedenen Richtlinien für die Einfachdruckmesser).

d) Wartung

Die Wartung der Mehrfachgeräte unterscheidet sich nicht von der für die Einfachgeräte. Durch mehrere Anzeigen in einem Gerät vermehren sich offensichtlich die Fehlerquellen, die Fehlermöglichkeiten sind jedoch die gleichen wie bei den Einfachgeräten, so daß den Ausführungen in den vorhergehenden Abschnitten nichts hinzuzufügen ist.

III. Vorratsmesser

Grundsätzliches

Die Menge der im Flugzeug vorhandenen Betriebsmittel hat bekanntlich auf ein Flugvorhaben ausschlaggebenden Einfluß, einerseits auf die mögliche Flugdauer, andererseits auf die Betriebsfähigkeit des Triebwerkes überhaupt. Insbesondere gilt dies für den Kraftstoff und Schmierstoff, da sie unmittelbar vom Motor verbraucht werden. So ist auch die zu jedem beliebigen Zeitpunkt eines Fluges mögliche Prüfung des **Betriebsstoffvorrates** mit Hilfe von **Vorratsmessern** eine Aufgabe, deren Lösung bereits mit dem Beginn des Flugzeugbaues in Angriff genommen wurde. Die umfangreiche Entwicklungsarbeit auf diesem Gebiet hat zahlreiche Geräte hervorgebracht; sie sind gleichzeitig ein Maßstab für die Bedeutung, die dem Vorratsmesser als Triebwerküberwachungsgerät beizumessen ist.

Wenn heute diese jahrelange Arbeit noch keine völlig befriedigende Lösung gebracht hat, um die vorhandenen Betriebsstoffmengen jederzeit einwandfrei feststellen zu können, so ist das auf **grundsätzliche Schwierigkeiten**[113]) zurückzuführen. Sie sind bedingt durch

a) die Beweglichkeit der flüssigen Betriebsmittel,
b) die räumliche Bewegung des Flugzeuges,
c) die Neigungen und Schwankungen im Fluge,
d) die teilweise unregelmäßigen Formen der Betriebsstoffbehälter,
e) die ständige Abnahme der Betriebsstoffmengen.

Man hat für die Gestaltung brauchbarer Vorratsmesser die verschiedensten Arbeitsweisen zugrunde gelegt. Sie wurden im Verlauf der Flugzeugentwicklung mit dem Bau von mehrmotorigen und Großflugzeugen dadurch beeinflußt, daß mit der Verlegung der Betriebsstoffbehälter in die Tragflügel eine Messung über größere Entfernungen notwendig wurde. Dies führte wie auch bei allen anderen Triebwerküberwachungsgeräten zu **Fern-Meßanlagen,** bei denen heute die elektrische Übertragung zwischen Geber und Anzeiger eine wesentliche Rolle spielt.

Die einfachste Vorratsmessung erfolgt durch ein **Schauglas** oder ein **Standglas,** wie sie gegebenenfalls angewendet werden, wenn ein Behälter — gleichgültig für welchen Betriebsstoff — in Augennähe der Besatzung untergebracht ist. Insbesondere bevorzugt man derartige Schauglasanzeigen bei Großflugzeugen, in denen die Behälterräume von den Warten begangen und unmittelbar überwacht werden können. Hierzu zählen auch Sammelbehälter für bestimmte Behältergruppen.

Schauglas und Standglas gehören zu den Meßweisen, wie sie bei jeder Dampfmaschine angewendet werden und allgemein bekannt sind (Abb. 54). Das Schauglas, als Schale unmittelbar fest am Behälter an-

---

[113]) Dies gilt auch für die Messung von „Restmengen“.

geschraubt, hat den Nachteil, daß die **Restmenge** nicht ablesbar ist, wenn nicht eine besondere Behälterform gewählt wird. Das Standglas kann hingegen leicht so angebracht werden, daß auch der kleinste Rest noch angezeigt wird (Abb. 54). Durch eine Skala, die man am Boden durch Auffüllen eicht, ergibt sich eine einfache Anzeige; ein kleiner Schwimmer, meistens eine kleine Hohlkugel, die auf dem Spiegel der Anzeigeflüssigkeit schwimmt, sorgt unter Umständen für eine gute Ablesemöglichkeit.

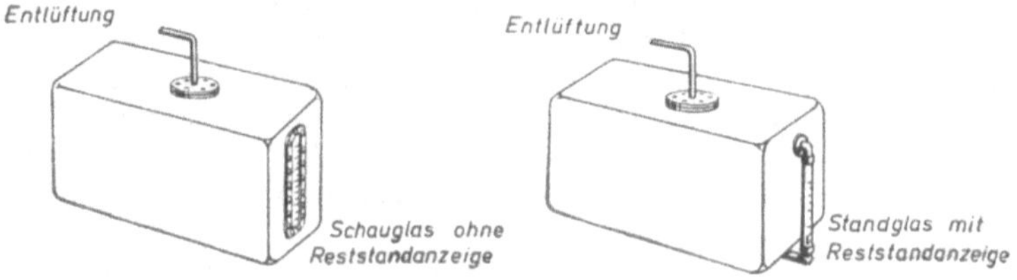

Abb. 54. **Schauglas und Standglas am Betriebsstoffbehälter**

Die äußere Gestaltung des Meßorganes richtet sich nach der Form und dem Einbau des betreffenden Behälters. Nachteilig ist bei der geschilderten Arbeitsweise, daß bei einer Neigung des Flugzeuges und einer Verlagerung des Flüssigkeitsspiegels im Behälter die Anzeige gefälscht wird; nur im stationären Waagerechtflug ist ein einwandfreies Ablesen gewährleistet. Als Werkstoff wird für solche Meßgläser unzerbrechliches Kunstglas verwendet.

Wie aus den Erläuterungen hervorgeht, bildet der Stand des Flüssigkeitsspiegels im Behälter ein Maß für die vorhandene Menge des Betriebsstoffes. Diese Meßweise wird für alle Vorratsmeßgeräte angewendet, so daß man allgemein von **Standmessern** spricht, gleichgültig, welche Arbeitsweise dem jeweiligen Gerät zugrunde liegt. Alle Behälter haben eine durch den Einbauort im Flugzeug bedingte bestimmte Form und einen davon abhängigen Inhalt. Die Betriebsstoffmenge in Abhängigkeit von der Höhe des Flüssigkeitsspiegels ist also von Fall zu Fall eine andere, so daß jeder Behälter eine auf seine Form und Größe besonders geeichte Anzeige besitzen muß.

Abgesehen von der geschilderten unmittelbaren Anzeige des Flüssigkeitsspiegels wird die Höhe des Vorrates im Behälter am einfachsten durch einen Schwimmer festgestellt, der mit dem Spiegel je nach der Menge des Betriebsstoffes steigt und sinkt. Geräte, für die als Meßorgan ein Schwimmer verwendet wird, bezeichnet man daher ohne Rücksicht auf die Art der Übertragung und Anzeige als **Schwimmer-Vorratsmesser.** Wie sich aus den nachfolgenden Erläuterungen ergibt, ist bei diesen Geräten die Länge der Übertragung zwischen Meßstelle und Anzeige begrenzt, sofern man nicht besondere Hilfsmittel anwendet.

Für größere Entfernungen im Flugzeug sind Meßgeräte entwickelt worden, bei denen der Druck einer Flüssigkeitssäule, die dem Flüssigkeitsspiegel entspricht, auf ein Membrangerät übertragen wird. Da das Gewicht und damit der Druck der Säule von der Höhe des Vorrates abhängig ist, wird bei entsprechender Eichung unmittelbar die jeweils vorhandene Menge angezeigt. Als Druckmittler verwendet man Luft und bezeichnet danach die Geräte als **pneumatische Vorratsmesser.** Nachteilig ist bei der pneumatischen Arbeitsweise, daß mit ihr keine Daueranzeige erreicht werden kann[114]). Fernerhin weisen lange druckdichte Leitungen mit mehreren Trennstellen, wie sie bei mehrmotorigen Flugzeugen für pneumatische Vorratsmesser unvermeidlich werden, leicht Störungen auf.

Die Überwachung des Betriebsstoffvorrates über praktisch beliebig große Entfernungen erfolgt mit elektrischen Meßgeräten, bei denen ebenfalls ein Schwimmer als Meßorgan dient. Man bezeichnet daher diese elektrischen Fern-Vorratsmesser auch als **elektrische Schwimmer-Vorratsmesser.** Die Bewegung des Schwimmers wird in die Änderung eines elektrischen Widerstandes umgewandelt und der Widerstandswert von einem Kreuzspulgerät angezeigt. Es handelt sich hierbei um eine Arbeitsweise, die wie alle Fernmeßanlagen einen **Geber** und ein **Anzeigegerät** erfordert.

Nach den vorhergehenden Erläuterungen muß bei den verschiedenen Geräten unterschieden werden in

1. Schwimmer-Vorratsmesser,
2. Pneumatische Vorratsmesser,
3. Elektrische Vorratsmesser.

Sie werden im wesentlichen zur Messung des jeweiligen Kraftstoffvorrates verwendet. Seltener werden — bei größeren Flugzeugen — diese Geräte auch für die Überwachung der anderen Betriebsstoffe eingebaut.

Muß bei einem Flugvorhaben der Betriebsstoffvorrat bis zum äußersten ausgenutzt werden, so ist der vorhandene **Kraftstoffrest,** der bei großen Flugzeugen erhebliche Literzahlen betragen kann, meistens von wesentlichem Einfluß auf die vom Flugzeugführer zu treffenden Entscheidungen. Die genaue Anzeige der Restmenge, auf die bereits bei den Schaugläsern hingewiesen wurde, ist daher bei der Vorratsmessung von besonderer Bedeutung (s. auch S. 110). Jeder **Schwimmer** besitzt durch sein Eigengewicht eine bestimmte **Tauchtiefe.** Hat der Betriebsstoffvorrat soweit abgenommen, daß der Schwimmer den Behälterboden berührt, so hört eine Anzeige auf, obwohl der Tauchtiefe des Schwimmers entsprechend oft noch eine größere Menge Kraftstoff vorhanden ist. Um eine ausreichende **Restanzeige** zu erreichen, wird daher die Führung der Schwimmer in eine Ausbuchtung des Behälterbodens eingesetzt

[114]) s. unter Arbeitsweise.

(Abb. 55). Ähnliche Verhältnisse bestehen für das Steigrohr bei der pneumatischen Arbeitsweise (s. d.).

Es ergibt sich daraus, daß unabhängig von der Geräteausführung die Gestaltung der Behälter hinsichtlich der Anzeigegenauigkeit besonders beachtet werden muß. Im Zusammenhang hiermit ist auch auf die Unterteilung der **Kraftstoffbehälter** durch **Trennwände** (Schottwände) hinzuweisen. Sie dienen nicht allein dazu, die Behälter zu versteifen und sie gegen äußere Schäden (Verbeulungen, Risse) zu schützen. Bei Neigungen des Flugzeuges, wie sie z. B. durch Böen auftreten, verlagert

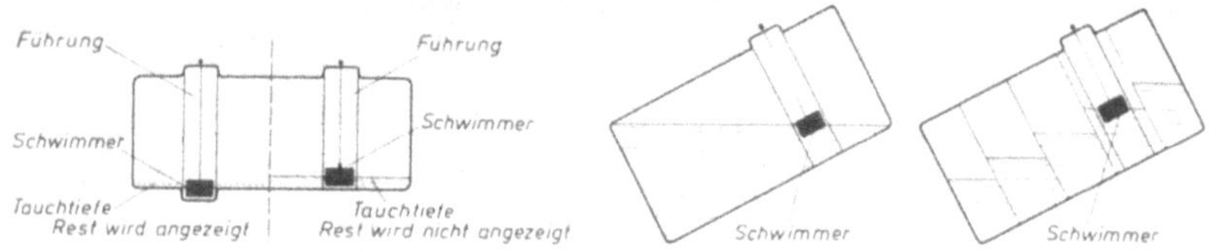

Abb 55.
a) Schwimmereinrichtung mit und ohne Reststandsanzeige b) Schottwande im Behalter

sich der Kraftstoffspiegel, so daß je nach der Anordnung des Meßorganes eine Falschanzeige entsteht. Durch Trennwände, die ein langsames Überströmen des Kraftstoffes von Kammer zu Kammer zulassen müssen, können solche Anzeigefehler kurzfristig auf ein Mindestmaß beschränkt werden (Abb. 55). Es ist offensichtlich, wie sich die beschriebenen Behälterausführungen auf die Erfassung von Restmengen und ihre Anzeige auswirken.

1. Schwimmervorratsmesser

a) Arbeitsweise

Die einfachste Form des Schwimmervorratsmessers ist der **Stabschwimmer-Vorratsmesser.** Ein in einer Führung laufender Schwimmer aus Kork wird mit einem Stab versehen, der in ein **Meßglas** (Kunstglas) hineinragt. Die Standhöhe des besonders gekennzeichneten Stabkopfes — meistens ein farbig lackiertes Korkstückchen — zeigt auf einer in das Meßglas eingravierten, geeichten Skala den Stand des Betriebsstoffspiegels und damit den Inhalt des Behälters an.

Bei sehr hohen Behältern würde sich ein sehr langes, unzweckmäßiges Meßglas ergeben. In solchen Fällen verkürzt man den Weg des Schwimmers und Meßstabes durch Einschaltung einer Entlastungsfeder. Man verwendet ein als Schwimmer und Meßstab ausgebildetes Rohr und hängt es an der **Feder** auf (Abb. 56). Die unter Zug stehende Feder trägt das Gewicht des Schwimmers und verringert seine Eintauchtiefe so, daß bei niedrigstem Flüssigkeitsspiegel, d. h. bei nahezu leerem Behälter, der Schwimmer eben schwebend den Boden berührt. Mit steigendem

Behälterinhalt wird der gleichzeitig steigende Schwimmer offensichtlich mehr und mehr von der Zugkraft der Feder entlastet, bis bei vollem Behälter die Wirkung der Feder aufgehoben und die volle Eintauchtiefe des Schwimmers erreicht ist. Der Weg des Schwimmers ist also durch die wechselnde Eintauchtiefe ein kleinerer als der Weg des Flüssigkeitsspiegels, und man erreicht in den meisten Fällen für die **Anzeige** eine **Untersetzung** von 1:3. Die Verwendung der Entlastungsfeder hat gleichzeitig den Vorzug, daß auch ein Behälterrest noch gut angezeigt wird[115]). Die Eichung erfolgt durch Abstimmen der Entlastungsfeder, wobei von vornherein das spezifische Gewicht des ständig zu verwendenden Betriebsstoffes berücksichtigt werden muß, da hiervon die Eintauchtiefe abhängig ist. Anzeigefehler können andernfalls die Folge sein.

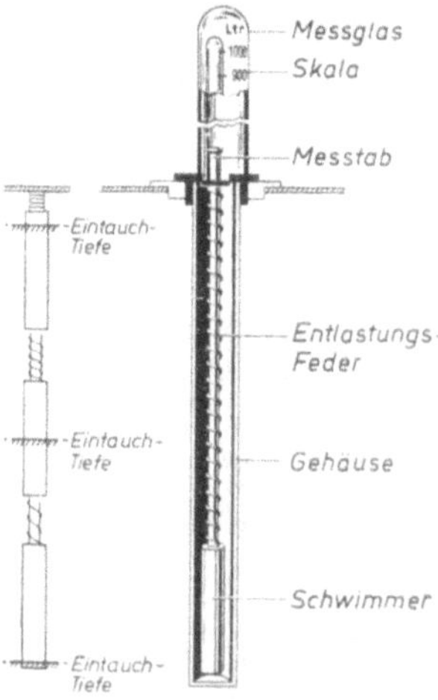

Abb. 56
Stabschwimmer-Vorratsmesser

Die Art der Arbeitsweise erfordert es, daß der Stabschwimmer-Vorratsmesser in seinen Einzelteilen dem jeweiligen Behälter von Fall zu Fall angepaßt wird. Eine Normausführung gibt es daher — abgesehen von Verschraubungen, Befestigungen, der äußeren Form des Meßglases usw. — für diesen Vorratsmesser wie bei anderen Überwachungsgeräten nicht Da das Meßglas meistenteils im freien Luftstrom liegt, z. B. bei Behältern im Tragflügel, wird als Querschnitt eine aerodynamisch gute Tropfenform gewählt.

Der Einbauort ist von der optischen Ablesemöglichkeit abhängig, damit ist festglegt, daß der Stabschwimmer-Vorratsmesser nur verwendet werden kann, wenn der betreffende Behälter in der Nähe des Besatzungsraumes untergebracht ist. Die Fehlermöglichkeiten der Anzeige wurden bereits im Abschnitt Grundsätzliches angeführt.

Bei dem **Drallschwimmer-Vorratsmesser** wird der Schwimmer so geleitet, daß er um seine lotrechte Achse keine Drehbewegungen ausführen kann. Durch den Schwimmer läuft in einer mit Spiralnuten versehenen Führung eine Spindel — auch **Drallstange** genannt —, die bei der Auf- und Abbewegung des Schwimmers durch dessen zwangsläufige Führung gedreht wird. Ein mit der Spindel fest verbundener Zeiger zeigt auf einer Uhr die Drehbewegung der Drallstange und damit die jeweilige Höhe des Betriebsstoffspiegels an, d. h. der Behälterinhalt kann bei einer zugehörigen Eichung unmittelbar abgelesen werden (Abb. 57).

[115]) Man kann auch eine Druckfeder anwenden, dann wird die Eintauchtiefe des Schwimmers mit steigendem Behälterinhalt vergrößert und ebenfalls der Anzeigeweg verkleinert. Es fällt dabei aber der Vorzug der Reststandsanzeige fort.

Bei der Arbeitsweise des **Fadenschwimmer-Vorratsmessers** steigt der Schwimmer frei schwebend in einem Führungsrohr mit dem Flüssigkeitsspiegel auf und ab. An seinem oberen Ende ist ein Faden befestigt, der — gegebenenfalls über Umlenkrollen — zum Anzeigegerät führt. Im Anzeigegerät läuft der Faden über eine durch eine Feder gespannte

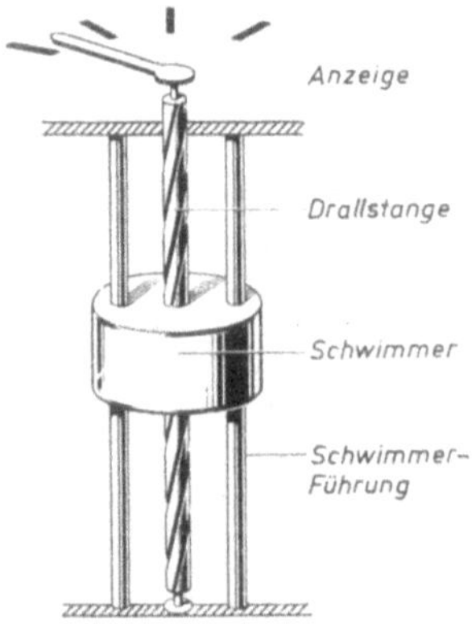

Abb. 57. Arbeitsweise eines Drallschwimmer-Vorratsmessers

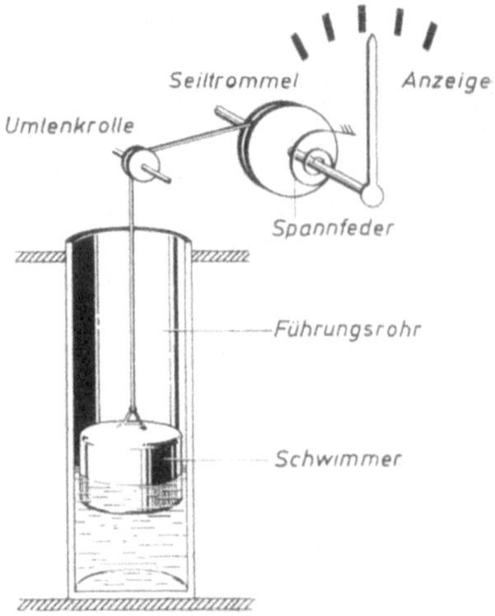

Abb. 58. Arbeitsweise eines Fadenschwimmer-Vorratsmessers

Trommel (Seiltrommel oder Scheibenrad), die durch eine Zahnradübersetzung einen Zeiger bewegt (Abb. 58). Infolge der Auf- und Abbewegung des Schwimmers wird mit dem Faden die kleine Seiltrommel und damit der Zeiger in Drehung versetzt, so daß bei entsprechender Eichung der Stand des Betriebsstoffes und damit der Behalterinhalt angezeigt wird.

Die Arbeitsweisen der Schwimmer-Vorratsmesser haben den Vorzug der Daueranzeige und geben den Behälterinhalt zu jeder Zeit an, soweit man von Anzeigefehlern, die bei einigen Flugzuständen unvermeidlich sind, absieht (s. Grundsätzliches). Die Anwendung einer bestimmten Arbeitsweise ist von Fall zu Fall von der Art des Behälters und seinem Platz im Flugzeug abhängig, wie dies unter c) Einbau näher erläutert ist.

b) Beschreibung

Der Stabschwimmer-Vorratsmesser ist gleichzeitig durch die Schilderung der Arbeitsweise beschrieben; die Ausführung ist — wie unter a) erläutert — in erhöhtem Maße von der Form und dem Einbauort des Behälters abhängig.

Der **Drallschwimmer-Vorratsmesser** (Ab. 59) ist bereits als ein genormtes Gerät zu bezeichnen, denn der Schwimmer mit Führung und

Spindel besitzt wie auch das Anzeigegerät eine für alle Behälter gleichmäßige Gestalt. Der **Schwimmer** besteht aus **Kork** und ist auf der Ober- und Unterseite mit zwei untereinander verbundenen Platten versehen. Zwei glatte Durchbohrungen dienen zur Führung des Schwimmers die beiden Führungsrohre entlang, eine dritte Öffnung mit Spiralnuten zur Bewegung der Drallstange. Die ganze **Schwimmervorrichtung** ist von einem rohrförmigen Gehäuse umschlossen, auf dessen Boden die Führungsrohre und das Lager für die Spindel befestigt sind. Der aus Leichtmetall hergestellte Kopf des Gehäuses dient zur Aufnahme der Führungsrohre sowie des oberen Spindellagers und ist gleichzeitig als Anzeigeuhr ausgebildet. Ein auf der **Drallstange** fest aufgeschraubter Zeiger

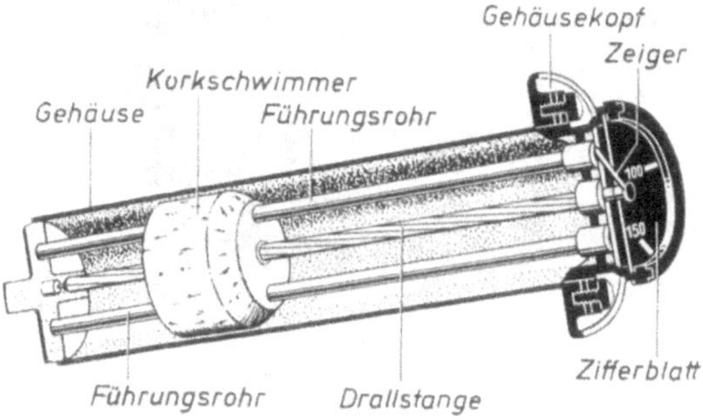

Abb. 59. Innenansicht eines Drallspindel-Vorratsmessers

bewegt sich über ein mit Leuchtziffern ausgestattetes schwarzes Zifferblatt; eine mit Schraubring und Dichtung befestigte Glasscheibe schließt das Gehäuse ab.

Die Schwimmereinrichtung bildet mit dem Gehäuse und der Anzeigeuhr ein festes Aggregat, das geschlossen in den Behälter eingesetzt und mit diesem flüssigkeitsdicht verschraubt wird. Durch diese Bauart kann die Anzeige nur in der Draufsicht abgelesen werden, so daß die Einbaumöglichkeit des Drallschwimmer-Vorratsmessers von ganz bestimmten örtlichen Verhältnissen abhängig ist.

Je nach der Behälterhöhe, die dem Geräteherstellen aufgegeben werden muß, wird die Länge der Schwimmervorrichtung verschieden ausgeführt. Den Anzeigebereich kann man bequem über 300° einrichten, er wird abhängig vom Schwimmerweg, der durch die Behälterformen bedingt ist, verschieden weit ausgenutzt.

Bei dem **Fadenschwimmer-Vorratsmesser** ist der Schwimmer ein aus Messing oder Leichtmetall hergestellter Hohlkörper, an dessen oberen Ende der imprägnierte, geflochtene Übertragungsfaden an einer Öse angeknüpft ist. Der Schwimmer schwebt frei in einem dünnwandigen Rohr, das nach Bestellung auf die Größe des jeweiligen Behälters abgestellt wird. Der Faden wird in einer flüssigkeitsdichten Leitung zum

Anzeigegerät geführt und läuft gegebenenfalls uber Umlenkrollen (Rollenwinkelstücke), die in kleinen Gehausen eingekapselt sind.

Das Anzeigegerät besteht aus einem Leichtmetallgehäuse, das nur eine große vordere Öffnung zum Einsetzen des Mechanismus aufweist (Abb. 60). Der Faden wickelt sich über eine kleine Führungsrolle auf ein großes Scheibenrad auf, an dessen Achse eine Spiral-Blattfeder befestigt ist. Beim Ablauf des Fadens wird die Feder gespannt, so daß

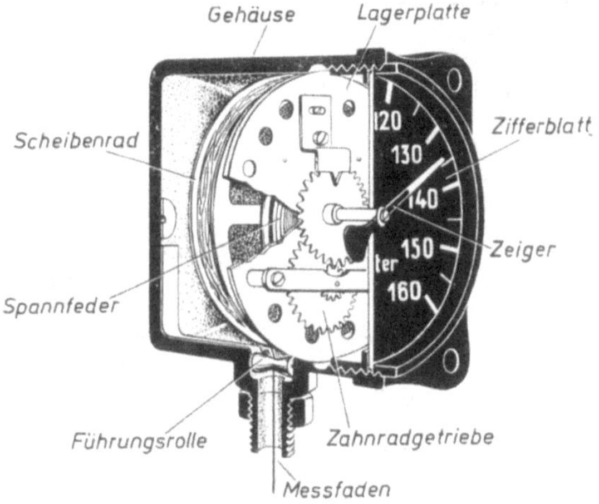

Abb 60. Innenansicht einer Fadenschwimmeruhr

der Faden beim Auffullen des Behalters, d. h. beim Steigen des Schwimmers, automatisch aufgewickelt wird. Über ein kleines Zahnradgetriebe wird die Drehbewegung der Seiltrommel mit Übersetzung auf den Zeiger übertragen, der über ein schwarzes, mit selbstleuchtenden Zeichen versehenes Zifferblatt läuft. Eine mit Dichtung und Schraubring befestigte Glasscheibe schließt das Gehäuse ab.

Wie bei der Drallschwimmerausführung sind die **Anzeige** und der Umlauf des Zeigers auf die **Behälterform** abzustimmen. Der Anzeigebereich kann beliebig gewählt werden, wobei unter Umständen der Anzeige des vollen Behälters ein doppelter Zeigerumlauf zugrunde liegt. Die Schwimmereinrichtung bildet ein geschlossenes Aggregat, das mit dem Behälter flüssigkeitsdicht verschraubt wird.

c) Einbau

Wie im Abschnitt Grundsätzliches angeführt wurde, ist die Menge des vorhandenen Betriebsstoffvorrates, insbesondere wenn es sich um die Überwachung des Restkraftstoffes handelt, für die Durchführung eines Flugvorhabens von besonderer Bedeutung. Die Vorratsanzeige muß daher im Flugzeug stets so angebracht sein, daß sie bequem in der

Blickrichtung des Flugzeugführers liegt. Damit ist jedoch nicht festgelegt, daß das jeweilige Gerät auf dem Gerätebrett untergebracht werden muß. Die Vorratsmessung unterliegt nur einer zeitweiligen Prüfung, zumal in der ersten Hälfte eines Fluges, wenn erst ein Teil der Betriebsstoffmenge verbraucht ist. Man hält daher den Platz auf dem Gerätebrett für Anzeigen frei, deren ständige Überwachung bevorzugt werden muß. Bei den Schwimmer-Vorratsmessern ist dies um so eher gegeben, als die Bauart der Geräte, vor allem bei Schaugläsern und der Draufsichtanzeige des Drallspindel-Vorratsmessers, einen Einbau in das Gerätebrett nicht gestattet. Eine Ausnahme bildet die **Fadenschwimmeruhr,** aber auch für dieses Gerät wird meistens ein besonderer Platz außerhalb des Gerätebrettes bevorzugt, der eine möglichst geradlinige Führung des Übertragungsfadens mit wenigen Umlenkrollen zuläßt.

Die einfache und robuste Bauart der Schwimmer-Vorratsmesser erübrigt eine besondere elastische Befestigung oder federnde Aufhängung. Bei dem **Draufsichtgerät** ist von vornherein eine feste Verbindung mit dem Behälter gegeben und auch bei der Fadenschwimmeruhr wird eine starre Befestigung gewählt. Daß der Unterbringungsort grundsätzlich erschütterungsfrei ist, gilt wie für alle anderen Geräte als Voraussetzung. Sofern die Geräte in der Nähe von Kompassen eingebaut werden, müssen die Befestigungseinrichtungen aus unmagnetischem Werkstoff hergestellt sein.

d) Wartung

Bei den Schwimmer-Vorratsmessern besteht eine unmittelbare Verbindung zwischen dem Behälter und der Anzeige. Dies gilt ebenso für die Fadenschwimmeruhr durch die flüssigkeitsdichte Leitung, in welcher der Übertragungsfaden geführt wird. Es ist daher möglich, daß durch äußere Umstände, sei es beim Auffüllen oder im Fluge, Betriebsstoff in das Anzeigegerät eindringt. Da der **Betriebsstoff** neben **Korrosionserscheinungen** auch Zerstörungen des Zifferblattes hervorruft, ist eine ständige Überprüfung auf Eindringen von Flüssigkeiten in die Anzeigeuhr notwendig. Wird der Schwimmer-Vorratsmesser für eine Kühlstoffanzeige verwendet, so kann im gleichen Sinne wie vorher auch ein Eindringen und Festsetzen von **Kühlstoffschlamm** eintreten. Fehl- oder Falschanzeigen sind neben Verunreinigungen auf mechanische Störungen zurückzuführen. Je nach der Arbeitsweise sind die Fehlermöglichkeiten gegeben durch

a) Schwimmerbeschädigungen,
b) Klemmen der Schwimmervorrichtung,
c) Bruch der Federeinrichtung,
d) Verschmutzung der Führungen und Leitungen,
e) Fadenriß,
f) Störungen in der Fadenführung.

In fast allen Fallen von Anzeigefehlern muß mit einem Ausbau der betreffenden Teile und einer gründlichen Reinigung gerechnet werden, da die flüssigen Betriebsmittel leicht Verschmutzungen hervorrufen. Eine ständige Überprüfung auf **Leckbetriebsstoffe** ist gleichfalls unerläßlich, wobei auf die Dichtungen der Glasscheiben und bei den Fadenschwimmer-Vorratsmessern besonders auf die Leitungen und ihre Verbindungsstellen zu achten ist. Eine Lagerung muß den nötigen Schutz vor Korrosionserscheinungen und mechanischen Beschädigungen gewährleisten.

2. Pneumatische Vorratsmesser

a) Arbeitsweise

Der pneumatische Vorratsmesser, der eine Zeitlang bei den meisten Flugzeugmustern Verwendung gefunden hat, zumal er auch über größere Entferungen[116]) zwischen Behälter und Anzeigeort eingesetzt werden kann, ist mit der Entwicklung der elektrischen Vorratsmesser von diesen verdrängt worden. In der Einführung — siehe Grundsätzliches — wurde bereits darauf hingewiesen, daß lange druckdichte Übertragungsleitungen leicht zu Störungen Veranlassung geben. Darüber hinaus weisen die bauliche Gestaltung und die nachfolgend beschriebene Arbeitsweise dieses Gerätes **unvermeidliche Fehlerquellen** auf, die den heutigen Anforderungen an die Betriebssicherheit nicht immer voll genügen. Da der pneumatische Vorratsmesser jedoch auf dem Gebiet der Triebwerküberwachung ein Gerät von grundsätzlicher Bedeutung darstellt und auch in verschiedenen Flugzeugen noch eingebaut ist, wird er nachfolgend in demselben Umfang behandelt wie die übrigen Geräte gleichen Verwendungszweckes.

Für die pneumatische Arbeitsweise sind vier Einzelgerate erforderlich:

die Luftpumpe,
das Steuerdruckventil,
das Tauchrohr,
das Anzeigegerät.

Soll der Behälterinhalt angezeigt werden (s Abb 61), so wird mit dem Handgriff der **Luftpumpe** gegen die Kraft der Pumpenfeder der im Pumpengehäuse dicht anschließende Kolben gezogen. Durch eine Bohrung im Gehäuse und Öffnungen in der Befestigung des Kolbens an der Kolbenstange kann die Luft beim Ziehen der Pumpe ungehindert von der einen Seite des Pumpenraumes in die andere dringen. Bei diesem Vorgang wird von einer Druckfeder die Dichtung eines kleinen Ventiles gegen den Pumpenboden gedruckt und die lose Führung des Ventilschaftes im Boden der Pumpe abgedichtet. Wird nunmehr der Kolben losgelassen, so drückt infolge der Pumpenfederkraft die Dichtung am Federteller gegen den Kolbenkopf und schließt die Öffnungen (Boh-

116) Bis zu etwa 10 m **Leitungslänge.**

rungen) zwischen Kolben und Kolbenstange luftdicht ab. Die im Pumpenraum zusammengepreßte Luft kann nicht entweichen und dringt ungehindert durch eine zweite Öffnung des Pumpenbodens in die obere Kammer des **Steuerdruckventiles,** drückt auf die Membrane und öffnet damit ein weiteres kleines Ventil[117]), das die Zufuhr zum **Tauchrohr** im Behälter freigibt. Der für den Luftdurchtritt mit kleinen Bohrungen versehene Ventilschaft im Pumpenboden enthält eine Schraube Durch die als Dämpfung wirkenden Gewindegänge des Ventilschaftes und der Schraube strömt die Luft der Pumpe nun langsam über das Steuerdruckventil in das Tauchrohr und verdrängt den darin enthaltenen Kraftstoff, bis die Luft entweichen kann und in kleinen Perlen an die Oberfläche des Behälterinhaltes aufsteigt. Der hierfür erforderliche Druck der Luft wird durch die Doppeltülle gleichzeitig auf eine Membrandose des **Anzeigegerätes** übertragen und erzeugt eine Dosenausdehnung (Dosenhub), die über ein Hebelwerk einen Zeiger ausschlagen läßt. Da der Druck für die Verdrängung der Flüssigkeit im Tauchrohr von der Höhe der Kraftstoffsäule, d. h. von dem Behälterinhalt abhängig ist, wird bei entsprechender Eichung unmittelbar die Kraftstoffmenge angezeigt. Die Dämpfung oder Verzögerung der Druckluftzufuhr zum Tauchrohr ist einerseits erforderlich, damit das Steuerdruckventil sich frühzeitig öffnet, andererseits unentbehrlich, damit eine langsame Verdrängung der Tauchrohrflüssigkeit eine ausreichende Anzeigedauer ergibt (Abb. 61). Die **Anzeige** erfolgt so lange, bis der Kolben seine Ausgangsstellung am Pumpenboden erreicht hat und dem Tauchrohr keine Druckluft mehr zugeführt wird. Der Kolben befindet sich dann in der Aussparung des Pumpengehauses, so daß die Luft ungehindert an ihm vorbeiströmen kann. Die Membrane wird entlastet, das kleine Ventil in der unteren Kammer des Steuerdruckventiles schließt das Tauchrohr gegen die Leitungen ab und verhindert dadurch ein unerwünschtes Eindringen von Kraftstoff in die Anlage. Die Kolbenstange drückt auf den Kopf des Ventilschaftes, öffnet damit die Dichtung des kleinen Ventiles und gibt den Luftdurchtritt an der Ventilschaftführung frei, so daß über die Abzweigung der Tülle die Membrandose des Anzeigegerates über den Pumpenraum mit der Außenluft verbunden wird.

Das luftdichte Gehäuse des **Anzeigegerätes** steht über eine Leitung mit dem Behälter in Verbindung, dadurch lastet auf der Außenseite der Membrandose stets der im Behälter enthaltene Druck[118]). Auf diese Weise wird in jedem Fall der **Druckunterschied** zwischen dem Arbeitsdruck im Tauchrohr und im Behalter unabhangig vom Außenluftdruck berücksichtigt; damit ist eine grundsätzlich einwandfreie Anzeige gewährleistet[119])

---

[117]) Das Steuerdruckventil wird auf einen Öffnungsdruck von 350—750 mm WS. (WS = Wassersäule, s. Bd. 3) eingestellt.

[118]) Man spricht in diesem Sinne auch von einem statischen Druckausgleich zwischen Behälter und Anzeigegerät.

[119]) Beachte hierzu die verschiedenen Erläuterungen im Abschnitt Druckmesser.

Anzeigefehler sind durch ein wechselndes spezifisches Gewicht des Kraftstoffes bedingt, da hiervon das Gewicht der zu verdrängenden Tauchrohrsäule und somit der erforderliche Arbeitsdruck abhängig sind. Besonders bei geringem Behälterinhalt treten leicht Schwankungen der

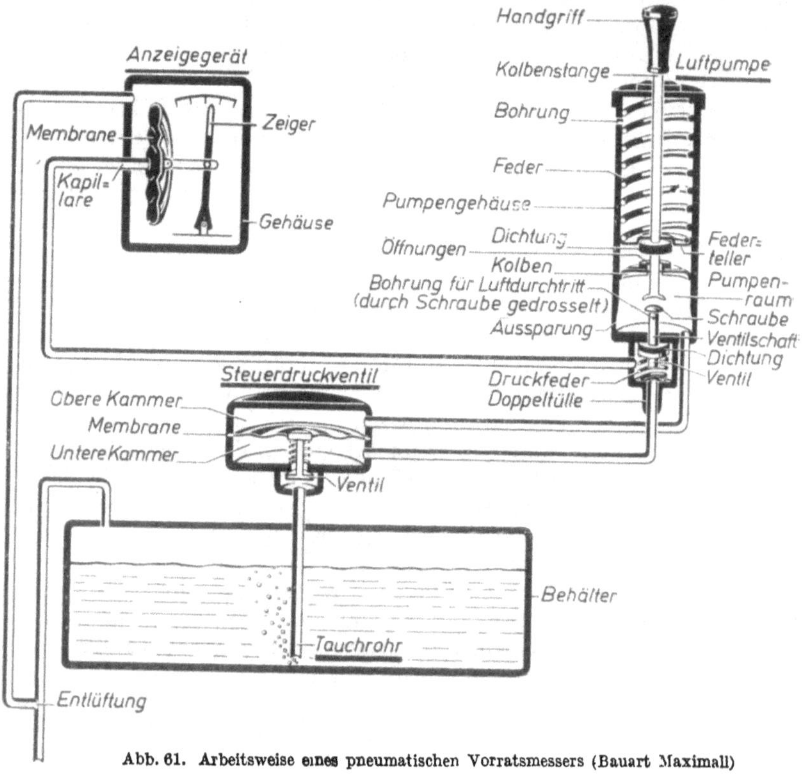

Abb. 61. Arbeitsweise eines pneumatischen Vorratsmessers (Bauart Maximall)

Anzeige auf, die durch das Abperlen der Meßluft bedingt sind. Um diese Anzeigefehler auf ein Mindestmaß zu beschränken, ist in die Druckluftzufuhr zum Meßorgan des Anzeigegerätes ein Haarröhrchen (Kapillare) eingesetzt, welches die auftretenden Druckstöße abfängt.

Bei der Leitung zwischen Anzeigegerät und Behälter — man führt sie meistens in die Entlüftungsleitung des Behälters ein — muß beachtet werden, daß die Verbindung mit einer anderen Leitung unterhalb des Behälterbodens liegt. Anderenfalls kann bei einigen Fluglagen, insbesondere im **Kunstflug,** Kraftstoff in die Leitung und damit in das Anzeigegerät eindringen und Zerstörungen hervorrufen. (Es wird dies besonders verständlich, wenn man Abb. 61 auf dem Kopf stehend betrachtet.)

Nachteilig ist bei der geschilderten Arbeitsweise der **Mangel** einer **Daueranzeige.** Die Schwierigkeiten der Reststandsanzeige sind die gleichen wie bei allen anderen Vorratsmessern. Auch bei der pneumatischen Arbeitsweise kann hier Abhilfe geschaffen werden, wenn das Tauchrohr in eine Ausbuchtung des Behälters eingesetzt wird (s. unter Grundsätzliches S. 96 und Abb. 55).

Die Anzeige des pneumatischen Vorratsmessers kennzeichnet sich beim Loslassen der Pumpe durch einen **stetigen Zeigeranstieg** und ein **ruhiges Stehen** des Zeigers. Bei Beendigung der Messung **springt** der Zeiger, wie sich nach der Arbeitsweise ergibt, ruckartig in seine Nullstellung zurück. Wie bei allen anderen Vorratsmessern muß die Anzeigeskala auf die jeweilige Behältergröße und seine Form besonders geeicht werden. Bei dieser Eichung ist von vornherein das spezifische Gewicht des ständig benötigten Kraftstoffes zu berücksichtigen, wenn Anzeigefehler vermieden werden sollen. Die Ausführung des pneumatischen Vorratsmessers ist für alle Behälter grundsätzlich gleich (s. hierzu unter Beschreibung). Unterschiede sind einerseits durch die Leitungslängen, andererseits durch die Länge des Tauchrohres bedingt; es muß auf die Behälterhöhe abgestimmt sein und wird, vom Gerätehersteller nach besonderer Angabe angefertigt.

b) Beschreibung

Die **Luftpumpe** des pneumatischen Vorratsmessers (Abb. 62) hat ein Leichtmetallgehäuse, das aus drei miteinander verschraubten Teilen — Gehäuserohr, Kopf und Boden — zusammengesetzt ist. In einer Bohrung des Gehäusekopfes wird die mit einem Handgriff versehene Kolbenstange geführt. Sie trägt an ihrem unteren Ende einen Teller zur Aufnahme der Kolbenfeder. Der Teller ist an der Kolbenstange mit einem Gewindestück, auf dem der als Ledermanschette ausgebildete Kolben lose aufgesetzt ist, festgeschraubt. Der Sitz des Kolbens weist Öffnungen auf, die — siehe unter Arbeitsweise — je nach der Stellung des Kolbens

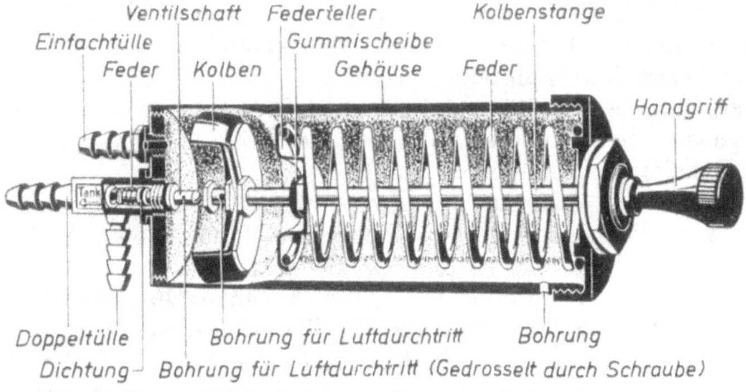

Abb. 62. Innenansicht der Luftpumpe eines pneumatischen Vorratsmessers

durch eine unter dem Federteller befindliche Dichtung verschlossen werden. Im Gehäuseboden sind eine einfache und eine Doppeltulle eingeschraubt. Die Doppeltülle hat ein Ventil mit Druckfeder und Dichtung, das bei bestimmter Kolbenstellung die Tulle gegen den Pumpenraum verschließt (s. d. Arbeitsweise). Als Ventilschaft dient eine kleine Hülse mit Schraube; liegt im gezogenen Zustand der Pumpe das Ventil mit seiner Dichtung am Pumpenboden an, so kann Luft nur über die Gewindegange des Ventilschaftes vom Pumpenraum in die Tülle dringen. Sie wird dadurch stark gedämpft.

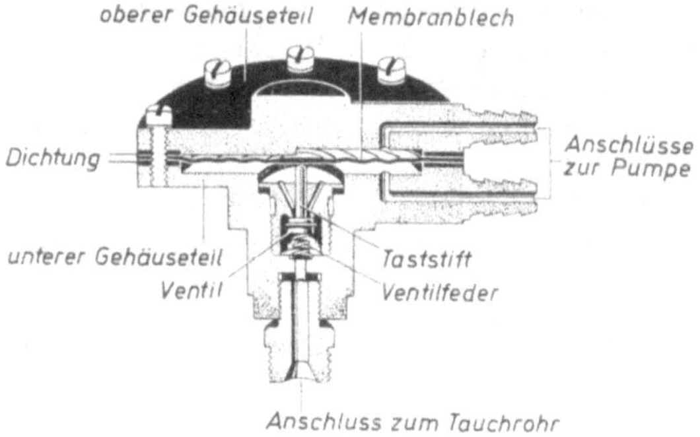

Abb. 63. Innenansicht des Steuerdruckventiles eines pneumatischen Vorratsmessers

Das **Steuerdruckventil** — auch als Membran-Steuerdruckventil bezeichnet — besteht aus einem zweiteiligen Leichtmetallgehäuse. Zwischen den beiden luftdicht verschraubten Teilen ist eine gewellte Metallmembrane mit Dichtungen eingesetzt. Sie teilt das Steuerdruckventil in eine obere und eine untere Kammer ein. In dem unteren Gehäuseteil ist ein kleines mit einer Druckfeder versehenes Ventil eingesetzt, das über einen Taststift (Ventilschaft) von der Membrane gesteuert wird (Abb.63). Ein Gewindenippel am unteren Teil des Gehäuses dient zur Verbindung mit dem Tauchrohr, eine Tülle zum Anschluß der Leitung, die zu der einen Abzweigung der Doppeltülle im Pumpenboden führt. Der obere Gehauseteil weist nur eine Tulle für die Verbindungsleitung zur einfachen Tülle der Handpumpe auf.

Das **Tauchrohr** ist ein einfaches Leichtmetallrohr, das in einen Schraubkopf eingebaut ist. Mit diesem Kopf wird es luft- und flussigkeitsdicht auf der Behälteroberseite befestigt.

Das **Anzeigegerät** hat ein aus Preßstoff hergestelltes druckdichtes Gehäuse, in dessen große vordere Öffnung das Meßwerk eingesetzt wird. Die aus einem Zweidosensatz bestehende **Membrandose** ist mit ihrer Anschlußtülle im Gehäuseboden druckdicht eingeschraubt; der Leitungsanschluß hat ein Haarröhrchen (Kapillare), das, wie unter Arbeitsweise bereits angeführt, zur Aufnahme von Druckstößen dient und dadurch eine ruhige Anzeige gewährleistet. Der Dosenhub wird mit einem kleinen an der Dose angelöteten Winkelblech über den Übertragungsstift eines Winkelhebels auf ein Zahnsegment übertragen; es greift in das Zahnrad (Ritzel) der Zeigerachse ein und betatigt den über ein schwarzes mit Leuchtziffern versehenes Zifferblatt laufenden Zeiger

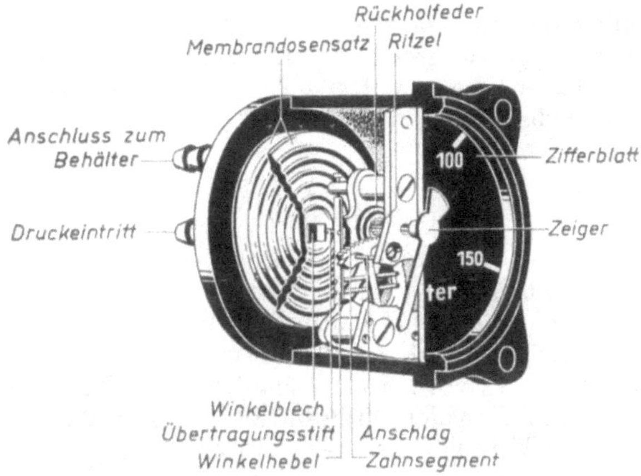

Abb. 64. Innenansicht eines Anzeigegerates eines pneumatischen Vorratsmessers

(Abb. 64). Soweit in dem Hebelwerk toter Gang auftritt, wird er von einer kleinen Spiralfeder ausgeglichen, sie dient gleichzeitig dazu, den Zeiger in seine Nullstellung zurückzuführen. Eine weitere einfache Tülle im Gehäuseboden dient für den Anschluß der Leitung, die eine Verbindung zwischen dem Gehäuse und dem Behälterinneren herstellt. Die mit Dichtung und Schraubring eingesetzte Glasscheibe schließt das Gehäuse ab.

Abb 65 Umschaltbahn einer pneumatischen Vorratsmeßanlage

Den pneumatischen Vorratsmesser kann man auch für eine Triebwerkanlage mit **mehreren Behältern** anwenden. Sofern die Behälter gleich sind, d. h. sich in Größe und Form nicht unterscheiden, reicht eine Anzeigeuhr für alle Behälter aus. Durch einen **Umschalthahn,** wie er als Beispiel in Abb. 65 wiedergegeben ist, wird der jeweils zu messende Behälter auf das Anzeigegerät und die Pumpe eingeschaltet. Bei verschiedenen Behältern ist eine **Doppelanlage** erforderlich, für die eine **Zwillingspumpe**[120])

[120]) Sie werden auch bei besonders langen Leitungen erforderlich, wenn die einfache Pumpe nicht ausreicht.

und zwei Anzeigegeräte verwendet werden. Durch die Zwillingspumpe läßt sich mit einem Handgriff die Anzeige beider Behälterinhalte zur gleichen Zeit betätigen. Die Anzeigegegeräte werden in zwei Ausführungen — **kleine** und **große Norm** (s. unter Einleitung) — hergestellt.

Wie bei allen anderen Vorratsmessern muß die Anzeige auf den zugehörigen Behälter genau geeicht werden. Hierbei sind besondere Vorschriften zu befolgen, die vom Hersteller jedem Gerät beigefügt sind. (Beachte auch die behördlichen Vorschriften und die TS-Lehrblätter der Luftwaffe über Gerätewartung.)

c) Einbau

Das Tauchrohr des pneumatischen Vorratsmessers wird wie bereits in der Beschreibung angeführt, unmittelbar im bzw. auf dem Behälter angebracht, wobei die gleichen Richtlinien wie für Schwimmervorratsmesser berücksichtigt werden müssen (s. unter Grundsätzliches). Das **Steuerdruckventil** soll möglichst in unmittelbarer Nähe des Tauchrohres, gegebenenfalls an der **höchsten Stelle des Behälters** eingebaut werden, wobei die Verbindungsleitung zwischen beiden Teilen Gefälle haben muß. Dies gilt grundsätzlich für die ganze Leitungsverlegung, um Verstopfungen und das Ansammeln von Flüssigkeiten von vornherein zu vermeiden[121]).

Anzeigegerät und Luftpumpe baut man zusammen an **einer Stelle** ein. Dadurch wird zwangsläufig bei der Betätigung der Pumpe auch das Anzeigegerät in die Blickrichtung des bedienenden Führers oder Wartes gebracht. Örtlich gelten für den Einbau des Anzeigegerätes grundsätzlich die gleichen Richtlinien wie für die anderen Vorratsmesser. Da die Pumpe jedoch in griffbereiter Nähe der Besatzung liegen muß, wählt man als Einbauort für das Anzeigegerät meistens das Gerätebrett. Es geschieht dies auch unter der Berücksichtigung, daß der feine Anzeigemechanismus des Membrangerates eine federnde Lagerung erfordert, die am ehesten durch die neuzeitlichen federnd aufgehängten Gerätebretter gegeben ist. Außerhalb des Gerätebrettes müssen daher für den Einbau des Anzeigegerätes die vorgeschriebenen handelsüblichen elastischen Befestigungsvorrichtungen verwendet werden.

Wird bei einer Anlage mit mehreren Behältern ein **Umschalthahn** erforderlich, so wird der Hahn aus offensichtlichen Gründen in der Nähe des Anzeigegerätes und der Pumpe untergebracht. Bei dem Einbau der verschiedenen Einzelteile der Anlage sowie der Leitungsverlegung sind die behördlichen Vorschriften, die in den BVF (Bauvorschriften für Flugzeuge) niedergelegt sind, zu beachten. Hierfür werden auch vom Gerätehersteller maßgebende Anweisungen herausgegeben.

---

[121]) Beachte unzulässige Sackbildungen bei der Leitungsverlegung.

d) Wartung

Die vielen Einzelteile der pneumatischen Vorratsmeßanlage mit den verhältnismäßig langen Leitungen, insbesondere bei mehrmotorigen Flugzeugen mit seitlich angeordneten Triebwerken, geben verständlicherweise leicht zu Störungen Veranlassung. Eine ständige Überwachung der einwandfreien Anzeige ist daher unerläßlich.

Falsch- oder Fehlanzeige ist in den weitaus meisten Fällen auf Leitungsstörungen zurückzuführen, die vor allem in den Schlauchverbindungen zwischen den einzelnen Leitungsrohren und ihren Anschlüssen an die Geräte zu suchen sind. Zu solchen Leitungsstörungen gehört auch

a) das Eindringen von Kraftstoff in die Leitungsanlage
b) verstopfte Leitungsteile.

Diese Störungen ergeben unter Umständen auch eine unruhige oder eine zu hohe Anzeige bis zum Anschlag, wenn das Tauchrohr verstopft ist und der Pumpendruck voll auf das Anzeigegerät wirkt.

Weitere Anzeigefehler werden durch Zerstörungen und Verschmutzungen an den verschiedenen kleinen Ventilen und den Schlauchtüllen verursacht. Sofern ein Fehler nicht durch Reinigung der betreffenden Teile beseitigt werden kann, ist eine Abhilfe nur durch Auswechseln des jeweiligen Gerätes möglich. Störungen am Kolben der Pumpe (Undichtigkeiten) sind sofort feststellbar, wenn der Pumpengriff nach dem Loslassen unmittelbar in seine Grundstellung zurückspringt. Weitere Undichtigkeiten können an den Membrandosen des Anzeigegerätes auftreten. Zu geringe oder Fehlanzeige ist die Folge, die ein Auswechseln des Gerätes bedingt.

Es kann fernerhin der Fall eintreten, daß im Fluge ohne Betätigung der Pumpe eine Anzeige erfolgt. Diese **Falschanzeige** ergibt sich, wenn der statische Druck[122]) im Behälter geringer ist als im Raum, in dem sich die Pumpe befindet. Der Unterdruck des Behälters wird über die Verbindungsleitung auf das Gehäuseinnere des Anzeigegerätes übertragen, während in der Membrandose über die Verbindung mit der Pumpe der höhere Druck herrscht. Zur Anzeige gelangt dann der **Druckunterschied** zwischen dem Besatzungsraum und dem Behälter. Sowie die Pumpe betätigt wird, ergibt sich jedoch entsprechend der geschilderten Arbeitsweise (s. d.) eine einwandfreie Anzeige, so daß eine Behebung des geschilderten Anzeigefehlers nicht unbedingt notwendig ist.

Feuchtigkeitsniederschlag, sei er durch Kondenswasser oder durch Eindringen von Kraftstoff hervorgerufen, erfordert ein Auswechseln des Anzeigegerätes, da sonst mit einer Zerstörung des Meßwerkes durch Korrosionserscheinungen gerechnet werden muß. Schäden dieser Art ist auch bei der Lagerung der Geräte durch trockene, säurefreie Raume

[122]) Ruhedruck, s. hierzu Bd. 3, Abschn. VII und allgemein Bd. 8, Abschn. II.

vorzubeugen. Die Schlauchtüllen der einzelnen Geräte werden bei der Lagerung und beim Versand aus den genannten Gründen mit kleinen Gummihütchen verschlossen, so daß gleichzeitig auch einer Verschmutzung vorgebeugt wird.

3. Elektrische Vorratsmesser

a) Arbeitsweise

Wie alle elektrischen Fernmeßanlagen im Flugzeug besteht auch der elektrische Vorratsmesser aus einem **Geber** und einem **Anzeigegerät**; ihr Strombedarf wird aus dem Bordnetz entnommen. Das Meßorgan ist ein als Hohlkörper ausgebildeter **Metallschwimmer**, der in einem mit einer Spiralnute versehenen Gehäuse geführt wird. An dem Schwimmer befindet sich eine Nase; sie ragt in die Spiralnute hinein und bewirkt, daß sich der Schwimmer bei seiner Auf- und Abbewegung mit dem Steigen und Sinken des Behälterinhaltes dreht. Als weitere Führung des Schwimmers dient ein drehbar gelagerter Vierkantstab, der die Drehung des Schwimmers mitmacht. Auf dem Vierkantstab ist ein Magnetstab starr befestigt. Er befindet sich unmittelbar unter der gas- und druckdichten Trennwand eines besonderen Gehäuses, in dem der elektrische Teil des Gebers untergebracht ist (Abb. 66). Dieser besteht aus einem Stabmagneten, der zwangsläufig durch den magnetischen Kraftlinienfluß die gleiche Bewgung ausführt wie der erste Magnetstab. Man bezeichnet diese Übertragung der Drehbewegung von Magnetstab zu Magnetstab als **magnetische Kupplung.** Auf den beiden Enden des Magnetstabes sind kleine Schleifkontakte oder Abgriffe befestigt. Der eine Abgriff, der mit dem Minuspol des Bordnetzes verbunden ist, gleitet auf einem, der Drehbewegung des Magnetstabes entsprechend halbkreisförmig gebogenen Widerstand und teilt ihn in gleiche oder verschiedene Abschnitte ein. Anfang und Ende des Widerstandes sind mit dem Anzeigegerät verbunden[123]). Der zweite Abgriff auf dem anderen Ende des Stabmagneten ist über den ersten Angriff ebenfalls mit dem Minuspol des Bordnetzes verbunden. In seiner Anfangs- und Endstellung oder deren Nähe, die der zweite Abgriff bei einem tiefen und hohen Schwimmerstand erreicht, schließt er jeweils einen Kontakt. Beide Kontakte sind mit dem Pluspol des Bordnetzes verbunden. In den so gebildeten Stromkreisen zwischen Bordnetz und Abgriff sind zwei **Warnlampen** zwischengeschaltet, die, wie sich aus der geschilderten Arbeitsweise ergibt, bei einem tiefen oder hohen Schwimmerstand aufleuchten. Die Lage der Kontakte kann nach Wunsch vom Hersteller eingestellt werden, so daß die Möglichkeit besteht, bei beliebigen Behälterinhalten die Warnung einsetzen zu lassen; sie ist insbesondere für die Überwachung des Kraftstoffrestes von Bedeutung (s unter Grundsätzliches).

---

[123]) Man bezeichnet den elektrischen Teil des Gebers auch als **Fernsender.**

Das **Anzeigegerät** hat einen ringförmig gebogenen Dauermagneten, zwischen dessen rundgeformten Polenden ein Weicheisenkern mit Luftspalt so befestigt ist, daß zwischen dem Kern und den Polen ein ungleichmäßiges (inhomogenes) magnetisches Feld erzeugt wird. In diesem Feld, d. h. in dem Luftspalt, bewegen sich zwei unter einem spitzen

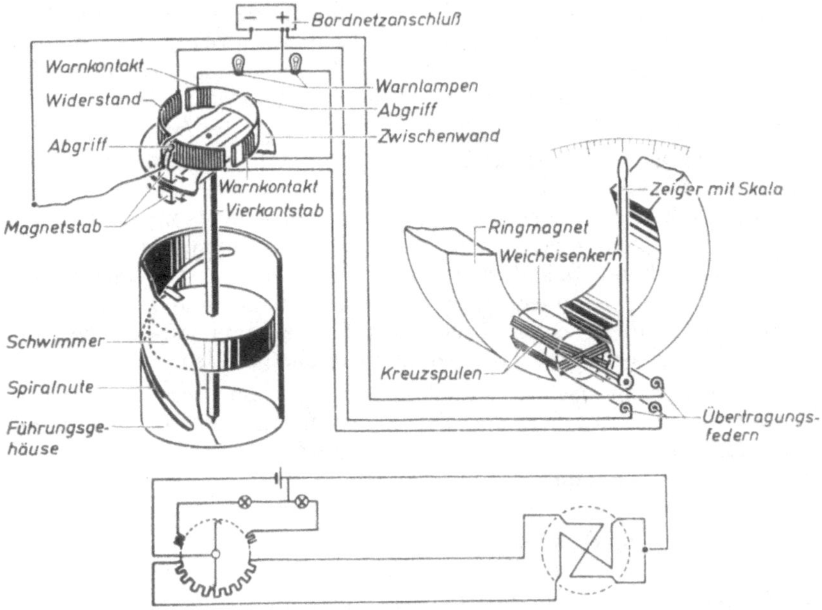

Abb. 66. Arbeitsweise und Schaltschema e nes elektrischen Vorratsmessers (Bauart Hartmann & Braun)

Winkel starr miteinander verbundene Drehspulen; sie geben dem Anzeiger die Bezeichnung **Kreuzspulgerät.** Die elektrische Verbindung der Spulen mit dem Anfang und Ende des Geberwiderstandes erfolgt über eine doppeladrige Leitung und zwei Zuführungsfedern, während über eine dritte Zuführungsfeder und Ableitung die Kreuzspulen mit dem Pluspol des Bordnetzes verbunden sind. Durch diese Schaltung werden zwei Stromkreise gebildet, deren Strom durch den veränderlichen Geberwiderstand gesteuert wird. Die auf das Kreuzspulsystem wirkende Kraft der Zuführungsfedern ist vernachlässigbar gering, sie reicht jedoch aus, um im stromlosen Zustand den Zeiger in seine Nullage zurückzuführen und zu halten.

Durch den Stromdurchgang werden in den beiden Spulen Drehmomente erzeugt, die einander entgegengerichtet sind. Je nach der Stellung des Abgriffes vom Geberwiderstand und der davon abhängigen Stromstärke überwiegt das Drehmoment einer Spule. Es erzeugt eine-

Drehung des Spulensystems und des mit ihm verbundenen Zeigers, bis in dem ungleichmäßigen magnetischen Feld die Drehkraft der einen Spule so abgenommen hat bzw. die Drehkraft der Gegenspule so angewachsen ist, daß sich beide Drehmomente gleich sind; der Zeiger bleibt dann stehen. Es wird also der jeweilige Widerstandswert, d. h. das Verhältnis der vom Abgriff unterteilten Abschnitte des Geberwiderstandes abhängig vom Behälterinhalt angezeigt, so daß das Gerät offensichtlich von **Spannungsschwankungen** theoretisch **unabhängig** ist[124]). In die Stromkreise eingeschaltete Widerstände (Abgleichwiderstände) dienen zum Justieren und zur Temperaturkompensation des Gerätes.

Auch bei der geschilderten Arbeitsweise muß die Anzeige auf den zugehörigen Behälter abgestimmt, d. h. geeicht werden. Schwimmer und Schwimmerführung bilden mit dem Geber, mit dem sie magnetisch gekuppelt sind, ein geschlossenes Aggregat. Die Höhe des Führungsgehäuses muß der Behälterhöhe angepaßt und vom Gerätehersteller nach Bestellung besonders gefertigt werden. Dabei sind für die **Restandsanzeige** die gleichen Richtlinien zu beachten, wie sie bei den vorher beschriebenen Geräten bereits angeführt wurden.

Der elektrische Schwimmer-Vorratsmesser, der wie die übrigen Schwimmer-Vorratsmesser den Vorzug der **Daueranzeige** aufweist, kann auch für mehrere Behälter angewendet werden. Es ergeben sich verschiedene Möglichkeiten, die als

a) Mehrfachschaltung,
b) Summenschaltung,
c) Mehrfach-Summenschaltung

bezeichnet werden. Bei der **Mehrfachschaltung** werden mit mehreren Gebern die Inhalte von mehreren Behältern mit einem **Umschalter** wahlweise auf **ein** Anzeigegerät übertragen. Hierbei ist Voraussetzung, daß die **Behälter** untereinander gar **nicht** oder nur wenig voneinander **abweichen** und die Eichung des Gerätes für alle Behälterinhalte übereinstimmt. Es können bis zu acht Behälter an ein Anzeigegerät angeschlossen werden. Gegebenenfalls kann die Anzeige über eine Mehrfachskala erfolgen.

Die **Summenschaltung** dient dazu, den Gesamtinhalt von zwei oder drei kommunizierenden[125]) Behältern auf einmal anzuzeigen, d. h. den Inhalt mehrerer Behälter in der Anzeige zu summieren. Hierbei wird für jeden Behälter ein besonderer Geber benötigt, wobei die Gebegeräte entsprechend geeicht sein müssen. Ein **Austausch** der **Geber** untereinander ist nur dann möglich, wenn es sich um **gleiche Behälter** oder um Geber einer gleichen Summenschaltung handelt.

---

[124]) Einen geringfügigen Einfluß haben die Zuführungsfedern, er kann jedoch vernachlässigt werden.

[125]) Kommunizierend = verbunden, zusammenhängend.

Die **Mehrfach-Summenschaltung** ist eine Vereinigung der beiden vorher angeführten Schaltungen. Es wird beispielsweise die Summe der Behalterinhalte von mehreren aber gleichartigen Behältergruppen wahlweise durch einen Umschalter auf ein Anzeigegerät übertragen. In dieser Hinsicht stellt dann das Anzeigegerät ein **Mehrfachgerät** dar. Für alle Arten der Schaltungen werden vom Hersteller Schaltpläne herausgegeben, wenn nicht gegebenenfalls die Ausarbeitung einer besonderen Schaltung erforderlich wird.

b) Beschreibung

Der Vorratsgeber (Abb. 67) besteht, wie bereits aus der beschriebenen Arbeitsweise hervorgeht, aus zwei Hauptteilen, der **Schwimmereinrichtung** und dem **Fernsender.** In dem mit Spiralnute versehenen Leichtmetallgehäuse der Schwimmereinrichtung gleitet der aus Metall hergestellte Schwimmer an dem drehbar gelagerten Vierkantstab auf und ab. Wie unter Arbeitsweise beschrieben, wird der Schwimmer durch eine aufgesetzte Nase in der Nute geführt und zu einer Drehbewegung gezwungen. Der sich dadurch gleichzeitig drehende Vierkantstab trägt am oberen Ende einen starr befestigten Stabmagneten, der die Drehung mitmacht.

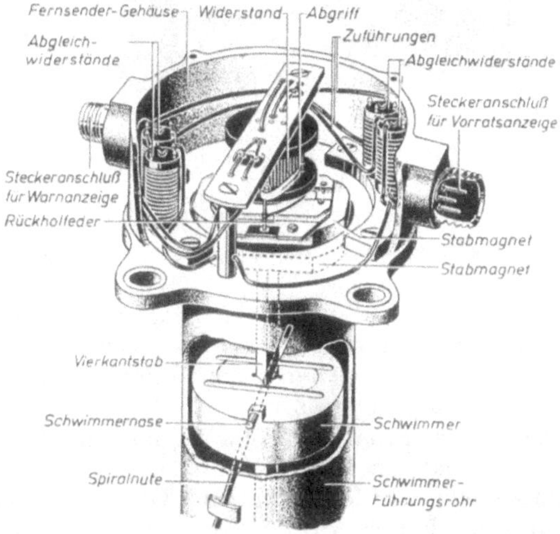

Abb. 67. Innenansicht des Vorratsgebers eines elektrischen Vorratsmessers

Auf das Schwimmer-Führungsrohr ist der in einem Leichtmetallgehäuse untergebrachte Fernsender aufgesetzt; beide Teile sind miteinander vernietet. Die Verbindung und das Gehäuse des Fernsenders sind so ausgeführt, daß der elektrische Teil des Gebers gegenüber dem Behalter flüssigkeits- und gasdicht abgeschlossen ist. Es ist dies unerläßlich, damit sich bildende Luft-Gasgemische durch Funkenbildung des Fernsenders nicht entzünden können. In einer Lagerung bewegt sich dicht über dem Boden des Fernsendergehauses ein Stabmagnet zwangsläufig durch den Kraftlinienfluß des Stabmagneten der Schwimmereinrichtung. Er trägt zwei Abgriffe, die auf einem mit Widerstandswicklungen versehenen Ring schleifen. Die große Wicklung ist der Geberwiderstand für die **Vorrats-Daueranzeige** und zwei kurze Wicklungen bilden die Kontakte für die **Warnlampen.** Mit zwei Rückhol- oder Spannfedern werden die drehenden Teile des Fernsenders gegen die Kraft der magnetischen Kupplung in jeder Lage gehalten, um Widerstandsänderungen und damit Anzeigeschwankungen durch Erschütte-

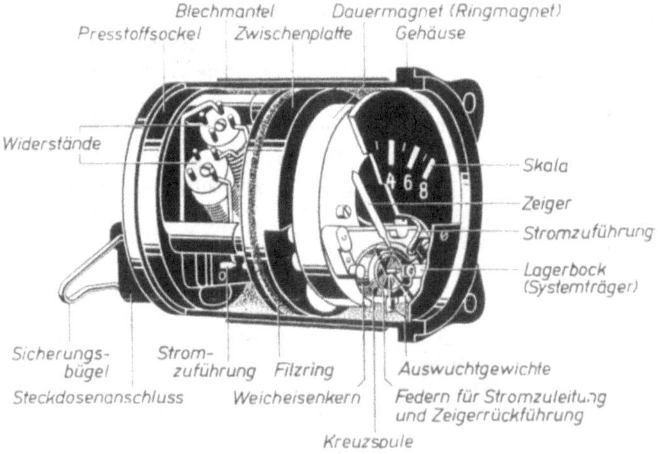

Abb. 68. Innenansicht des Anzeigegerates eines elektrischen Vorratsmessers

rungen zu vermeiden. Zwei Schraubanschlüsse dienen zur Aufnahme der Steckdosen für die Leitungen zu den Warnlampen, zum Bordnetz und zum Anzeigegerät. Das Gehäuse wird durch einen **gasdicht** aufgeschraubten Deckel abgeschlossen.

Das **Anzeigegerät,** das in **zwei** Ausfuhrungsformen (große und kleine Norm) gebaut wird, hat ein aus Preßstoff hergestelltes Gehäuse. Auf der Vorderseite schließt eine fest eingebaute Glasscheibe das Gerät ab, während in die große hintere Öffnung der auf einem Proßstoffsockel angebrachte Gerätemechanismus eingeführt und mit Schrauben befestigt wird (Abb. 68). Der Sockel ist zur Aufnahme des Steckdosenanschlusses für die Zuführungsleitungen ausgespart; eine federnde Halterung dient als Sicherung für die Steckdose. Auf einer Zwischenplatte aus Preßstoff ist der Ringmagnet mit dem Systemträger zur Aufnahme des Weicheisenkernes und der beweglichen Organe befestigt. Die beiden in einem spitzen Winkel angeordneten Kreuzspulen sind gemeinsam auf einem kleinen Rahmen aufgewickelt. Eine **Abschirmplatte** und ein auf das Gehäuse geschobener Blechmantel verhindern eine magnetische Beeinflussung von in der Nähe befindlichen Kompassen. Die hinter der Zwischenplatte befestigte Abschirmplatte trägt auf einer Halterung die für die Justierung und Temperaturkompensation benötigten Widerstände. Das Skalenblech schließt den Mechanismus nach vorne ab.

Der **Anzeigebereich** geht über rund 90^0, wobei die Nullstellung gegenüber der Zeigerlage im stromlosen Zustand einen geringen Unterschied aufweist. Es ist daher sofort zu erkennen, ob das Gerat unter Strom steht oder abgeschaltet ist. Die Anzeige ist ruhig und durch einen Massenausgleich (Auswuchten durch Gewichte) der beweglichen Teile von Beschleunigungskräften im Fluge praktisch unabhängig. Das Skalenblech hat schwarzen Grund und wie alle Flugzeuggeräte eine Skaleneinteilung und Ziffern aus Leuchtmasse. Alle Verbindungsstellen der Leitungen und der Geräteanschlüsse besitzen unverwechselbare Stecker, so daß Fehlanzeigen durch falsche Polung der Anlage vermieden werden.

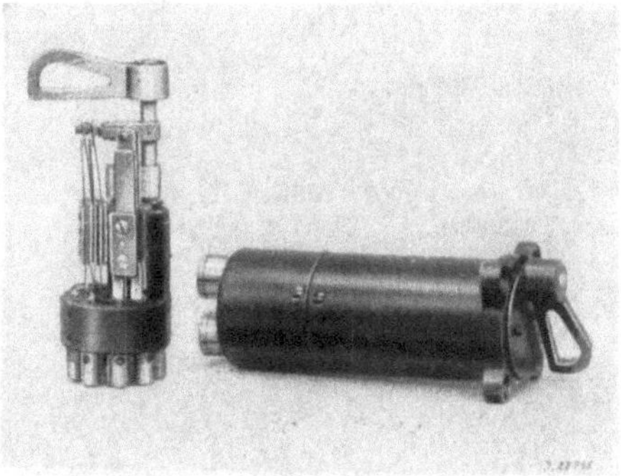

Abb. 69. Zweipoliger Umschalter fur eine elektrische Vorratsmeßanlage

Bei Mehrfach- und Summenschaltungen wird die Meßanlage durch einen **Umschalter** ergänzt. Diese Geräte werden als zwei-, vier-, fünf- und achtstellige Umschalter hergestellt. Als Beispiel ist in Abb. 69 ein zweipoliger Umschalter für zwei Meßstellen wiedergegeben. Der elektrische Vorratsmesser wird für beliebige Betriebsstoffe verwendet.

c) Einbau

Wie bei allen Schwimmervorratsmessern wird auch beim elektrischen Vorratsmesser die Schwimmereinrichtung zusammen mit dem Fernsender unmittelbar in den betreffenden Behälter eingesetzt und mit diesem **flüssigkeitsdicht** verschraubt. Für die Verlegung der Leitungen und ihre Verbindungsstellen müssen die von der Behörde herausgegebenen Vorschriften (BVF) beachtet werden.

Die Anordnung und der örtliche Einbau der **Warnlampen** ist nicht an bestimmte Bedingungen gebunden und richtet sich nach den im Flugzeug vorhandenen Möglichkeiten. Dabei ist es selbstverständlich, daß die Warngeräte in der Blickrichtung des Flugzeugführers liegen. Die äußere Gestaltung der **Warneinrichtung** wird von Fall zu Fall der

Behälteranlage angepaßt. Als Beispiel ist in Abb. 70 die Warnanzeige eines zweimotorigen Flugzeuges wiedergegeben. Bei dieser Anlage hat jede Behältergruppe einen bestimmten Entnahmebehälter, der im vollen Zustand und für den Kraftstoffrest (V und L) eine Warnanzeige gibt. Zusätzlich ist der Schmierstoffbehälter mit einer Warneinrichtung für die Restanzeige versehen.

Abb. 70. Warnanzeige der Vorratsmeßanlage eines Zweimotoren-Flugzeuges

Die örtliche Unterbringung des Anzeigegerätes erfolgt nach den gleichen Gesichtspunkten, die für alle Vorratsmesser gültig sind. Das Gerät muß so angeordnet werden, daß eine bequeme Ablesemöglichkeit gewährleistet ist, eine Unterbringung auf dem Gerätebrett ist nicht unbedingt erforderlich. Dies gilt im gleichen Sinne für einen Umschalter bei **Mehrfachanlagen.** Wesentlich ist bei dem Einbau des Anzeigers, daß unter Berücksichtigung des feinen Anzeigemechanismus eine elastische Aufhängung gewählt wird. Die ständigen feinen Erschütterungen im Fluge, die auf die Dauer zerstörenden Einfluß haben, müssen auf jeden Fall entweder durch ein federnd gelagertes Gerätebrett oder durch die behördlich zugelassenen Befestigungseinrichtungen ausgeschaltet werden.

d) Wartung

An der Schwimmereinrichtung des elektrischen Vorratsmessers können die gleichen Störungen auftreten wie bei allen gleichartigen Vorrichtungen; es ist daher auf die Richtlinien unter 1. und 2. zu verweisen. Je nach dem für welche Art von Betriebsstoff das Gerät verwendet wird, ist auf zerstörende Einflüsse (Korrosionserscheinungen) durch die heutigen äthylisierten **Kraftstoffe**[126]) und die oft mit Zusätzen versehenen **Kühlstoffe**[127]) zu achten. Die Geber müssen nach bestimmten Überholungszeiten (s. d. behördlichen Vorschriften und die TS-Lehrblätter der Luftwaffe über Gerätewartung) aus den Behältern herausgenommen und überprüft werden.

---

126) Um die Kraftstoffe auf hohe Klopffestigkeit zu bringen, erhalten sie Bleizusätze, s. Bd. 5.

127) Zur Verminderung von solchen Schäden wird dem Kühlstoff Korrosionsschutzöl beigemengt.

Falsch- oder Fehlanzeigen (Zeiger liegt am Anschlag an) sind in den meisten Fällen auf Leitungsstörungen zurückzuführen. Hierzu gehören Scheuerstellen durch unzureichende **Leitungsverlegung** und damit verbundenem Kurzschluß oder auch Wackelkontakte durch schlecht sitzende oder lose Verbindungsstellen und Stecker. Hierbei spielen Korrosionserscheinungen und Verschmutzungen eine wesentliche Rolle, sie gelten in gleichem Maße für die Leitungsanlage der Warnlampen.

Sofern die Leitungsanlage für einwandfrei befunden wird und die Fehlerquellen im Fernsender oder Anzeigegerät zu suchen sind, ist ausnahmslos ein Auswechseln der Geräte erforderlich. Weitere Anzeigefehler können durch Feuchtigkeitsniederschlag im elektrischen Teil des Gebers und im Anzeiger entstehen; auf Schwitzwasserbildung ist wie bei allen anderen Geräten sorgfältig zu achten. Bei einer Lagerung müssen daher die Geräte nicht nur gegen mechanische Beschädigungen, sondern auch durch trockene, säurefreie Räume gegen Feuchtigkeitseinfluß geschützt werden.

IV. Temperaturmesser

Grundsätzliches

Durch die Arbeitsweise der im Flugzeug verwendeten Verbrennungsmotoren (s. Bd. 5) wird bekanntlich Wärme erzeugt, die bis zu einer gewissen Grenze für den einwandfreien Betrieb und eine wirtschaftliche Leistung, auch hinsichtlich der jeweiligen Lebensdauer des Motors, unerläßlich ist. Werden die zulässigen **Betriebstemperaturen** des Triebwerkes überschritten, so wirkt sich das nicht allein auf die Leistung, sondern ebenso auf die **Betriebssicherheit** aus. Aber auch eine Unterschreitung der erforderlichen Wärme kann einerseits zum Leistungsabfall, andererseits zu Schäden des Motors führen[128]). Unzulässige, d. h. überschüssige Wärmemengen müssen beim Triebwerk aus den genannten Gründen abgeführt werden. Es erfolgt dies — abgesehen von einer natürlichen Wärmeabgabe — mit Hilfe einer **künstlichen Kühlung** durch Kühlflüssigkeiten und Kühlluft, sowie durch den umlaufenden Schmierstoff, der je nach den Umständen ebenfalls einer künstlichen Kühlung unterzogen wird (s. Ölkuhler, Bd. 8, Abschn. VIII).

Es ergibt sich aus den kurz geschilderten Verhältnissen offensichtlich, daß für die Betriebssicherheit und die wirtschaftliche Leistung einer Triebwerkanlage, neben der Möglichkeit der **Wärmeregelung,** die Überwachung der erwünschten und zulässigen Betriebstemperaturen eine hervorragende Rolle spielt. Sie erfolgt mit Hilfe von Temperaturmessern entweder **unmittelbar**[129]) an besonderen Meßstellen des Motors — z. B.

[128]) Beachte, daß jeder Motor — abgesehen von dem Kaltstartverfahren — vor dem Abflug „warm gefahren" werden muß.

[129]) Unmittelbar bedeutet hier nicht den Gegensatz zur Fernmessung, s. d. folgenden Erläuterungen.

Zylinderkopf und -fuß — oder **mittelbar** durch eine laufende Temperaturprüfung der verschiedenen Betriebsstoffe, wenn ihre Wärme im vorgenannten Sinne von Bedeutung ist. Als Betriebsstoff gilt innerhalb dieser Betrachtungen gegebenenfalls auch die Luft (Verbrennungsluft, Spülluft und auch Auspuffgase), die für den Arbeitsvorgang im Motor gebraucht wird. Bei diesen verschiedenen Arten der Temperaturüberwachung des Triebwerkes haben sich die **unmittelbaren Messungen** am Motor im regelmäßigen Flugbetrieb nicht ausreichend bewährt. Die Auswirkung einer Temperaturänderung über die Meßstelle auf das Meßorgan und die Anzeige erfordert bei den vorhandenen Hilfsmitteln im allgemeinen eine weit größere Zeitspanne als bei der mittelbaren Temperaturmessung über die Betriebsstoffe. Bei den oft schnell wechselnden Flugzuständen führt das zu einem ständigen **Nachhinken,** d. h. einem Schwanken der Anzeige. Man nimmt daher zurzeit von der unmittelbaren Messung im **Dauerbetrieb**[130]) Abstand und wendet sie nur im Versuchsflugbetrieb an[131]), bei dem je nach den Erfordernissen die benötigten Beharrungszustände erflogen werden können. Das für solche Untersuchungen (Betriebssicherheits- und Kühlleistungsflug) verwendete Meßgerät ist bei der Behandlung der Flugleistungsermittlung bereits kurz beschrieben (s. Bd. 8, Abschn. VIII). Die Entwicklung der neuzeitlichen Hochleistungsflugmotoren weist jedoch Wege, bei denen das Gerät für die unmittelbare Temperaturmessung trotz vorhandener Mängel voraussichtlich nicht entbehrt werden kann. Es wird daher auch auf diesen Temperaturmesser näher eingegangen.

Zu Beginn des Flugzeugbaues verzichtete man auf eine Temperaturüberwachung des Motors. Mit der fortschreitenden Entwicklung der Triebwerkanlagen wurden dann nach und nach Temperaturmeßgeräte im Flugzeug eingebaut, um den steigenden Betriebssicherheitsforderungen zu genügen. Man wandte zunächst nur die **mittelbare Temperaturmessung** an, dabei war es natürlich, daß auf vorhandene Meßgeräte für allgemeine Zwecke zurückgegriffen wurde, d. h. auf handelsübliche **Flüssigkeitsthermometer,** die mit Quecksilber oder Alkohol gefüllt waren. Die immer weiter vorangetriebene Leistungssteigerung in Verbindung mit der Betriebstüchtigkeit der Motoren erforderte dann eine entsprechende Entwicklung von Temperaturmeßgeräten. Sie wurde im wesentlichen dadurch beeinflußt, daß die jeweilige Meßstelle von dem Besatzungsraum des Flugzeuges, d. h. von dem Beschauer meistens verhältnismäßig weit entfernt liegt und mit dem Auge nicht immer ausreichend deutlich beobachtet werden kann. Die zuerst angewandten Kühlwasserthermometer, die in den Kühlkreislauf eingebaut wurden und direkt an der Meßstelle anzeigten, sind daher aus dem Flugzeug

[130]) In Bd. 8, Abschn. VIII ist auf Geräte für eine Daueranzeige besonders hingewiesen.

[131]) Das gilt auch für die Messung der Verbrauchsluft.

verschwunden. Heute sind alle Temperaturüberwachungsgeräte des Triebwerkes **Fernmeßgeräte,** die aus Geber und Anzeigegerät bestehen.

Wärme ruft bekanntlich eine Volumenänderung der verschiedenen Stoffe hervor, die sich je nach der Art des Stoffes und dem Wärmegrad als eine reine Ausdehnung oder auch als eine Zustandsänderung (Verdampfung) auswirkt[132]). Diese von der Temperatur abhängige Volumenänderung einer Flüssigkeit, als Druck auf ein druckempfindliches Anzeigegerät übertragen, ergibt mit der zugehörigen Eichung die erwünschte Temperaturanzeige. Auf dieser Grundlage sind zwei Arten von Temperatur-Fernmeßgeräten für die **mittelbare** Temperaturmessung in der Triebwerkanlage entwickelt worden:

1. Ausdehnungstemperaturmesser,
2. Dampfdrucktemperaturmesser.

Bei diesen Geräten ist die **Übertragungs-** oder **Verdampfungsflüssigkeit** gleichzeitig der Hauptbestandteil des Gebers und als Meßorgan zu betrachten. Die Arbeitsweisen beider Ausführungen erfordern zwischen der Meßstelle und dem Anzeigeort **druckfeste Leitungen,** die mit dem Geber und dem Anzeigegerät untrennbar verbunden sein müssen. Trennstellen würden unerwünschte Fehlerquellen ergeben, die eine ausreichende Betriebssicherheit in Frage stellen[133]).

Die **Leitungslängen** sind bei solchen Geräten aus naheliegenden Gründen begrenzt. Bei mehrmotorigen Flugzeugen mit seitlich angeordneten Triebwerken werden sie meistens unbrauchbar, da in diesen Fällen die Verbindungen zwischen Triebwerkanlage und Führerraum im allgemeinen unvermeidliche **Trennstellen** aufweisen. Wie bei allen anderen Triebwerküberwachungsgeräten hat daher auch bei den Temperaturmessern die Entwicklung zu elektrischen Geräten geführt. Sie entsprechen in ihrer Gestaltung den **elektrischen Fernmeßanlagen** mit anderen Aufgaben und haben vieles mit diesen gemeinsam. Ebenfalls können sie für praktisch beliebig große Entfernungen zwischen Meßstelle und Anzeigeort eingesetzt und mit den erforderlichen Trennstellen versehen werden. Die elektrische Temperaturmessung wird sowohl für die mittelbare als auch für die unmittelbare Meßweise angewandt.

Ein elektrischer Widerstand ändert seinen Widerstandswert durch Temperaturbeeinflussung. Je nach dem Werkstoff des Widerstandsdrahtes ist die Änderung des Widerstandswertes verschieden groß und kann bei passender Werkstoffwahl mit genügendem Ausschlag durch ein Drehspul- oder Kreuzspulgerät angezeigt werden. Auf dieser Grundlage sind für die mittelbare Temperaturmessung

3. Elektrische Temperaturmesser

entwickelt worden, die als elektrische **Widerstandstemperaturmesser** bezeichnet werden.

---

[132]) s. hierzu allgemein Bd. 3, Abschn. VI und VII.

[133]) s. hierzu auch über Druckmittler unter Abschn. II, Grundsätzliches.

Es gibt auch noch eine andere Art der elektrischen Temperaturmessung. Hierbei wird der Einfluß der Warme auf ein aus zweierlei Metall mit verschieden großen Ausdehnungskoeffizienten bestehendes Meßorgan dazu ausgenutzt, eine Bewegung (Dehnungsweg) zu erzeugen, die mit einem Abgriff einen elektrischen Widerstand verändert. Der Widerstandswert wird mit einem Drehspulgerat gemessen, das bei entsprechender Eichung die Temperatur der Meßstelle anzeigt. Auch dieses Gerät zählt zu den elektrischen Temperaturmessern, wenn auch seine Arbeitsweise, die auf **mechanischer** Grundlage mit **elektrischer Übertragung** beruht, von dem vorher angeführten Verfahren grundsätzlich abweicht.

Verlötet oder verschweißt man zwei verschiedene, geeignete Metalle[134]), z. B. zwei verschiedene Drähte, und erwärmt die Zusammenschlußstelle, so entsteht gegenüber einer kalten Zusammenschlußstelle der Drähte ein geringer Stromfluß. Die von der Temperatur abhängige elektrische Spannung dieses Stromes kann mit einem Milli-Voltmeter, einem Drehspulgerät von ausreichender Empfindlichkeit, gemessen werden[135]). Nach dieser Erkenntnis sind für die **unmittelbare Temperaturmessung** am Motor Geräte entwickelt worden, die man als

4. Thermoelektrische Temperaturmesser

bezeichnet (s. hierzu auch Bd. 8, Abschn. VIII).

Aus den gleichen Gründen wie bereits im Abschn. II, Druckmesser, näher erlautert, werden auch bei der Temperaturmessung **Mehrfachgeräte** verwendet. Man legt entweder die Anzeigen mehrerer Wärmemeßstellen zusammen oder vereinigt Temperaturmessungen aus Zweckmäßigkeitsgründen mit Druckmessungen in einem Anzeigegerät[136]). Daraus ergibt sich als weitere Unterteilung für die Temperaturmesser

5. Mehrfachtemperaturmesser.

Die Anwendung der Arbeitsweisen ist dabei unterschiedlich, jedoch im wesentlichen davon abhängig, daß der Anzeigemechanismus für zwei verschiedene Betriebsstoffmessungen grundsatzlich übereinstimmen muß. Anderenfalls würde das kombinierte Meßwerk zu große Herstellungsschwierigkeiten hervorrufen. Für diese Geräte gelten daher die gleichen Richtlinien, die bereits im Abschn. II. Grundsätzliches aufgezeigt wurden.

Für die Anwendbarkeit der verschiedenen Arbeitsweisen bei der mittelbaren oder unmittelbaren Wärmemessung spielt auch die größte zu messende Temperatur eine nicht unwesentliche Rolle. Für die **mittelbare** Temperaturüberwachung wird

---

[134]) Bei Versuchsgeräten werden solche Zusammenschlußstellen auch mechanisch durch Klemmen gefertigt.

[135]) 1 Volt = 1000 Millivolt.

[136]) s. a. S. 51, 83, 90.

a) der Kühlstoff,

b) der Schmierstoff

ausgenutzt. Als Kühlstoff wird reines Wasser, gegebenenfalls unter Zusatz von Korrosionsschutzöl[137]), oder eine Glykolkühlstoffmischung verwendet. Kühlwasser läßt Temperaturen bis zum Siedepunkt, d. h. bis zu 100° zu, während bei Glykolkühlstoff, der bei der **Heißkühlung** angewendet wird, ein weit höherer Siedepunkt möglich ist[138]). Ebenfalls sind für den Schmierstoff höhere Temperaturen bis zu etwa 150° C zulässig, so daß sich als äußere **Grenzen** etwa folgende Werte ergeben (s. auch Bd. 8, Abschn. VIII).

Wasserkühlung bis zu 100° C (Höchstzulässige Temperatur bis etwa 95° C),

Heißkühlung bis zu 200° C (Höchstzulässige Temperatur bis etwa 150° C).

Schmierstoffkühlung[139]) bis zu 150° C (Höchstzulässige Temperatur bis etwa 140° C).

Diese Grenzen sind für jeden Motor von Fall zu Fall verschieden und vom Motorhersteller festgelegt; von der Prüfbehörde werden sie in den Musterprüfungsakten und den Betriebstüchtigkeitsscheinen besonders vermerkt. Fernerhin darf nicht übersehen werden, daß die Betriebsstofftemperaturen im Gesamtkreislauf des Triebwerkes stark wechseln. Je nach der technischen Einrichtung des Flugzeuges werden daher die Meßstellen verschieden angebracht, entweder vor dem Betriebsstoffeintritt in den Motor, d. h. Austritt aus dem Kühler, oder nach dem Austritt aus dem Motor, d. h. vor dem Eintritt in den Kühler. Ein- und Austrittstemperaturen weisen naturgemäß Unterschiede auf, deren zulässigen Grenzen für den jeweiligen Kühler und die Kühlregelung von ausschlaggebender Bedeutung sind.

Auf diese kurz skizzierten Verhältnisse müssen die Temperaturmeßgeräte abgestimmt sein. Die hierfür geeigneten Arbeitsweisen sind den unter 1. bis 3. genannten Geräten zugrunde gelegt. Bei höheren Temperaturen, wie sie bei der **unmittelbaren** Messung (Zylinderkopf und -fuß) auftreten[140]), sind diese Geräte nicht nur hinsichtlich der Meßweise, sondern meistens auch wärmetechnisch ungeeignet Die **höchstzulässigen Zylindertemperaturen** bewegen sich in ihrer äußersten Grenze um etwa 300° C, für diese Meßwerte werden **thermoelektrische** Geräte verwendet.

---

137) s. a. S. 116 im Abschn. III, 3 d).

138) Je nach dem Mischungsverhältnis bis zu 200° C.

139) Höchstzulässige Schmierstoff-Austrittstemperatur, s. Bd. 8, Abschn. VIII.

140) Im Versuchsflugbetrieb z. B. auch die Messung von Auspuff- und Verbrennungsraumtemperaturen.

1. Ausdehnungstemperaturmesser

a) Arbeitsweise

Bei der Arbeitsweise des Ausdehnungstemperaturmessers wird an der Meßstelle als **Geber** eine Hülse in den Betriebsstoff eingesetzt. Die Hülse ist über eine druckdichte Leitung mit einer Röhrenfeder im Anzeigegerät verbunden; Hülse, Leitung und Röhrenfeder sind mit einer Flüssigkeit völlig ausgefüllt. Bei einem Anstieg der Betriebsstofftemperatur dehnt sich die Flüssigkeit in der Hülse aus, so daß auf die Röhrenfeder ein Druck ausgeübt wird, der einen Ausschlag des Federrohres — auch Federstreckung oder Hub genannt — hervorruft[141]). Der Weg der Federstreckung wird über ein Zahnsegment auf die mit einem Ritzel versehene Achse eines Zeigers übertragen, so daß bei entsprechender Eichung die Temperatur durch die Ausdehnung der Übertragungsflüssigkeit angezeigt wird (Abb. 71). Diese Arbeitsweise gleicht grundsätzlich der Arbeitsweise des einfachen Druckmessers (s. Abschn. II).

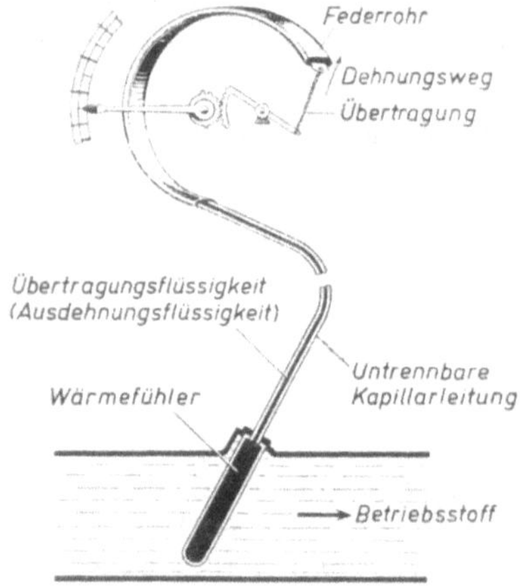

Abb. 71. Arbeitsweise eines Ausdehnungs-Temperaturmessers

Die mit der Ausdehnungsflüssigkeit gefüllte Hülse, die in den Betriebsstoff „hineinfühlt", wird auch als **Wärmefühler,** Meßpatrone oder Tauchstutzen[142]) bezeichnet. Als Übertragungsflüssigkeit verwendet man wegen seines großen Ausdehnungskoeffizienten bevorzugt **Quecksilber**[143]). Hiermit ist allerdings der **Nachteil** verbunden, daß die mit der Ausdehnungsflüssigkeit in Berührung kommenden Teile des Gerätes aus Stahl hergestellt sein müssen. Alle anderen gegebenenfalls brauchbaren Werkstoffe führen zu einer chemischen Verbindung mit dem Quecksilber. Die unter Grundsätzliches näher erläuterte untrennbare Verbindung zwischen Geber und Anzeiger bedingt dann auch eine aus Stahl gefertigte druckdichte Leitung, die wenig biegsam ist und sich verhältnismäßig schwer verlegen läßt. Eine aus Stahl gefertigte Hülse des Gebers weist fernerhin eine relativ schlechte Wärmeleitfähigkeit auf, so daß eine gewisse Anzeigeträgheit unvermeidlich ist. Der **Vorzug** des Quecksilbers als Geber-Meßorgan besteht darin, daß der Dehnungsweg in Ab-

---

[141]) s. unter II. Abschn. Grundsätzliches und 1. a).

[142]) Genaue Begriffsfestlegungen fehlen.

[143]) Wichtig ist, daß die Meßflüssigkeit auch bei Temperaturen unter Null noch arbeitet.

hängigkeit vom Temperaturanstieg gleichmäßig wächst und somit eine **lineare Einteilung** der Anzeige eine bequeme Ablesemöglichkeit gewährleistet.

Um Anzeigefehler durch Temperatureinflüsse auf das Quecksilber in der Leitung und im Anzeigegerät praktisch auszuschalten, wird die Verbindung zwischen Geber und Anzeiger als Kapillarleitung[144]) ausgeführt, hingegen der Inhalt des Wärmefühlers sehr groß gewählt. Dadurch tritt offensichtlich die von der Wärmeeinwirkung abhängige Volumenänderung der Ausdehnungsflüssigkeit im Übertragungsteil im Vergleich zur Gesamtmenge stark zurück. Weitere Vorkehrungen, um Meßfehlern in dieser Hinsicht vorzubeugen, werden durch Isolationsmaßnahmen und mechanische Hilfsmittel[145]) getroffen.

Da auch schnell wechselnde Temperaturen im Gegensatz zu anderen Meßwerten des Triebwerkes verhältnismäßig langsam einsetzen, ist die **Anzeige** von Temperaturmessern stetig und ruhig, sofern die mechanischen Voraussetzungen für eine solche Anzeige gegeben sind (s. unter Einbau). Die Güte der Ablesegenauigkeit ist grundsätzlich durch die begrenzten Bereiche der zulässigen Betriebstemperaturen bei großen Zeigerwegen gegeben. Denn auch für die Temperaturmessung gilt das gleiche, was bereits über die Anzeigegenauigkeit bei der Druckmessung (s. unter II. Grundsätzliches) gesagt wurde.

b) Beschreibung

Für die zurzeit eingesetzten Ausdehnungstemperaturmesser[146]) wird als Ausdehnungs- bzw. Übertragungsflüssigkeit ausnahmslos Quecksilber verwendet. Der Geber oder **Wärmefühler** besteht daher — s. unter Arbeitsweise — aus einer **Stahlhülse,** die über eine Stahlkapillarleitung untrennbar mit dem Anzeigegerät verbunden ist. Für den **Einbau** und die Befestigung ist die Hülse mit einer lose sitzenden Verschraubung und einem **Konus** versehen; durch festes Anziehen[147]) einer Überwurfmutter ist ein flüssigkeits- und druckdichter Sitz des Wärmefühlers an der Meßstelle gewährleistet (Abb. 72). Als **Rostschutz** erhält die Hülse einen starken galvanischen[148]) Kupferüberzug. Die Übertragungsleitung wird mit einem gummierten Isolierrohr (Temperaturschutz) überzogen und zusätzlich durch einen biegsamen Metallschlauch, auch Panzerschlauch genannt, gegen mechanische Beschädigungen geschützt.

---

[144]) **Haarröhrchenleitung.**

[145]) **s. auch Bimetallkompensation, Abschn. IV 4 a).**

[146]) **Ausdehnungstemperaturmesser werden nicht mehr neu hergestellt, sie sind durch Dampfdrucktemperaturmesser abgelöst worden.**

[147]) **Hierfür bestehen besondere Einbauvorschriften.**

[148]) **Übertragung des metallischen Überzuges auf elektrischem Wege (s. Physik).**

Das Anzeigegerät gleicht auch bei verschiedener Herstellung dem einfachen Druckmesser, so daß sich eine besondere Beschreibung und bildliche Darstellung erübrigt. Es sei auf die Erläuterungen des Abschnittes II 1 b) und Abb. 30 verwiesen. Der Möglichkeit von Anzeigefehlern durch Temperaturbeeinflussung auf die Übertragungsleitung und das Anzeigegerät (s. unter a) wird auch durch eine **Bimetallkompensationseinrichtung** (s. unter 4 a) vorgebeugt. Die heute im Gebrauch befindlichen Geräte sind wegen der Geringfügigkeit des möglichen Anzeigefehlers nicht damit ausgerüstet.

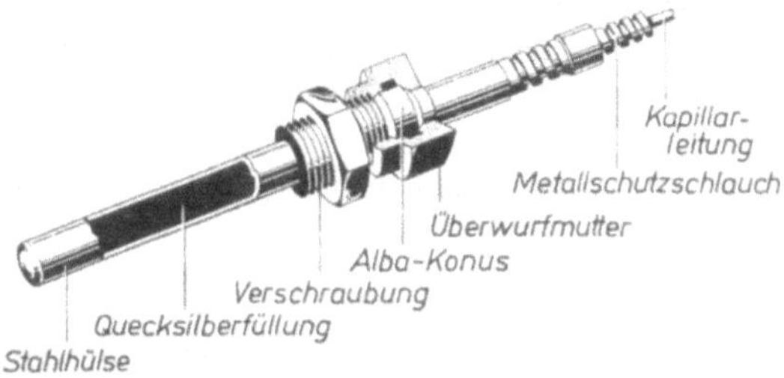

Abb. 72. Warmefuhler (Geber) eines Ausdehnungstemperaturmessers. Alba-Konus

Ferntemperaturmesser mit der geschilderten Arbeitsweise werden mit **Leitungen** bis zu etwa 12 m Länge und mehr verwendet und für beliebige flüssige Betriebsmittel eingesetzt. Der **Anzeigebereich** erstreckt sich im allgemeinen nicht über 180° C, da über diese Grenze hinaus kein Bedarf vorliegt (s. d. Gerätemusterblätter). Für den Zeigerumlauf wird das ganze Zifferblatt mit einem Anzeigeweg von etwa 300° Winkelausschlag ausgenutzt, so daß bei der kleinen Normausführung[149]) des Anzeigegerätes geringe Temperaturwerte gut abgelesen werden können.

c) Einbau

Im Vergleich zu den übrigen Überwachungsaufgaben, die von der Flugzeugbesatzung zu erfüllen sind, zählt die Überwachung der Betriebstemperaturen des Triebwerkes zu den Aufgaben zweiter Ordnung. Die Temperaturmeßgeräte werden daher hinsichtlich ihrer örtlichen Unterbringung so angeordnet, daß sie bei mehrmotorigen Flugzeugen mit mehrköpfiger Besatzung zum Arbeitsbereich des Bordwartes gehören; gegebenenfalls baut man sie nur in dem Gerätebrett eines besonderen Maschinistenstandes ein. Bei einmotorigen Flugzeugen oder solchen ohne Bordwart werden sie auf den seitlichen Teilen des Gerätebrettes untergebracht, grundsätzlich jedoch mit den Druckmeßgeräten örtlich vereinigt, da Druck und Temperatur der Betriebsstoffe für die laufende Betriebsmittelversorgung einen geschlossenen Überblick geben.

---

[149]) s. unter Einleitung und Teil III.

Der **Geber** des Gerätes wird an der Meßstelle **fest** eingeschraubt und mit dem Behälter oder der betreffenden Leitung druck- und flüssigkeitsdicht verbunden. Die Übertragungsleitung wird nach den BVF[150]) verlegt, wobei besonders auf eine schwingungsfreie Lagerung geachtet werden muß; notwendigenfalls sind in der Leitung federnde Schleifen vorzusehen.

Das **Anzeigegerät** weist wie die Druckmesser der einfachen Arbeitsweise ein sehr widerstandsfähiges Meßwerk auf, so daß es mit zu den unempfindlichsten Flugzeuggeräten gehört. Eine **federnde Lagerung** ist daher **nicht erforderlich,** soweit diese nicht von vornherein durch den Einbau des Gerätes in ein federnd aufgehängtes Gerätebrett gegeben ist. Außerhalb des Gerätebrettes sind für eine Befestigung keine besonderen Vorrichtungen nötig, es muß jedoch wie bei jedem anderen Gerät beachtet werden, daß der Werkstoff der Einbauelemente keinen Einfluß auf in der Nähe befindliche Kompasse ausüben kann und der Einbauort grundsätzlich erschütterungsfrei ist.

d) Wartung

Innerhalb der Wartung ist bei den Temperaturmessern wie bei allen anderen Geräten vor allem einer ständigen Überwachung der einwandfreien Anzeige besondere Beachtung zu schenken. Eine fehlerhafte Anzeige kann sich äußern als

a) Fehlanzeige,
b) Anzeigeträgheit,
c) zu hohe Anzeige,
d) unruhige Anzeige.

Die meisten Störungen sind auf Fehler zurückzuführen, die auf falscher oder schlechter **Leitungsverlegung** beruhen. Undichtigkeiten ergeben Fehlanzeigen, dies gilt im gleichen Maße für Zerstörungen des Anzeigemechanismus. In solchen Fällen muß das Gerät ausgewechselt werden, da eine Wiederherstellung bei der untrennbaren Verbindungsleitung zwischen Geber und Anzeiger nur vom Geratehersteller ausgeführt werden kann. Bei einer Anzeigetragheit ist mit einem Knick in der Leitung zu rechnen, durch den die Übertragungsflüssigkeit teilweise abgequetscht wird. Dieser Fehler, der sich bis zur Fehlanzeige auswirken kann, ist durch richtige Verlegung zu beseitigen, wenn nicht bereits Beschädigungen der Leitungen eingetreten sind.

Eine zu hohe Anzeige ergibt sich, wenn in der Nähe der Meßstelle die Leitung zu dicht an **heißen Motorteilen** entlanggeführt wird. Eine Abhilfe ist offensichtlich leicht möglich. Unruhige Anzeige ist durch Leitungsschwingungen bedingt, gegebenenfalls ist aber auch der Anbringungsort des Anzeigegerätes nicht ausreichend frei von den allgemeinen Vibrationserscheinungen, die beim laufenden Triebwerk un-

---

[150]) **BVF = Bauvorschriften für Flugzeuge.**

vermeidlich sind. Eine ausreichend erschütterungsfreie Lagerung (Leder oder Filzunterlagen) oder zusätzliches Anschellen der Leitung ergeben die erwünschte ruhige Anzeige.

Die Leitung ist zeitweilig auf Scheuerstellen zu prüfen; sie sind — falls sie auftreten — durch geeignete Schutzhüllen zu beheben. Dabei richtet sich die Wiederherstellung (Lederschutz, zu verlötende Drahtumwicklung) nach der Größe der Zerstörung, unter der Voraussetzung, daß die Anzeige noch einwandfrei ist. Die Ursache solcher Scheuerstellen, die auf unzureichender Verlegung beruht, ist naturgemäß zusätzlich zu beheben.

Auf Feuchtigkeitsniederschlag im Anzeigegerät ist ebenfalls zu achten. Schwitzwasserbildungen der Glasscheibe sind die ersten Anzeichen, die meistens zu Korrosionserscheinungen und Zerstörungen im Meßwerk führen. Ein Ersatz des Gerätes ist dann unvermeidlich. In diesem Sinne sind auch bei einer Einlagerung der Geräte trockene, säurefreie Räume unerläßlich; ebenfalls müssen die Geräte vor mechanischen Beschädigungen geschützt werden.

2. Dampfdrucktemperaturmesser

a) Arbeitsweise

Verdampft man eine Flüssigkeit durch steigende Erwärmung, z. B. in einem geschlossenen Behälter und mißt den Druck, der von dem Dampf auf die Behälterwandung ausgeübt wird, so kann man feststellen, daß sich unterschiedlich bei verschiedenen Flüssigkeiten für jeden bestimmten Temperaturwert immer wieder derselbe **Dampfdruck** ergibt. Temperatur und Dampfdruck sind also voneinander abhängig veränderliche Werte, jedoch gilt dieses Gesetz nur bis zu einer bestimmten Höchstgrenze, die je nach der Beschaffenheit der Flüssigkeit verschieden groß ist. Diese Erkenntnis ist der Arbeitsweise des Dampfdrucktemperaturmessers zugrunde gelegt.

In grundsätzlicher Übereinstimmung mit der Arbeitsweise des Ausdehnungstemperaturmessers taucht man an der Meßstelle einen **Wärmefühler** in den Betriebsstoff. Die Meßpatrone besteht aus einer Metallhülse, die über eine druckdichte, aus den unter 1 a) bereits genannten Gründen untrennbare Leitung mit einer Röhrenfeder im Anzeigegerät verbunden ist. Die Röhrenfeder und Übertragungsleitung sind völlig, der Wärmefühler, in den die Übertragungsleitung hineinragt, nur zum Teil mit einer **Verdampfungsflüssigkeit** ausgefüllt. Wird die Hülse erwärmt, so verdampft die als Meßorgan dienende Flüssigkeit. Der erzeugte Dampf drückt die Flüssigkeit in die Leitung hinein, übt auf die Röhrenfeder einen Druck aus und ruft eine Federstreckung hervor. Der Hub der Röhrenfeder wird über ein Hebelwerk auf eine mit Ritzel versehene Zeigerachse mit Zeiger übertragen. Bei entsprechender Eichung wird dadurch die Temperatur in Abhängigkeit vom Dampfdruck angezeigt (Abb. 73).

Die Übertragungsleitung wird als **Kapillarleitung** ausgeführt; gegenüber einer normalen Leitung hat sie den Vorzug, die Übertragungsflüssigket besser zu halten[151]), sie ist leichter und biegsamer und läßt sich besser verlegen. Örtliche Erwärmungen der Leitung sind auf die Meßgenauigkeit ohne Einfluß, da der Wärmefühler nur den von der Meßtemperatur abhängigen Dampfdruck aufrechterhalten kann[152]). Man verwendet auch besonders schwer siedende Flüssigkeiten, die auf die Verdampfungsflüssigkeit und den Meßvorgang keinen Einfluß haben dürfen, für die Übertragung des Druckes.

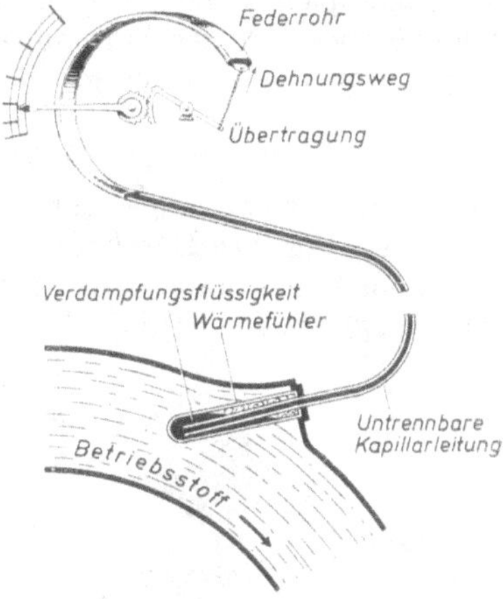

Abb. 73. Arbeitsweise eines Dampfdrucktemperaturmessers

Als Verdampfungsflüssigkeiten werden **leicht siedende Flüssigkeiten,** wie z. B.

Methylchlorid,
Methylamin,
Äthylchlorid,
Äthyläther

angewendet. Das eingangs angeführte **Dampfdruckgesetz** gilt für diese Flüssigkeiten bis zu den Grenzen von etwa 150 bis 200°, damit ist gleichzeitig der Anzeigebereich der Dampfdrucktemperaturmesser festgelegt. **Nachteilig** ist bei diesen Geräten, im Gegensatz zu den Ausdehnungstemperaturen, daß der Druckanstieg in Abhängigkeit von der Temperatur nicht gleichmäßig erfolgt, sondern mit den höheren Temperaturen stark anwächst. Die **Anzeigeskala** weist daher zu Beginn eine sehr gedrängte, zum Ende eine sehr weite Einteilung auf.

Ein weiterer **Nachteil** der Dampfdrucktemperaturmesser besteht darin, daß die Arbeitsweise und damit die Anzeigegenauigkeit durch den atmosphärischen Druck beeinflußt wird. Wie in den einleitenden Ausführungen im II. Abschnitt unter Grundsätzliches und unter II 1 a) näher erläutert, ist auch die Temperaturmessung mit Hilfe des Dampfdruckes eine **Differenzdruckmessung.** Es wird der Unterschied zwischen dem inneren und äußeren Druck des Federrohres angezeigt, d. h. ein Über-

---

[151]) Eintritt der im Wärmefühler enthaltenen Luft in die Übertragungsleitung durch Erschütterungen muß vermieden werden. Es wird die Adhäsion (Anziehung), d. h. die Haarröhrchenanziehung (Kapillarattraktion) ausgenutzt.

[152]) Beachte, daß die Meßpatrone nur zum Teil mit Flüssigkeit gefüllt ist. Dampfbildung in der Leitung drückt die Flüssigkeit in den Warmefühler zurück, verdrängt einen entsprechenden Teil Dampf und bringt diesen zum Niederschlag (Kondensation).

-druck (atü) in Abhängigkeit von der Temperatur. Da mit wachsender Höhe der atmosphärische Druck abnimmt[153]) wird die Anzeige gefälscht. Je größer der innere, d. h. der Dampfdruck im Federrohr ist[154]), um so kleiner muß der Fehler werden, denn er tritt ja nur anteilig als Prozentsatz des Gesamtdruckes in Erscheinung. Die Art der Verdampfungsflüssigkeit spielt daher für die Fehlergröße auch eine Rolle; je höher der Dampfdruck bei einer bestimmten Temperatur ist, um so kleiner ist der mit wachsender Höhe größer werdende Anzeigefehler[155]).

b) Beschreibung

Für Dampfdrucktemperaturmesser wird als Geber ein **Wärmefühler** verwendet, der zur Herabminderung der Anzeigeträgheit aus **Kupfer** oder ähnlich gut wärmeleitenden Legierungen hergestellt ist. In eine einfache, glatte Hülse ragt die Kapillarübertragungsleitung so hinein, daß ihr offenes Ende nach unten geneigt ist (Abb. 74). Durch diese Anordnung wird vermieden, daß der sich bildende Dampf während des Betriebes in die Leitung eindringen kann, hingegen das Rohr ständig mit Flüssigkeit gefüllt bleibt[156]). Als Voraussetzung gilt hierfür, daß der Wärmefühler, der zu diesem Zweck gekennzeichnet ist, beim Einbau nicht verdreht wird.

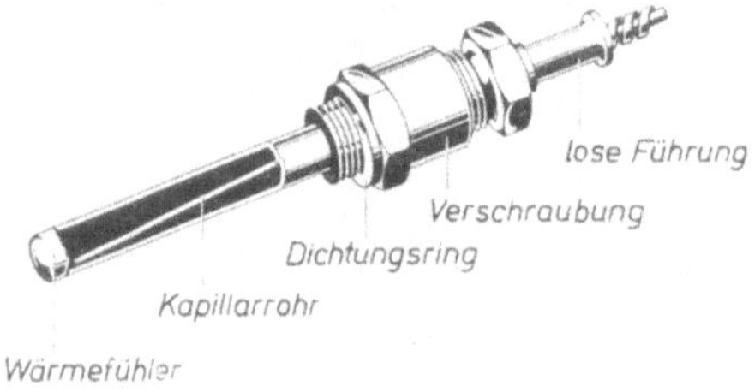

Abb. 74. Warmefuhler (Geber) eines Dampfdrucktemperaturmessers (Spezialverschraubung)

Wärmefühler und **Übertragungsleitung** sind miteinander fest verlötet. Die aus einem leicht biegsamen Werkstoff hergestellte Leitung, die den Geber und das Anzeigegerät untrennbar miteinander verbindet, ist zum Schutz gegen mechanische Beschädigungen mit einem Panzer- oder Metallschlauch überzogen[157]). Als **Befestigung** des Gebers an der Meßstelle dient die bereits unter 1 b) angeführte und in Abb. 72 dargestellte Verschraubung mit Überwurfmutter und **Konus**[158]) oder eine Spezialverschraubung (Abb. 74). Sie gestattet einen flüssigkeits- und druckdichten Einbau des Wärmefühlers, wobei eine unzulässige Verdrehung vermieden und die richtige Lage der Meßpatrone gewährleistet wird.

---

[153]) s. Bd. 3, Abschn. VII.

[154]) Die Höchstwerte liegen etwa zwischen 40 bis 70 kgcm^{-2}.

[155]) Für Ausdehnungstemperaturmesser ist die Änderung des atmospharischen Druckes ohne Bedeutung, da sie auf Quecksilber oder andere als unzusammendrückbar anzusprechende Flüssigkeiten praktisch keinen Einfluß hat

[156]) s. hierzu unter Arbeitsweise.

[157]) s. auch die Gerätemusterblätter im III. Teil.

[158]) Alba-Konus.

Das Anzeigegerät entspricht wie bei dem Ausdehnungstemperaturmesser dem einfachen Druckmesser. Eine am Druckeintritt festgelagerte Röhrenfeder überträgt den erzeugten Hub mit einer Übertragung — meistens eine kleine Feder — auf ein Zahnsegment, das in ein Zahnrad oder Ritzel eingreift und dadurch den Zeiger ausschlagen läßt. Es sei hierzu auf die Beschreibung unter II 1 b) und Abb. 30 verwiesen.

Ausdehnungs- und Dampfdrucktemperaturmesser werden für alle Betriebsstoffarten verwendet und weisen einen **Meßbereich** in den Grenzen bis zu 120°, 160° und 180° C auf[159]). In der Gestaltung der Geber und Anzeiger sind die Geräte verschiedener Herstellung grundsätzlich ähnlich, so daß die Beschreibungen und Abbildungen als allgemein gültig betrachtet werden können. Abweichungen betreffen lediglich unwichtige Äußerlichkeiten.

c) Einbau

Für den Einbau des Dampfdrucktemperaturmessers gelten sowohl für den Geber als auch das Anzeigegerät die gleichen Erläuterungen und Richtlinien, die bereits bei dem Ausdehnungstemperaturmesser behandelt wurden (s. d.). Gegenüber dem angeführten Gerät ist lediglich als Besonderheit zu beachten, daß der Wärmefühler, wie dies bereits unter b) vermerkt wurde, eine bestimmte Lage haben muß, damit das in die Meßpatrone hineinragende Ende der Übertragungsleitung ständig von der Verdampfungsflüssigkeit umspült wird.

d) Wartung

Auch hinsichtlich der Wartung sind sich Ausdehnungs- und Dampfdrucktemperaturmesser grundsätzlich ähnlich. Die gleichartigen Fehlermöglichkeiten der Anzeige und ihre Behebung erfahren insofern eine Einschränkung, daß örtliche Erwärmungen der Übertragungsleitung nicht zu Anzeigestörungen führen, wie dies unter a) Arbeitsweise bereits erläutert wurde. Das schließt jedoch nicht aus, daß die **Leitung** des Gerätes vor unerwünschter **Temperatureinwirkung** durch das Triebwerk geschützt werden muß.

Für die Wartung gelten, zum Teil in Abhängigkeit von einem richtigen oder mangelhaften Einbau oder einer solchen Leitungsverlegung, wie für alle anderen Geräte die in den BVF (Bauvorschriften für Flugzeuge) festgelegten Bestimmungen und Richtlinien. Ebenfalls sind die von den verschiedenen Geräteherstellern herausgegebenen Anweisungen über die Behandlung der Geräte zu beachten[160]).

---

[159]) s. d. III. Teil.

[160]) Beachte auch die TS-Lehrblätter der Luftwaffe über Gerätewartung.

3. Elektrische Temperaturmesser

a) Arbeitsweise

Der Arbeitsweise der zurzeit gebräuchlichen elektrischen **Widerstands-Temperaturmesser** sind verschiedene Schaltungen zugrunde gelegt; sie werden mit geringen Abweichungen auch bei Geräten für andere Überwachungszwecke angewendet. Im Abschnitt über elektrische Druckmesser wurde bereits die **Brücken-Kreuzspulschaltung** Bauart **Siemens** näher erläutert. Die Grundlage dieser Arbeitsweise ist die ebenfalls eingehend geschilderte **Wheatstonesche Brückenschaltung,** auf die hier nicht nochmals eingegangen wird; es sei auf Abschn. II 4 a) verwiesen.

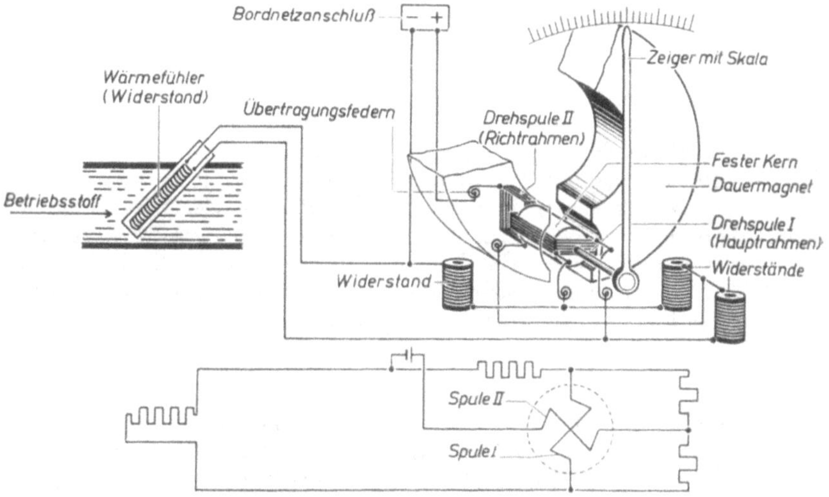

Abb. 75. Arbeitsweise und Schaltschema des elektrischen Widerstandstemperaturmessers nach der Brücken-Kreuzspulschaltung Bauart Siemens (Hersteller Luftfahrtgerätewerk Hakenfelde)

Der **Geber** ist ein in einer Hülse eingeschlossener **Widerstandskörper** (Drahtwicklung), der als Meßorgan dient. An der Meßstelle wird dieser Geber oder Wärmefühler wie bei den anderen Temperaturmessern in den Betriebsstoff eingetaucht. Vergleicht man die verwendete Schaltung mit der gleichartigen Schaltung des elektrischen Druckmessers (s. Abb. 40), so stellt der Wärmefühler nur einen Teil des veränderlichen Widerstandes der einen beim Druckmesser im Geber enthaltenen Brückenhälfte dar. Der andere Teil ist als unveränderlicher Widerstand mit im Anzeigegerät untergebracht (Abb. 75). Im übrigen unterscheidet sich die bauliche Gestaltung der Schaltung nicht von der **des elektrischen Druckmessers.**

Vom Anfang und Ende des Wärmefühlerwiderstandes führen zwei Ableitungen zum Anzeigegerät. Mit dem unveränderlichen Widerstand im Anzeigegerät bildet der Wärmefühler die eine, zwei weitere unveränderliche Widerstände die andere Brückenhälfte der Schaltung. Zwei zusätzliche Leitungen stellen die Verbindung mit dem Bordnetz her.

Wird der Widerstand des Wärmefühlers durch Temperatureinfluß verändert, so wird dadurch der Brückenstrom in der Spule I in der gleichen Art beeinflußt, wie dies beim Druckmesser durch das vom Druck gesteuerte **Geberpotentiometer** erfolgt. Dabei sind die Widerstände so bemessen, daß bei der mittleren Temperatur des zugrunde gelegten Anzeigebereiches die Brücke stromlos ist; der Hauptrahmen, Spule I der beiden Meßwerkspulen, steht dann waagerecht und der Zeiger nimmt seine Mittellage im Anzeigebereich ein. Nach der unter II 4 a) näher beschriebenen Arbeitsweise wird, wenn man die Zeigermittelstellung als eine Ausgangslage betrachtet, bei sinkender Temperatur durch einen in positiver Richtung durch die Brücke fließenden Strom in der Spule I ein Drehmoment im Gegenuhrzeigersinn (Linksausschlag des Zeigers, Edul) erzeugt. Umgekehrt wird bei ansteigender Temperatur durch einen in negativer Richtung fließenden Brückenstrom ein Drehmoment im Uhrzeigersinn (Rechtsausschlag des Zeigers, Mdul, s. Bd. 4, Abschn. X) hervorgerufen. Die Größe des jeweiligen Drehmomentes wird durch die Wirkung des Richtrahmens (Spule II), wie bei der Arbeitsweise des Druckmessers beschrieben, gewogen und damit die Temperatur abhängig von dem Widerstandswert des Wärmefühlers nach der zugehörigen Eichung angezeigt.

Als **Widerstandsdraht** verwendet man für den Wärmefühler im allgemeinen eine **Nickelwicklung** von 100 Ohm Widerstand bei 0° C (LNi 100). Der Verwendungsbereich liegt für diese Geräte in Grenzen von — 60 bis + 180° C. Alle weiteren baulichen Einrichtungen der Meßanlage gleichen dem bereits beschriebenen Druckmesser.

Eine andere Schaltung, die für Widerstandstemperaturmesser angewendet wird, ist die **Kreuzspulschaltung** (Bauart **Hartmann & Braun**), die in gleicher Art der Arbeitsweise des elektrischen Vorratsmessers zugrunde liegt und in Abschn. III 3 a) näher beschrieben ist. Das Meßorgan ist wie bei dem vorher behandelten Temperaturmesser ein Widerstandsdraht, der in einer Hülse als Wärmefühler in den Betriebsstoff getaucht wird. Bei dem Vorratsmesser enthält der Geber einen Widerstand, der durch einen vom Behälterinhalt gesteuerten Abgriff in zwei zwangsläufig voneinander abhängig veränderliche Widerstandshälften eingeteilt wird. Bei dem Temperaturmesser stellt der temperaturempfindliche Wärmefühler nur die eine Halfte des veränderlichen Widerstandes dar, während der andere Teil als unveränderlicher Widerstand mit im Anzeigegerät untergebracht ist (Abb. 76 vgl. hierzu Abb. 66).

Der Widerstand des Wärmefühlers ist mit einer zweiadrigen Leitung einerseits unmittelbar mit der einen Kreuzspule, andererseits mit gleichzeitigem Bordnetzanschluß (Minus Pol) über den unveränderlichen Widerstand mit der anderen Kreuzspule des Anzeigegerätes verbunden.

Eine weitere Leitung fuhrt vom Bordnetz (Plus Pol) zu beiden Kreuzspulen, so daß durch diese Anordnung zwei Stromkreise entstehen (Abb. 76), in denen jeweils eine Spule mit einem unveränderlichen oder einem veränderlichen Widerstand zwischengeschaltet ist.

Der Stromdurchgang erzeugt in den Spulen zwei gegeneinander wirkende Drehmomente. Bei einer mittleren Temperatur, die nach der Justierung des Gerätes der Mitte des Anzeigebereiches und damit der Mittelstellung des Spulensystems entspricht, heben sich die drehenden Kräfte eben auf, so daß der Zeiger in seiner Lage stehen bleibt. Wird der Widerstand des Wärmefühlers durch Temperaturbeeinflussung ver-

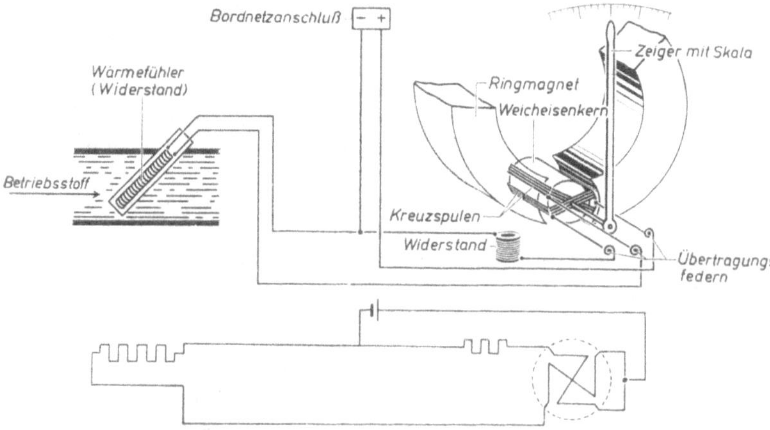

Abb. 76. Arbeitsweise und Schaltschema des elektrischen Widerstandstemperaturmessers mit einer Kreuzspulschaltung (Bauart Hartmann & Braun)

ändert, so ändert sich auch das Drehmoment der Spule des zugehörigen Stromkreises. Das Spulensystem führt eine Drehung aus, bis in dem ungleichmäßigen (inhomogenen) magnetischen Feld, das von dem Dauermagneten mit dem Weicheisenkern erzeugt wird, ein Ausgleich der beiden Drehmomente erfolgt ist und damit der Zeiger in der gleichen Art zum Stillstand kommt, wie dies bei der Arbeitsweise des elektrischen Vorratsmessers beschrieben ist.

Je nach dem erwünschten **Meßbereich** wird als Werkstoff für den Widerstand des Wärmefühlers die bereits angeführte **Nickelwicklung** oder eine **Platinwicklung** (50 Ohm Widerstand bei 0° C) für einen Meßbereich von —60° bis +300° C verwendet. In allen übrigen Teilen gleicht die Arbeitsweise und ihre bauliche Gestaltung der des elektrischen Vorratsmessers (siehe Abschn. III 3 a).

Eine wesentlich anders geartete Arbeitsweise wird bei dem **mechanischen Temperaturmesser** mit **elektrischer Übertragung** (Bauart **Eckardt**) angewendet; als Grundlage dient für den elektrischen Teil die

Brücken-Drehspulschaltung von Patin. Wie bei dem elektrischen Druckmesser mit der gleichen Arbeitsweise wird hier die Wärmewirkung zur Änderung eines Widerstandes auf mechanischem Wege verwertet. Der an der Meßstelle in den Betriebsstoff eingetauchte Wärmefühler besteht aus einer Leichtmetallhülse, in die ein Stahlstift besonderer Legierung

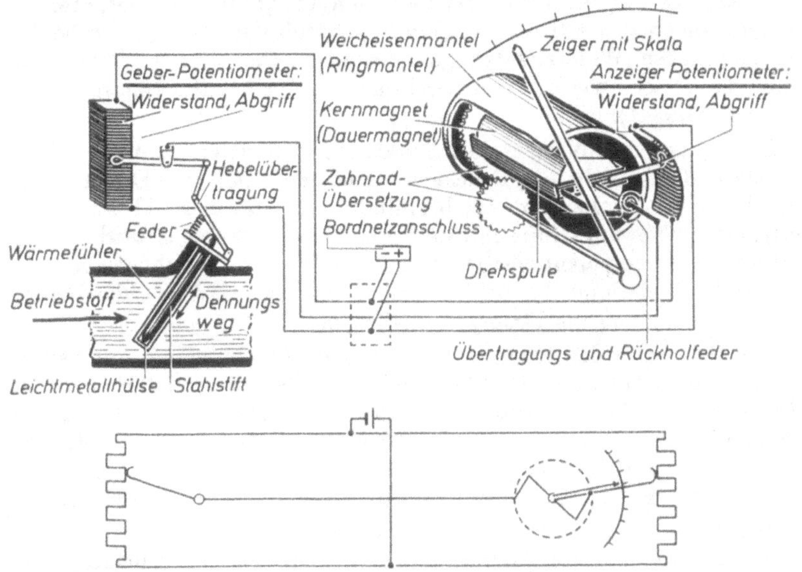

Abb. 77. Arbeitsweise und Schaltschema des elektrischen Temperaturmessers mit Geberpotentiometer nach der Brucken-Drehspulschaltung von Patin (Bauart Eckardt)

im Gleitsitz hineinragt. Bei einer Temperaturbeeinflussung dehnt sich die Leichtmetallhülse auf Grund ihres im Vergleich zu dem Stahlstift größeren Ausdehnungskoeffizienten mehr aus als dieser, so daß zwischen Hülse und Stift ein Dehnungsweg entsteht. Ein auf dem Stahlstift federgefesselt anliegender Hebel überträgt diesen Hub des Wärmefühlers auf den Abgriff eines **Geberpotentiometers,** der dadurch in Abhängigkeit von der Temperatur einen Widerstand in gleiche oder verschiedene Abschnitte unterteilt (Abb. 77).

Für die **Anzeige** wird ein **Drehspulenmeßwerk** verwendet, das in der baulichen Gestaltung der dem Druckmesser gleichen Arbeitsweise wesentlich von dem unter II 4 a) und b) beschriebenen Gerät abweicht. Zur Erzeugung des magnetischen Feldes dient ein Kernmagnet, der mit einem Luftspalt in einem rohrförmigen Weicheisenmantel gelagert ist. In dem Luftspalt, d. h. in dem gleichmäßigen magnetischen Feld, dreht sich ein kleiner Rahmen, die Drehspule. Ein an der Spule befestigter Abgriff oder Schleifer teilt je nach der Stellung des Rahmens einen

Widerstand in gleiche oder verschieden große Abschnitte ein. Anfang und Ende des Widerstandes, der zusammen mit dem Abgriff als Anzeigerpontentiometer bezeichnet wird, sind mit dem Anfang und Ende von dem Widerstand des Geberpotentiometers verbunden und über einen Verteiler an das Bordnetz angeschlossen. Vom Abgriff des Gebers führt eine Leitung über die Drehspule zum Abgriff des Anzeigerpotentiometers; sie stellt die Brücke in dem Stromkreis dar, der mit den beiden veränderlichen Widerständen gebildet wird Das Schaltbild ist demnach das gleiche wie bei dem beschriebenen Einfachdruckmesser (Abb. 77, vgl. Abb. 41).

Durch das vom Wärmefühler gesteuerte **Geberpotentiometer** wird die Größe und Richtung des Brückenstromes und damit das Drehmoment der Spule in der gleichen Art beeinflußt, wie dies unter II 4 a) näher erläutert ist. Zwangsläufig mit der Drehung des Rahmens wird der Abgriff des **Anzeigerpotentiometers** so lange gedreht, bis durch eine verhältnisgleiche Einteilung der beiden Potentiometerwiderstände die Brücke stromlos wird und die Drehspule stehen bleibt.

Die Halterung des Kernmagneten in dem rohrförmigen Weicheisenmantel beschränkt den Drehbereich der Spule auf etwa 90°. Um den Zeigerausschlag zu vergrößern, ist an der Rückseite des Rahmens ein Zahnrad angebracht, das mit einer Übersetzung den Anzeigebereich auf rund 180° vergrößert; er wird je nach der Verwendung des Meßwerkes (Mehrfachgeräte, s. auch unter II 5 b) verschieden weit ausgenutzt.

Der Vorteil der geschilderten baulichen Gestaltung der Patin-Schaltung, die von **Spannungsschwankungen** offensichtlich **unabhängig** ist, besteht neben der mechanisch und elektrisch einfachen Ausführung des Meßwerkes auch darin, daß durch den Weicheisen mantel eine magnetische Beeinflussung von in der Nähe befindlichen Kompassen prakttisch ausgeschaltet wird.

b) Beschreibung

Die Ausführungen der **Geber** oder Wärmefühler der elektischen Widerstandstemperaturmesser mit einem Anzeigerät nach der Brückenkreuzspulschaltung **(Bauart Siemens)** oder nach der Kreuzspulschaltung **(Bauart Hartmann & Braun)** sind sich ähnlich. In einer dünnwandigen Hülse aus einem gut wärmeleitenden Werkstoff — bevorzugt wird Messing mit einem Nickelüberzug verwendet — ist ein elektrischer Widerstand untergebracht, der je nach dem gewünschten Anzeigebereich aus einer **Nickel-** oder **Platindrahtwicklung** besteht (s. unter Arbeitsweise). Ein stets gleiches, genormtes Gewinde am Geberkopf ermöglicht unter Verwendung eines Dichtungsringes einen flüssigkeitsdichten Einbau an der Meßstelle (Abb. 78). Eine zweipolige Steckdose, die mit einer Kordel oder Sechskantüberwurfmutter betriebssicher gehalten wird, dient zum Anschluß des zweiadrigen Übertragungskabels.

Die isolierte Leitung ist gegen mechanische Beschädigungen besonders durch einen Metallgewebeschlauch geschützt, der gleichzeitig den Funkschutz (Abschirmung gegen Funkstörungen) darstellt[161]).

Das **Anzeigegerät** für Widerstandstemperaturmesser Bauart **Siemens** (Luftfahrtgerätewerk Hakenfelde) ist das gleiche wie das Anzeigegerät des **elektrischen Druckmessers** (s. unter II 4 b) und das Anzeigegerät für Widerstandstemperaturmesser Bauart Hartmann & Braun ist das gleiche wie für den elektrischen Vorratsmesser (s. unter III 3 b). Der Unterschied besteht darin, daß die Geräte auf Grund der abgeänderten

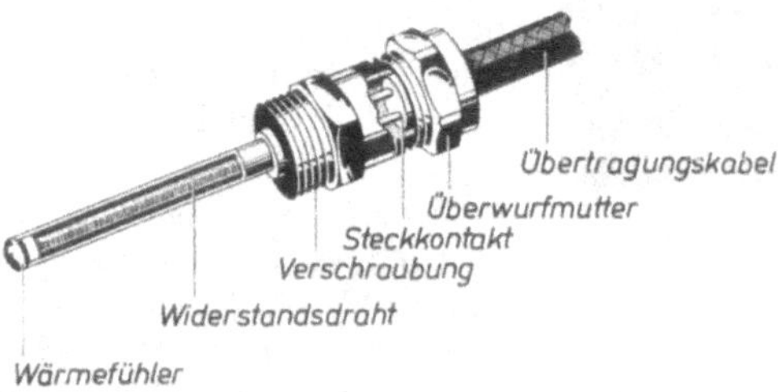

Abb. 78. Warmefuhler (Geber) eines Widerstandstemperaturmessers

Schaltung einen unveränderlichen Widerstand mehr aufweisen (s. unter Arbeitsweise). Eine besondere bildliche Darstellung und Beschreibung erübrigt sich daher, es sei auf Abb. 44 und 68 und den zugehörigen Text verwiesen.

In dem einleitenden Abschnitt „Grundsätzliches" wurde bereits eingehender erläutert, daß die Temperatur der Betriebsstoffe in ihrem Kreislauf innerhalb der Triebwerkanlage einem ständigen Wechsel unterworfen ist. Dies ist im wesentlichen auch durch die Verwendung von Kühlern bedingt; sie dienen zur künstlichen Kühlung der Betriebsstoffe und werden hinsichtlich ihrer Wirkung willkürlich durch Bedienung geregelt[162]). Um die Kühlerregulierung einwandfrei überwachen zu können, wird je nach der technischen Einrichtung des Flugzeuges die **Betriebsstofftemperatur** sowohl vor als auch hinter dem Kühler gemessen (Ein- und Austrittstemperatur). Man würde für diese Messungen entweder zwei Geräte oder einen **Zweifachtemperaturmesser** benötigen. Da jedoch die Eintrittstemperatur nur von Bedeutung zweiter Ordnung ist, wenn eine Daueranzeige die ständige Überwachung der Austrittstemperatur ermöglicht, verzichtet man auf eine Daueranzeige beider Meßstellen. Es werden zwei Geber an ein Anzeigegerät angeschlossen und dieses so eingerichtet, daß mit einem **Druckknopf**

---

[161]) Nach den neusten Erkenntnissen ist ein Leitungs-Funkschutz nicht erforderlich, er fällt bei neuen Gerätekonstruktionen fort, sofern nicht ein Metallgewebeschlauch als Schutz gegen mechanische Beschädigungen dienen soll.

[162]) Es gibt auch automatisch arbeitende Regeleinrichtungen.

die zweite Meßstelle nur zeitweilig eingeschaltet und angezeigt, die Daueranzeige dabei ausgeschaltet wird. Man benötigt dadurch nur ein Einfachgerät mit **einem** Meßwerk (Abb. 79); es kann als Zwischenlösung zwischen Einfach- und Mehrfachanzeigegerät betrachtet werden.

Abb 79. Elektrisches Temperatur-Anzeigegerat mit Umschaltknopf fur die Anzeige von zwei verschiedenen Meßstellen

In der Bauausführung des Meßwerkes unterscheidet sich das **Gerät** mit dem **Druckknopf** von den vorher angeführten nicht (s. auch die Gerätemusterblätter im III. Teil).

Die **Geber** für den Temperaturmesser nach der **Patin-Schaltung** (Bauart Eckardt) besteht aus zwei Teilen, dem **Meßorgan** und dem **Potentiometer.** Das Meßorgan, das man sinngemäß auch als Wärmefühler bezeichnen kann, hat ein dreiteiliges Leichtmetallgehäuse, in dem der Fühlstift (s. unter Arbeitsweise) beweglich gelagert ist. Die äußeren Abmessungen und die Befestigungsart an der Meßstelle sind die gleichen wie die der Wärmefühler anderer Bauart.

Der Fühlstift drückt gegen einen federgespannten Übertragungshebel, der den drehbar gelagerten Abgriff oder Schleifer des Potentiometers über eine Tastscheibe bewegt (Abb. 80). Sein Widerstand wird in Ab-

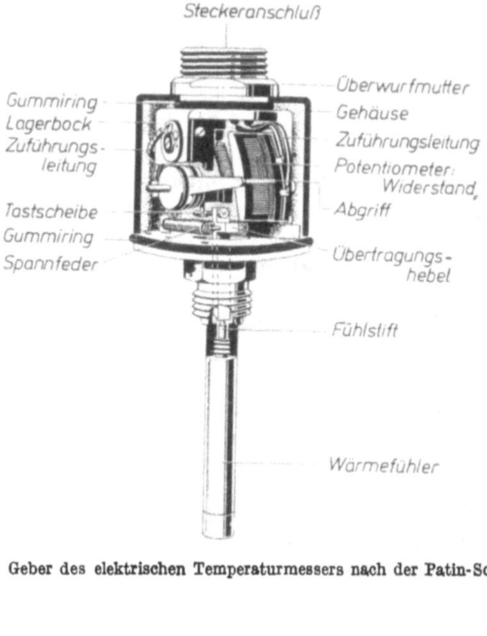

Abb. 80. Geber des elektrischen Temperaturmessers nach der Patin-Schaltung

hängigkeit vom Dehnungsweg zwischen Leichtmetallgehäuse und Fühlstift, d. h. von der Temperatur, in gleiche oder verschiedene Abschnitte eingeteilt. Das Potentiometer ist in einem kräftigen Bock gelagert und dieser auf den Kopf des Wärmefühlers aufgeschraubt. Eine Brücke dient zur Befestigung des Steckers für den Anschluß der dreipoligen Steckdose der Übertragungsleitung; sie wird mit einer Verschraubung gehaltert. Ein kleines Gehäuse wird zum Schutz über das Potentiometer geschoben und mit Dichtungen und einer Mutter befestigt. Durch eine leicht verstellbare Übersetzung im Übertragungshebelwerk kann der Geber auf mehrere Meßbereiche eingestellt werden, so daß er für verschiedene Anzeigegeräte brauchbar ist.

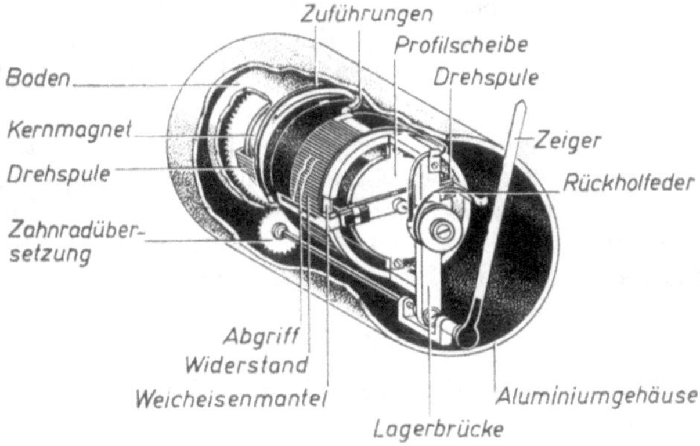

Abb. 81. Einzelmeßwerk der elektrischen Anzeigerate fur Meßanlagen nach der Patin-Schaltung (Bauart Eckardt)

Das **Anzeigemeßwerk** des elektrischen Temperaturmessers mit der Brücken-Drehspulschaltung wird nicht für Einfachgeräte verwendet, sondern nur in gemischte Vierfach-Temperatur- und Druckmesser eingebaut. Jedes Meßwerk ist jedoch ein in sich abgeschlossenes **Einzelgerät,** so daß an dieser Stelle das einzelne Meßwerk einer näheren Betrachtung unterzogen wird. Im Abschnitt II 5 a) und b) ist bereits beschrieben, daß die Anzeigeeinrichtung der Mehrfachdruckmesser nach der Patin-Schaltung (Bauart Eckardt) einschließlich der Anzeigeskala einzelne voneinander getrennte Aggregate darstellen, die auf eine Grundplatte aufgesteckt und erst durch die Gehäuseumhüllung zu einem Mehrfachgerät zusammengefügt werden. Bei dem Temperaturmeßwerk handelt es sich um das gleiche Gerät; die im Abschnitt Druckmesser enthaltenen Angaben sind daher auch für die folgenden Erläuterungen gültig.

In einem röhrenförmigen Weicheisenmantel wird ein runder, oben und unten abgeflachter Kernmagnet (Dauermagnet) durch zwei aufgeschraubte Profilscheiben gehaltert (Abb. 81). Die in dem Luftspalt zwischen Mantel und Kern sich drehende Spule ist mit ihren Enden in dem hülsenförmigen Deckelboden und einem Bock am Kopfende des Weicheisenmantels gelagert. Auf die Spulenrückseite ist ein großes Zahnrad aufgesetzt, das über ein kleines Zahnrad mit Übertragungswelle den Zeiger auf den doppelten Drehbereich der Spule ausschlagen läßt. Eine Rückhol- und Zuführungsfeder hält den Zeiger im stromlosen Zustand in seiner Ausgangslage fest (s. auch S. 75).

Der Weicheisenmantel trägt den halbkreisförmig ausgebildeten Widerstand des Anzeigerpotentiometers, dessen Schleifer oder Abgriff auf der Spulenvorderseite befestigt ist. Über das ganze Meßwerk ist eine Leichtmetallhülse geschoben, deren große vordere Öffnung durch das mit verstellbaren Bereichsmarken versehene Zifferblatt abgeschlossen wird (s. Abb. 52). Die Hülse trägt an ihrem hinteren Ende drei Kontakte, die im Inneren der Hülse mit den Zuleitungen des Meßwerkes fest verbunden sind.

Durch die Anordnung des Kernmagneten in einem Eisenmantel wird eine Beeinflussung von in der Nähe befindlichen Kompassen abgeschirmt und praktisch ausgeschaltet. Die Anschlüsse für die Übertragungsleitungen vom Geber sind an dem Gehäuse angebracht, das mehrere Meßwerke zu einem Mehrfachgerät vereinigt.

c) Einbau

Hinsichtlich des örtlichen Einbaues gelten für die elektrischen Temperaturmesser die gleichen Gesichtspunkte wie für die Geräte mit einer mechanischen Arbeitsweise. Es sind die im Abschn. 1 c) angeführten Richtlinien auch an dieser Stelle gültig.

Die **Gebegeräte** werden an der jeweiligen Meßstelle in Rohrleitungen oder Behältern mit ihren Verschraubungen und Dichtungen flüssigkeitsdicht befestigt. In ihrem konstruktiven Aufbau sind die Geber so widerstandsfähig, daß sie auch ohne besondere Lagerung gegen die stärksten Erschütterungen, die im Betrieb auftreten können, **unempfindlich** sind. Bei dem Einbau muß darauf geachtet werden, die Anschlüsse für die Stecker der zugehörigen Übertragungsleitung zugänglich zu halten, um die bei der Wartung erforderlichen Prüfungen einwandfrei durchführen zu können.

Die **Anzeigegeräte** erfordern eine erschütterungsfreie Lagerung durch Einbau in ein **federnd** aufgehängtes Gerätebrett oder Verwendung gleichwertiger Befestigungselemente. Wie aus Abschn. b) Beschreibung hervorgeht, sind die Temperatur-Anzeigegeräte die gleichen wie bei den elektrischen Druck- oder Vorratsmessern; sinngemäß sind daher auch die Erläuterungen für deren Einbau gültig. Es sei hierzu auf die Abschnitte II und III c) verwiesen.

d) Wartung

Da die elektrischen Temperaturmesser sowohl in der Arbeitsweise als auch in der baulichen Gestaltung einerseits den elektrischen Druck- und Vorratsmessern, andererseits den mechanischen Temperatur-Meßgeräten entsprechen, sind die gleichen Richtlinien für ihre Wartung maßgebend, die für die vorgenannten Geräte näher erläutert wurden. Es sei auf die Abschnitte II und III d) verwiesen und ebenso auf die BVF (Bauvorschriften für Flugzeuge), in denen die allgemeinen Vorschriften über die Ausrüstung für die Wartung der Geräte beachtenswerte Hinweise geben (s. auch die TS-Lehrblätter der Luftwaffe über Gerätewartung).

4. Thermoelektrische Temperaturmesser

a) Arbeitsweise

Im einleitenden Abschnitt „Grundsätzliches“ ist bereits kurz erläutert, daß durch die Erwärmung der Zusammenschlußstelle von zwei verschiedenen Metallen gegenüber einer kalten Zusammenschlußstelle ein Stromfluß hervorgerufen wird. Um diese elektromotorische **Kraft**[163]) (EMK) zu erzeugen, verwendet man Drähte verschiedener Werkstoffarten, insbesondere Eisen oder Kupfer zusammen mit Konstantan[164]). Für eine **Daueranzeige** von **Zylindertemperaturmessungen** im Flugzeug wird **Eisen-Konstantandraht** bevorzugt. Die Zusammenschlußstelle der Drähte an der Meßstelle, sie wird durch Verschweißen oder eine mechanische Verbindung (Verschraubung, Nietung) hergestellt, bezeichnet man als **Thermoelement** oder auch als **Pyrometer**[165]). Das Thermoelement wird entweder unter der Zündkerze des Zylinders oder bei Zylinderfußtemperaturmessungen unter einer Befestigungsschraube des Zylinderfußes befestigt, wenn am Motor nicht Meßstellen vorgesehen sind, für die besondere Thermoelemente entwickelt wurden (s. unter Beschreibung).

Die Spannung des durch die Wärmeeinwirkung hervorgerufenen Stromes, die im gleichen Verhältnis zum Anstieg des Temperaturunterschiedes zwischen den beiden Zusammenschlußstellen anwächst, wird mit einem **Millivoltmeter** gemessen. Es handelt sich also um verhältnismäßig kleine elektrische Werte (1 Millivolt = $^1/_{1000}$ Volt). Das Anzeige- oder Meßgerät ist ein einfaches Drehspulgerät, das in dem Stromkreis die kalte Zusammenschlußstelle bildet. Die thermoelektrische Temperaturmeßanlage ist den elektrischen Ferntemperaturmessern, wie sie im vorhergehenden Abschnitt beschrieben sind, äußerlich gleichwertig. Sie

---

[163]) Sie wird als Seebeck-Effekt (1821) bezeichnet.

[164]) Konstantan ist eine Eisen-Nickel-Legierung, deren elektrischer Widerstand innerhalb gewisser Temperaturbereiche von der Temperatur unabhängig ist.

[165]) Pyrometer = Hitzemesser für hohe Temperaturen.

besteht aus dem Geber (Thermoelement), der Übertragungsleitung (Eisen-Konstantan-Kompensationsleitung) und dem Anzeigegerät (Drehspulgerät).

Vom **Geber** fließt der Strom über die Kompensations- oder Ausgleichsleitung zum **Anzeigegerät.** Das Meßwerk dieses Gerätes besteht aus einem ringartigen Dauermagneten, zwischen dessen halbkreisförmig ausgebildeten Polenden ein Weicheisenkern befestigt ist. In dem gleichmäßigen Luftspalt, d. h. in dem gleichmäßigen (homogenen) magnetischen Feld, das zwischen dem Kern und den Polen gebildet wird, bewegt sich

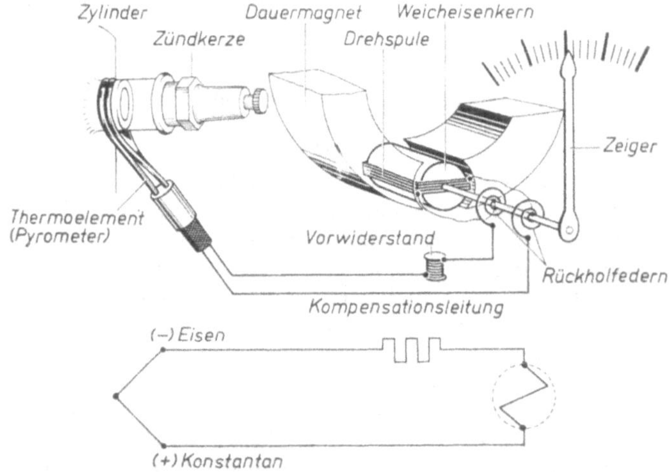

Abb. 82. Arbeitsweise und Schaltschema eines thermoelektrischen Temperaturmessers mit einem Drehspulanzeigegerat. (Die Kennzeichnung der Polaritat (±) ist den neuen Erkenntnissen, daß der Strom von Minus nach Plus fließt, angepaßt. Die Bezeichnung auf den Geraten ist nach der alten Kennzeichnung umgekehrt)

eine einfache Drehspule um einen Winkel von etwa 90°; an ihrer Vorderseite ist der Zeiger befestigt. Von der Übertragungsleitung aus wird der Strom über eine Zuführungs- und Rückholfeder durch die Drehspule geleitet und geht über eine zweite Feder zum Geber zurück. Der durchfließende Strom erzeugt eine Drehkraft in der Spule, so daß diese gegen die Kraft der beiden Rückholfedern ausschlägt, bis die Größe der beiden gegeneinander wirkenden Drehmomente von der Spule und den Federn gleich ist und der Zeiger stillsteht (Abb. 82). Mit wachsender Temperatur, d. h. steigender Spannung, wächst auch die Drehkraft und somit der Ausschlag der Spule, und bei entsprechender Eichung wird damit die Temperatur angezeigt. Dabei ergibt die Anzeige nach dem bereits erwähnten verhältnisgleichen (proportionalen) Anstieg von Spannung und Temperatur einen gleichmäßigen (linearen) Verlauf. Für die **Justierung** des Gerätes dient ein im Anzeiger angebrachter Vorwiderstand.

Beachte, daß bei dieser Arbeitsweise ein einfaches Drehspulmeßwerk verwendet werden kann, bei dem das Drehmoment der Spule durch eine mechanische Feder gewogen wird. Dies ist möglich, da für den Strom keine von Spannungsschwankungen beeinflußte fremde Stromquelle benötigt wird. Vgl. die Beschreibung der Arbeitsweise des elektrischen Druckmessers nach der Brückenkreuzspulschaltung Bauart Siemens Abschn. II 4 a).

Aus den vorstehenden Erläuterungen ergibt sich, daß die geschilderte Meßanlage den Temperaturunterschied zwischen der warmen und der kalten Zusammenschlußstelle anzeigt. Für eine Triebwerküberwachung ist jedoch nur der absolute Wert der Zylindertemperatur von Bedeutung. Die kalte Verbindungsstelle ist der Temperatur der umgebenden Luft ausgesetzt, die je nach den Umständen bis zu etwa 70^0 und mehr im Flugbetrieb schwanken kann. Die erwünschte abzulesende Zylindertemperatur wird dadurch von Fall zu Fall wesentlich gefälscht, denn der angezeigte Wert müßte für eine richtige Ablesung in jedem Fall um den Temperaturwert der kalten Zusammenschlußstelle erhöht, bzw. vermindert werden, wenn die kalte Verbindungsstelle unter 0^0 liegt. Bei stationären Meßanlagen oder auch bei Versuchsgeräten im Flugzeug wird dieser Anzeigefehler dadurch ausgeglichen, daß man die kalte Zusammenschlußstelle auf konstanter Temperatur hält, z. B. durch eine **Thermosflasche,** einen Thermostaten[166]), durch Parallelwiderstände usw., und erst dann das Meßgerät mit normalen Kupferleitungen anschließt. Für eine Daueranzeige sind solche Einrichtungen einerseits zu umständlich, andererseits aus Raum- und Gewichtsgründen unerwünscht.

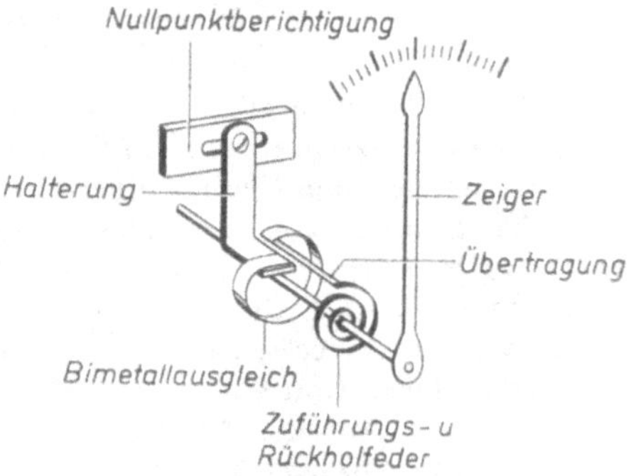

Abb. 83.
Schematische Darstellung der Bimetall-Temperatur-Kompensationseinrichtung für Anzeigegeräte

Bei der behandelten Arbeitsweise für ein Gerät im Dauerflugbetrieb ist der **Anzeiger** gleichzeitig die **kalte Zusammenschlußstelle.** Um den erwähnten Meßfehler auszuschalten, muß daher das Anzeigegerät eine Kompensationseinrichtung besitzen, die den Zeiger um den Temperaturwert der umgebenden Luft mehr (oder weniger bei Temperaturen unter Null) anzeigen läßt. Hierfür verwendet man einen Bimetallausgleich, der bei der **Temperaturkompensation** von Flugzeuggeräten, wie aus den verschiedenen Abschnitten hervorgeht, eine wesentliche Rolle spielt.

In Abb. 83 ist eine solche Bimetall-Temperaturkompensation als Beispiel schematisch dargestellt. Konzentrisch zur Achse des Zeigers ist an einer Halterung ein spiralförmig gebogener Bimetallstreifen angе-

[166]) Wärmeregler.

bracht. An ihm ist mit einer Übertragung die Zuführungs- und Rückholfeder, die den Zeiger in seiner Nullage hält, befestigt. Bei einer Temperaturbeeinflussung über oder unter 0^0 krümmt sich der aus zweierlei Metall bestehende Bimetallausgleich, so daß durch die Übertragung der Festpunkt der Rückholfeder zentrisch nach außen oder innen verschoben wird. Dadurch wird der Zeiger nach links oder rechts bewegt und zeigt bei entsprechender Gestaltung des Bimetallausgleiches die auf das Anzeigegerät wirkende Temperatur an, wenn zwischen heißer (Thermoelement) und kalter Zusammenschlußstelle (Anzeigegerät) kein Temperaturunterschied, d. h. kein Stromfluß besteht. Der Bimetallausgleich bewirkt also, daß der Zeiger ständig eine von der Umgebungstemperatur abhängige Ausgangsstellung einnimmt. Folgerichtig muß dann bei einer Erwärmung des Thermoelementes die absolute Temperatur der Meßstelle angezeigt werden. Eine Klemmvorrichtung dient zum Justieren des Bimetallstreifens.

Die Bimetall-Temperaturkompensations-Einrichtungen von Geräten verschiedener Herstellung sind in ihrer Arbeitsweise grundsätzlich ähnlich und unterscheiden sich nur durch die bauliche Gestaltung. Dies gilt im gleichen Sinne für die allgemeine Arbeitsweise der thermoelektrischen Temperaturmesser verschiedener Herstellung, so daß die vorstehende Beschreibung für alle Geräte gültig ist. Wesentliche Unterschiede bestehen, wie bereits erläutert, gegebenenfalls bei Versuchsgeraten, die durch zusätzliche Einrichtungen auf höchste Anzeigegenauigkeit gebracht werden. Auf die Nachteile der Arbeitsweise, die durch eine unvermeidliche Anzeigeträgheit gekennzeichnet werden, ist bereits im einführenden Abschnitt hingewiesen.

b) Beschreibung

Die **Geber** der thermoelektrischen Temperaturmesser werden, wie in der Beschreibung der Arbeitsweise angedeutet, in verschiedenen Ausführungen hergestellt, entweder als **Ringthermoelement** (auch als Zündkerzenpyrometer bezeichnet) oder als **Einschraubthermoelement** (auch als Einschraubpyrometer bezeichnet). Geber verschiedener Herstellung sind sich bis auf unwesentliche Äußerlichkeiten ähnlich. Das Ringthermoelement besteht aus zwei mechanisch oder durch Verschweißung verbundenen Ringen, an denen die Eisen-Konstantankompensationsleitung mit Schrauben angeklemmt wird. Eine andere Ausführung hat einen Ring, an den die Drähte der Übertragungsleitung angeschweißt werden. Bei dem Einschraubthermoelement werden die beiden Enden der Eisen-Konstantan-Drähte in einer Schraubhülse zusammengefaßt und mit einem festsitzenden Sechskant an der Meßstelle eingeschraubt. Eine aus Asbest oder gleichwertigem Werkstoff bestehende Umhüllung dient als Isolierung der einzelnen Drähte und ein Metallgewebeschlauch als Schutz gegen mechanische Beschädigungen der doppeladrigen

Leitung. Die Geber sind in ihrem Aufbau so einfach, daß von einer Schnittdarstellung Abstand genommen und nur ein einfaches äußeres Bild wiedergegeben ist (Abb. 84).

Die **Anzeigegeräte** verschiedener Herstellung sind sich auf Grund der gleichen Arbeitsweise in ihrer baulichen Gestaltung ebenfalls ähnlich. Es ist daher nur ein Gerätemuster in einer Schnittzeichnung wiedergegeben. Das aus Preßstoff oder Leichtmetall hergestellte Gehäuse ist auf der Vorderseite durch eine fest eingebaute Glasscheibe abgeschlossen und hat eine große hintere Öffnung, in die das auf einem Sockel (Grundplatte) befestigte Meßwerk eingeführt wird. Der Sockel ist entweder für die Aufnahme der Steckdose von der Übertragungsleitung buchsenförmig ausgespart oder mit Schraubanschlüssen für die Leitung versehen. Ein federnder Bügel dient bei Anwendung einer Steckdose für ihre betriebssichere Halterung.

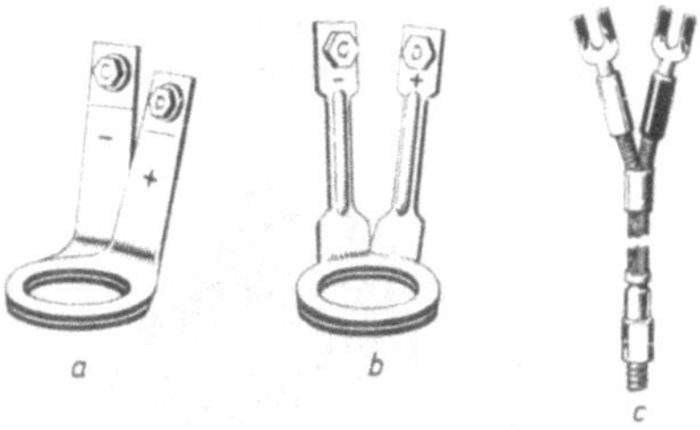

Abb. 84
Thermoelemente verschiedener Bauarten.
a) und b) Ring- oder Zundkerzenthermoelemente,
c) Einschraubthermoelement

Der für die Erzeugung des magnetischen Feldes zwischen den Polenden des ringförmigen Dauermagneten gelagerte Weicheisenkern dient gleichzeitig als Drehlager für die Spule, an deren Vorderseite der gewichts-

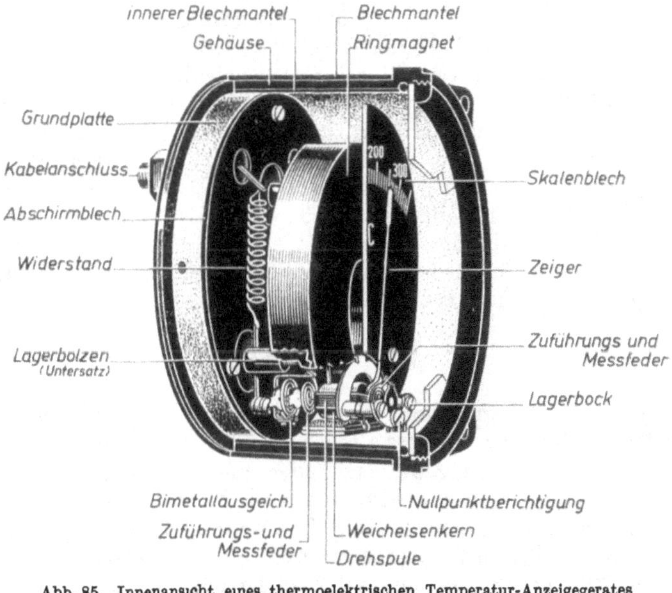

Abb. 85. Innenansicht eines thermoelektrischen Temperatur-Anzeigegerates (Drehspulanzeiger, Bauart Gossen)

ausgeglichene (massenausgeglichene) Zeiger befestigt ist Ein an der Vorderseite des Magneten angeschraubter Lagerbock trägt die eine Übertragungs- und Meßfeder. Die zweite Meßfeder ist an einem auf der Rückseite des Magneten angebrachten Lagerbock befestigt; er trägt gleichzeitig den in Spiralform gebogenen Bimetallstreifen, der an einer Halterung durch eine Schraubklemme befestigt ist. Die Befestigung der doppeladrigen Übertragungs- oder Kompensationsleitung erfolgt bei dem in Abb. 85 dargestellten Gerät durch Verschraubung. Für die Eichung des Meßwerkes ist in die eine Zuführung vom Leitungsanschluß zur Drehspule ein als Spirale ausgebildeter Widerstand zwischengeschaltet. Um die Beeinflussung von in der Nähe befindlichen Kompassen zu kompensieren ist über das Gehäuse zusätzlich ein Eisenblechmantel geschoben und durch Verschraubung befestigt. Für den gleichen Zweck ist auch die Innenwand des Gehäuses mit einem Blechmantel ausgestattet und das Meßwerk auf der Rückseite mit einer Abschirmplatte versehen.

Abb. 86. Umschalter für die wahlweise Anzeige mehrerer Meßstellen bei einer Zylinder-Temperatur-Meßanlage

Für die Überwachung von **zwei Meßstellen** werden die Anzeigegeräte mit einem **Umschaltknopf** gebaut, durch den wahlweise die gewünschte Meßstelle in der gleichen Art angezeigt wird, wie dies bei den ähnlichen Geräten für die Widerstandstemperaturmeßanlagen der Fall ist (s. unter 3 b und Abb. 79 sowie die Gerätemusterblätter im III. Teil des Buches). Soll die Temperatur mehrerer Meßstellen auf ein Anzeigegerät übertragen werden, so verwendet man hierfür einen Umschalter, wie er in ähnlicher Ausführung für die verschiedensten elektrischen Meßanlagen eingebaut wird (vgl. Abschn. III 3 b und Abb. 69). Wegen seines grundsätzlich einfachen Aufbaues ist von einer Schnittzeichnung des Schalters Abstand genommen und nur eine Außenansicht wiedergegeben (Abb. 86).

c) Einbau

Der Einbau der Thermoelemente ist von ihrer Form und der jeweiligen Meßstelle abhängig. Bei der Beschreibung wurde bereits angeführt, daß der Geber unter der Zündkerze oder einer Befestigungsschraube des Zylinderfußes angebracht wird. Motoren, bei denen eine Zylindertemperaturüberwachung zweckmäßig ist, werden meistens von vornherein vom Hersteller mit besonderen Meßstellen versehen. Sie werden sowohl am **Zylinderkopf** als auch am **Zylinderfuß** angebracht und vielfach so ausgebildet, daß für die jeweilige Meßstelle ein Einschraubthermoelement bevorzugt verwendet werden kann.

Zylindertemperaturmessungen werden als unmittelbare Temperaturüberwachung im **Dauerflugbetrieb** nur an **luftgekühlten Motoren** durchgeführt. Es werden dann nicht samtliche Zylinder vermessen, sondern nur ein oder zwei Zylinder, die der größten Erhitzung ausgesetzt sind[167]. In den meisten Fällen handelt es sich bei der fraglichen Meßstelle um die Umgebung der im Windschatten der Kühlluft liegenden Zündkerze der Auspuffseite (**Auslaßkerze,** s. hierzu auch Bd. 8, Abschn. VIII). Das Thermoelement wird, wie durch seine Bauart bedingt, an der Meßstelle fest verschraubt und gegen **Festfressen** des Einschraubgewindes gegebenenfalls mit **Graphit** oder einem gleichwertigen Mittel geschützt.

Für das Anzeigegerät der thermoelektrischen Temperaturmeßanlage sind sowohl für die örtliche Unterbringung als auch den erschütterungsfreien Einbau die gleichen Gesichtspunkte und Richtlinien maßgebend wie für alle anderen elektrischen Temperaturanzeiger. Sofern durch einen Umschalter mehrere Meßstellen auf einem Anzeigegerät wahlweise angezeigt werden, wird der **Umschalter** in unmittelbarer Nähe des Anzeigegerätes eingebaut. Bediengriff und Ablesemöglichkeit sollen in einer Richtung liegen, um damit die Temperaturüberwachung offensichtlich zu erleichtern. Der Umschalter wird, abgesehen von einer Unterbringung im federnd aufgehängten Gerätebrett, **fest** eingebaut. Für die Verlegung der Leitung gelten die allgemeinen behördlichen Vorschriften (s. d. BVF).

d) Wartung

Unter Berücksichtigung der unter 3 d) gebrachten Hinweise, die sinngemäß für die Wartung von thermoelektrischen Temperaturmessern anzuwenden sind, genügen an dieser Stelle einige ergänzende Erläuterungen. Die Güte der Anzeige wird bei dem behandelten Gerät zusätzlich durch die bauliche Gestaltung der Arbeitsweise, sowie den Geber und seinen Einbau beeinflußt.

Die **Bimetall-Temperaturkompensation** der Anzeige, die wie geschildert von der umgebenden Lufttemperatur abhängig ist, weist unvermeidliche **Mängel** auf, so daß für die Anzeigegenauigkeit **Toleranzen** bis zu 3% des Skalenendwertes in Kauf genommen werden müssen. Das sind Anzeigefehler, die gegebenenfalls etwa 10° C betragen können. Ganz abgesehen davon, daß solche Anzeigeunstimmigkeiten unerwünscht sind, muß die Temperaturüberwachung auch von allgemeinen Gesichtspunkten aus betrachtet werden. Die Kühleinrichtung eines zugelassenen Flugzeuges ist behördlich geprüft und grundsätzlich ausreichend; eine Zylindertemperaturüberwachung luftgekühlter Motoren bezieht sich daher im wesentlichen auf die Überwachung der **höchstzulässigen** Werte,

---

[167]) Bei Versuchen werden an entsprechenden Meßstellen auch Auspufftemperaturen oder andere der Hitze besonders ausgesetzte Stellen vermessen.

für die Toleranzen in gewissen Grenzen tragbar sind. Dies ist um so eher möglich, weil in solchen Fällen die für die optimale Leistung erforderliche Triebwerkregulierung zusätzlich durch die laufende Schmierstoff-Temperaturüberwachung mit bestimmt wird. Bei der innerhalb der Wartung unerläßlichen ständigen Prüfung einer einwandfreien Anzeige müssen diese Verhältnisse berücksichtigt werden.

Anzeigefehler können fernerhin durch den **Geber** hervorgerufen werden. Bei einer mechanischen Verbindung der Zusammenschlußstelle sind **Korrosionserscheinungen** möglich, so daß dadurch der metallische Übergang und damit die Anzeige gestört wird. Lose oder unzureichende Befestigung des Thermoelementes ergibt eine mangelhafte Wärmeübertragung an der Meßstelle und damit eine zu niedrige Anzeige. Bei solchen Anzeigemängeln muß daher stets der Geber auf festen Sitz und einwandfreie äußere Beschaffenheit untersucht werden. Diese Richtlinien gelten auch für die Lagerung der Geräte (Feuchtigkeits- und Säureschutz).

5. Mehrfachtemperaturmesser

a) Arbeitsweise

Die Arbeitsweisen der **mechanischen** Mehrfachtemperaturmesser sind die gleichen wie bei den Einfachgeräten, d. h.

Ausdehnungs-Mehrfachtemperaturmesser,
Dampfdruck-Mehrfachtemperaturmesser.

Auch die jeweils bauliche Gestaltung der Arbeitsweise bleibt unverändert bestehen. Es werden für die Temperaturüberwachung mit mechanischer Arbeitsweise nur **Zweifachgeräte** verwendet, für die man jeweils zwei getrennte Geber benötigt. Die an und für sich getrennten Meßwerke werden auf einer Grundplatte vereinigt und arbeiten konzentrisch mit einer Doppelachse (eine Vollachse, eine Hohlachse), so daß die beiden Zeiger auf einer gemeinsamen Anzeigeskala mit etwa 270° Umlauf anzeigen[168]). Es handelt sich also um die gleiche Arbeitsweise wie bei den Mehrfachdruckmessern (s. unter Abschn. II 5).

Auch die **elektrischen Mehrfachtemperaturmesser** weisen die gleichen Arbeitsweisen wie die Einfachgeräte auf. Im gleichen Sinne wie für die mechanischen Geräte werden für sie getrennt arbeitende Geber benötigt. Die zurzeit gebräuchlichen elektrischen Mehrfachtemperaturmesser arbeiten entweder nach der **Brücken-Kreuzspulschaltung** Bauart Siemens oder der **Brücken-Drehspulschaltung** von Patin, die bei den Einfachgeräten bereits näher beschrieben sind. Neben diesen beiden elektrischen Temperaturmessern sind keine weiteren Mehrfach-Anzeigegeräte im Gebrauch. Sofern mehrere Meßstellen mit einem Einfachgerät

---

[168]) Beide Zeiger laufen mit dem Uhrzeigersinn (mul), s. d. Geratemusterblätter im III. Teil d. Buches.

angezeigt werden sollen, verwendet man **Umschalter,** wie dies insbesondere bei den thermoelektrischen Meßanlagen der Fall ist (s. unter 3 b) und 4 b).

b) Beschreibung

Die **Geber** der Mehrfach-Ausdehnungs- und Dampfdrucktemperaturmesser sind bereits unter 1 und 2 b) beschrieben; es werden jeweils zwei Wärmefühler mit dem Zweifachanzeiger durch zwei Übertragungsleitungen untrennbar verbunden (s. auch die Gerätemusterblätter im III. Teil des Bandes). Das **Anzeigegerät** entspricht für beide Arbeitsweisen dem Doppeldruckmesser, so daß die im Abschn. II 5 b) wiedergegebene Abb. 48 und die zugehörige Beschreibung unverändert für die Temperaturanzeigegeräte gültig ist. Eine weitere Erläuterung erübrigt sich.

Die **elektrischen Mehrfachanzeigegeräte** werden als **Vierfachanzeiger** gebaut. Man vereinigt entweder Schmierstoff- und Kühlstofftemperaturmessungen oder Temperatur- und Druckmessungen in einem Gerät, wie dies bereits im Abschn. II 5 angeführt wurde. Bei der Siemens-Schaltung werden die Spulensysteme in einem Ringmagneten vereinigt, während bei der Patin-Schaltung vier einzelne Meßwerke durch die Grundplatte und das gemeinsame Gehäuse zu einem Gerät zusammengefügt werden. Durch die gleichartige Schaltung bzw. Arbeitsweise für Temperatur- und Druckmessung ergibt sich auch die gleiche Bauart, die in ihrer grundsätzlichen Gestaltung für Einfach- und Mehrfachgeräte gültig ist. Die Abschnitte II 5 b) und IV 3 b) enthalten die zugehörigen Erläuterungen und Abbildungen.

c) Einbau

Für den Einbau sind die gleichen Gesichtspunkte maßgebend wie für die Mehrfachdruckmesser und die Einfachgeräte mit gleichartigen Arbeitsweisen.

d) Wartung

Abgesehen von der natürlichen Vermehrung der Fehlermöglichkeiten durch die mehrfache Meßanlage sind die Richtlinien für die Wartung die gleichen wie für die Einfachgeräte; besondere Erläuterungen erübrigen sich.

V. Kraftstoffverbrauchsmesser

Grundsätzliches

Der vom Triebwerk benötigte Betriebsstoff spielt für die Leistungsfähigkeit eines Flugzeuges, insbesondere für die Flugweite oder Flugstrecke[169]) eine ausschlaggebende Rolle. Unter Berücksichtigung eines

[169]) s. Bd. 4, Abschn. IX.

höchstzulässigen Fluggewichtes bestimmt in erster Linie die für eine Flugaufgabe mitzuführende Kraftstoffmenge in Abhängigkeit vom spezifischen Verbrauch des Motors neben anderen Werten auch die Größe der restlichen Zuladung. Es ist daher natürlich, daß man von jeher bestrebt ist, den Kraftstoffverbrauch mit den verschiedensten Hilfsmitteln im Verhältnis zur Leistung des Motors so niedrig wie möglich zu halten. Hierzu gehört auch eine entsprechende Bedienung des Motors, einerseits durch die Drosselung, andererseits durch die richtige Einstellung vorhandener Sparvorrichtungen.

Je nach den technischen Einrichtungen des Triebwerkes kann die einwandfreie Regulierung eines optimalen oder für die betreffende Flugaufgabe wirtschaftlichen Kraftstoffverbrauches mit Hilfe der Drehzahl und zusätzlich durch die Differenz- und Ladedruckanzeige ausreichend überwacht werden. Mit der standigen Steigerung der Leistungen und dem damit verbundenen Anwachsen der technischen Einrichtungen[170]) reicht bei verschiedenen Motorenmustern jedoch diese Überwachung allein nicht immer aus, und man ist in neuerer Zeit dazu übergegangen, den **spezifischen Kraftstoffverbrauch** in Litern je Stunde (l/h) unmittelbar durch eine laufende Messung zu überprüfen.

Der Kraftstoffverbrauch wird nicht nur bei dem jeweiligen Motorenmuster, sondern auch bei dem einzelnen Stück innerhalb der behördlichen **Stückprüfung** auf der Bremse gemessen und im **Betriebstüchtigkeitsschein** vermerkt. Darüber hinaus wird er zusätzlich für die verschiedenen Flugzeugmuster ermittelt und in besonderen Fällen im Flugversuch für bestimmte Flugzeugstücke und Aufgaben festgestellt[171]). Man verwendet für diese Untersuchungen u. a. Mengenmesser (s. den Seppeler-Stichprober, Bd. 8), bei denen der Verbrauch einer festgelegten Betriebsstoffmenge zeitlich abgestoppt wird. Der Kraftstoffverbrauch in Abhängigkeit von der Fluggeschwindigkeit[172]) ist dabei das Ergebnis einer Berechnung. Für den normalen Flugbetrieb sind solche Verfahren und Meßanlagen zu umständlich und aus Raum- und Gewichtsgründen ungeeignet. Die Entwicklung hat daher zu besonderen Geräten für eine Daueranzeige des spezifischen Verbrauches geführt.

Betrachtet man die neu entwickelten Flugzeuggeräte, so wird man feststellen können, daß die **elektrischen Arbeitsweisen** zumal bei den Triebwerküberwachungsgeräten im **Vordergrund** stehen. Es gibt kein Flugzeug, das nicht eine elektrische Kraftquelle besitzt, die bereits allein für die behördlich vorgeschriebene Lichterführung[173]) erforderlich ist. Ganz abgesehen davon, daß auch hierdurch die Entwicklung der verschiedenen Überwachungsgeräte beeinflußt wurde, waren vor allem

---

[170]) Hierzu gehören auch Verstelluftschrauben.

[171]) s. Bd. 8, Abschn. VII.

[172]) Der Verbrauch wird je nach den benötigten Unterlagen auf den Kilometer-Flugweg oder auch mit auf das Fluggewicht bezogen (s. auch Bd. 4, Abschn. IX).

[173]) s. das LVG = Luftverkehrsgesetz und seine Ausführungsbestimmungen.

die günstigen Erfahrungen mit elektrischen Fernmeßanlagen für die Daueranzeige und die bereits im Abschn. II 4 c) skizzierten Gesichtspunkte richtunggebend für die Gestaltung des Kraftstoffverbrauchsmessers. Heute ist allein der Kraftstoffverbrauchsmesser mit einer elektrischen Arbeitsweise für die Daueranzeige im Gebrauch, und Geräte anderer Bauart sind von ihm verdrängt worden.

Grundlegend für die Art der Arbeitsweise des Gerätes ist die Arbeitsweise des Motors. Die neuzeitlichen Motoren arbeiten entweder mit einem Vergaser oder nach dem Einspritzverfahren; dementsprechend gibt es

1. Kraftstoffverbrauchsmesser für Vergasermotoren,
2. Kraftstoffverbrauchsmesser für Einspritzmotoren.

Bei einem **Vergasermotor** wird die Zufuhr des von der Pumpe geförderten Kraftstoffes nach den Zylindern vom Vergaser gesteuert[174]), der nicht mehr Betriebsstoff aufnimmt, als für die Vergaserdrosselung benötigt wird. Überschüssige Mengen werden bereits an der Pumpe zurückgeführt bzw. aufgehalten, so daß in der Leitung zwischen Pumpe und Vergaser ein stetiger Kraftstofffluß herrscht, der den Gesamtverbrauch des Motors in jedem Augenblick genau kennzeichnet. Die geeignete Grundlage für eine Messung ist durch diesen gleichmäßigen Betriebsstoffstrom gegeben. In die Leitung zwischen Pumpe und Vergaser wird eine federgefesselte **Stauscheibe** eingesetzt, gegen die der Kraftstoff strömt. Abhängig von der Stärke der Strömung wird die Stellung der Scheibe beeinflußt und ihre Bewegung mit einer Fernubertragung auf ein **elektrisches Anzeigegerät** übertragen. Der Kraftstoffverbrauchsmesser ist daher ein **Fernmeßgerät,** das aus **Geber** und **Anzeiger** besteht und für praktisch beliebig große Entfernungen im Flugzeug eingesetzt werden kann.

Bei einem **Einspritzmotor** wird der Kraftstoff, gleichgültig ob es sich um Schwer- oder Leichtölmotoren handelt, in die Zylinder mit mehreren Pumpen eingespritzt[175]). Die Bauweise der Motoren erfordert es, daß jeder Zylinder des Motors eine eigene Einspritzanlage besitzt. Aus Gründen einer gleichmäßigen Beanspruchung des Motors in Abhängigkeit von einer gleichmäßigen Leistung aller Zylinder, muß offensichtlich jede einzelne Pumpenanlage die stets gleiche Menge Kraftstoff dem zugehörigen Zylinder zuführen. Jede Einspritzpumpe ist daher ein Werkstück äußerster Präzision und der an einer Pumpe gemessene Kraftstoffverbrauch für alle Pumpen ohne Unterschied derselbe. Diese Erkenntnis bildet die Grundlage für die Arbeitsweise der elektrischen Kraftstoffverbrauchsmesser für Einspritzmotoren.

Die Regulierung der Motordrehzahl, d. h. der Motorleistung, erfolgt beim Einspritzmotor u. a. durch Drosselung der eingespritzten Kraftstoffmenge. Zu diesem Zweck wird die Lage eines entsprechend ge-

---

[174]) s. Bd. 5. [175]) s. Bd. 5.

formten Pumpenstempels, der von einer Nockenwelle angetrieben den Kraftstoff in den Zylinder drückt, zum feststehenden Pumpengehäuse willkürlich verstellt. Hierzu dient eine vom Flugzeugführer mit dem Gasgestänge betätigte **Regelstange,** so daß ihre auf einen Festpunkt bezogene Stellung ein Maß für die jeweils eingespritzte, d. h. verbrauchte Kraftstoffmenge darstellt.

Die Stellung bzw. Bewegung der Regelstange wird zur Steuerung eines vom Motor mit einem **Generator** erzeugten **Wechselstromes** verwertet; er ist von der Drehzahl des Motors abhängig[176]). Man spricht bei dieser Arbeitsweise von einer **multiplikativen Messung,** bei der die auf Liter je Stunde (spezifischer Kraftstoffverbrauch l/h[177]) geeichte Anzeige durch ein **Drehspul-Ampèremeter** (Stromstärkemesser) erfolgt. Der elektrische Kraftstoffverbrauchsmesser für Einspritzmotoren ist eine Fernmeßanlage bestehend aus Geber, Zuleitungen und Anzeigegerät mit einem eigenen Stromerzeuger, im Gegensatz zum vorher angeführten Kraftstoffverbrauchsmesser, für den eine fremde Stromquelle (Gleichstrom) verwendet wird.

Die Überwachung des spezifischen Kraftstromverbrauches hat mit der Entwicklung des Luftverkehrs, insbesondere des Militär-Luftverkehrs, immer mehr an Bedeutung gewonnen. Der regelmäßige Zivilluftverkehr ist an zeitlich und längenmäßig festgelegte Flugstrecken gebunden, während die militärische Flugaufgabe von den verschiedensten Faktoren, vor allem taktischer Natur, beeinflußt wird. Die Militärflugzeugbesatzung muß in jedem Augenblick ihre Entscheidungen auch danach einstellen, neben der Erfüllung einer befohlenen Aufgabe das Flugzeug nach einem bestimmten Heimathafen zurückbringen zu können. Dabei gibt offensichtlich der jeweilige Kraftstoffverbrauch unter Berücksichtigung der vorhandenen Menge den Ausschlag und bildet die Grundlage für eine navigatorische Berechnung der möglichen Rest-Flugstrecke. Der Kraftstoffverbrauchsmesser ist daher zu einem unentbehrlichen Gerät geworden, das außer der Überwachung einer wirtschaftlichen Flugzeugführung die planvolle Erfüllung bestimmter Aufgaben wesentlich erleichtern hilft. In diesem Sinne wird das Gerät auch mit dem weiteren Ausbau des zivilen Luftverkehrs über große Strecken an Bedeutung zunehmen.

---

[176]) s. hierzu auch Abschn. I 3a).

[177]) Die Dimensionierung des spezifischen Kraftstoffverbrauches richtet sich danach, auf welche Einheit der Verbrauch bezogen wird. Im allgemeinen versteht man unter dieser Bezeichnung den Verbrauch in Gramm je Pferdestärke und Stunde (gr/Ps/h), s. auch Bd. 4, Abschn. IX.

1. Kraftstoffverbrauchsmesser für Vergasermotoren

a) Arbeitsweise

Für die Arbeitsweise des Kraftstoffverbrauchsmessers für Vergasermotoren werden drei einzelne Geräte benötigt:

der Entlüfter,
der Geber,
der Anzeiger.

Wie im vorhergehenden Abschnitt erläutert, wird der Kraftstoffverbrauch **zwischen** der **Pumpe** und dem **Vergaser** gemessen. Von der Kraftstoffpumpe wird der Kraftstoff zuerst in den **Entlüfter** geleitet, der dafür sorgt, daß der Meßstelle ein von Luftbläschen freier Betriebsstoff zugeführt wird. Dies ist für eine einwandfreie Messung unerläßlich, wenn eine Gewähr für fehlerfreie Anzeigewerte bestehen soll. In dem Entlüfter steigen die im Kraftstoff enthaltenen Luftblasen nach oben und sammeln sich in der Gehäuseglocke. Mit dem Anwachsen der Luftmenge wird der Kraftstoff verdrängt, d. h. der Flüssigkeitsspiegel sinkt und mit ihm ein ringförmig ausgebildeter **Schwimmer.** An dem Schwimmer ist ein Ventil befestigt, das nur von einer bestimmten Schwimmerstellung an in Abhängigkeit von der Höhe des Kraftstoffspiegels geschlossen ist. Wenn der Schwimmer mit größer werdender Luftmenge zusammen mit der Kraftstoffoberfläche sinkt, öffnet sich das Ventil. Die Luft entweicht über eine Entlüftungsleitung und der Inhalt des Entlüfters steigt dann wieder an. Auf diese Weise erfolgt eine automatisch gesteuerte Entlüftung des Kraftstoffes (Abb. 87).

Vom Entlüfter fließt der Kraftstoff in das **Gebegerät** und strömt hier gegen eine im konischen Mundstück des Gehäuses beweglich angebrachte **Stauscheibe.** Diese Scheibe ist durch eine Achse mit einem Schwimmer verbunden, der — im umströmenden Kraftstoff schwimmend — durch seinen Auftrieb das Gewicht der beweglichen Teile ausgleicht (Massenausgleich) und somit die Einwirkung von Beschleunigungskräften (Kurve, Böen usw.), die eine einwandfreie Anzeige beeinflussen können, von vornherein ausschaltet. Am anderen Ende der Achse ist ein kleiner Kolben befestigt, der zwangsläufig mit der **Stauscheibe** bewegt wird. Der Kolben gleitet in einem mit Kraftstoff gefüllten Zylinder und muß bei seiner Bewegung diese Kraftstoffmenge über eine Drosselung ausstoßen oder ansaugen. Es wird dadurch eine Dämpfung erzielt, die für eine ruhige Bewegung der Stauscheibe und damit für eine stetige Anzeige sorgt. Eine Regelschraube ermöglicht eine beliebige Einstellung der Dämpfung. Der Schwimmer wird durch Federn in seiner Ruhelage gehalten, so daß die Bewegung der Stauscheibe durch den anströmenden Betriebsstoff gegen die Kraft der Federn erfolgt und die beweglichen Teile in ihre Ausgangsstellung zurückgeführt werden, wenn kein Flüssigkeitsstrom herrscht.

An dem Schwimmer ist ein Abgriff oder Schleifer befestigt, der mit dem Minuspol des Bordnetzes verbunden ist. Der Abgriff schleift auf einem Widerstand und teilt diesen in Abhängigkeit von der Stauscheiben- oder Schwimmerstellung in gleiche oder verschieden große Abschnitte ein. Als **Anzeigegerät** dient ein **Kreuzspulmeßwerk,** dessen

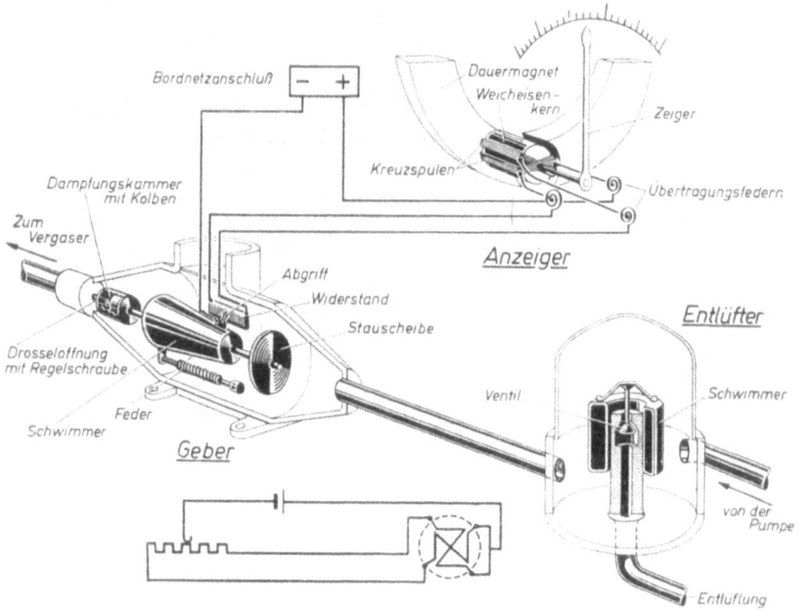

Abb. 87. Arbeitsweise des Kraftstoffverbrauchsmessers fur Vergasermotoren (Bauart Maximall)

beide Spulen mit dem Anfang und Ende des Geberwiderstandes verbunden sind. Eine weitere Leitung führt von beiden Spulen zum Pluspol des Bordnetzes und schließt damit den durch Geber und Anzeigegerät gebildeten Stromkreis, der vom Bordnetz gespeist wird.

Die Arbeitsweise der beschriebenen Kreuzspulschaltung, dessen Geberwiderstand mit Abgriff dem bereits bei den Druckmessern beschriebenen Geberpotentiometer gleich ist, entspricht bei der Verwendung des Kreuzspulanzeigegerätes der Arbeitsweise des elektrischen Vorratsmessers (s. Abschn. III 3 a und Abb. 66). Die von dem Stromfluß in den beiden Spulen erzeugten und gegeneinander wirkenden Drehmomente werden von dem veränderlichen **Geberwiderstand** gesteuert. Das bewegliche Spulensystem dreht sich so lange, bis in dem inhomogenen (ungleichmäßigen) magnetischen Feld, das von dem Weicheisenkern und dem ringförmig gebogenen Dauermagneten gebildet wird, die Drehmomente der beiden Spulen gleich groß geworden sind.

Der mit dem Spulensystem verbundene Zeiger steht dann still und zeigt bei entsprechender Eichung in Abhängigkeit von der Schwimmerstellung den auf die Stauscheibe wirkenden Kraftstofffluß an; er ist ein Maß für den spezifischen Verbrauch des Motors und wird in Liter je Stunde (l/h) angezeigt.

Die beweglichen Teile des Gebers sind einschließlich dem Potentiometer in dem von Kraftstoff angefüllten Teil des Gehäuses untergebracht. Um eine **Entzündung** des **Kraftstoffes** durch Funkenbildung zwischen dem Schleifer am Schwimmer und dem Widerstand von vornherein auszuschalten, sind im oberen Teil des Gerätes Vor- und Schutzwiderstände angeordnet. Sie dienen dazu, die Stromstärke so gering zu halten, daß kein zündfähiger Funke in dem mit Kraftstoff angefüllten Raum des Gehäuses entstehen kann. Darüber hinaus ist die Möglichkeit einer **Brandgefahr** dadurch **ausgeschaltet,** daß einerseits Abgriff und Widerstand ständig von Flüssigkeit umspült werden, andererseits das Gehäuse nach außen luftdicht abgeschlossen ist und kein Zutritt der für eine Verbrennung erforderlichen Luft erfolgen kann[178]). Ein Brandschutz ist durch diese Maßnahme in jedem Falle gewährleistet. Sowohl im Geber als auch im Anzeiger untergebrachte Widerstände, die in die Stromkreise eingeschaltet sind, dienen, wie dies für die gleichartige Meßanlage des elektrischen Vorratsmessers im Abschn. III 3 a) bereits beschrieben wurde, zum Justieren und für die Temperaturkompensation der Geräte.

Bei dem **Entlüftungsvorgang** können im Entlüfter Teile des Kraftstoffes mit nach außen gerissen werden. Um die dadurch möglichen Kraftstoffverluste zu vermeiden, wird die Entlüftungsleitung in hierzu geeignete Kraftstoffleitungen oder in den Behälter zurückgeführt.

b) Beschreibung

Der **Entlüfter** besteht aus einem nach oben offenen Leichtmetallgußgehäuse, das durch eine Leichtmetallglocke abgeschlossen wird; sie ist mit einer Dichtung auf das Gehäuse aufgesetzt und wird mit einem Spannbügel betriebssicher gehalten. An den Gehäuseboden ist eine Führung angegossen, auf der die Schwimmereinrichtung mit dem Ventil befestigt ist (Abb. 88). Eine gleichfalls auf dem Anguß aufgesetzte röhrenförmige Schale dient als Führung des Schwimmers und verhindert es, daß der Schwimmer klemmen und die Funktion des Ventiles gestört werden kann. Zwei Schraubanschlüsse dienen zur Befestigung der zu- und abführenden Kraftstoffleitung, eine unter dem Boden befindliche Verschraubung zum Anschluß der Entlüftungsleitung.

---

[178]) Bei einem Kraftstoffbrand brennt nicht der Kraftstoff, sondern das durch Verdunstung erzeugte Kraftstoffgas unter Zuführung des in der Luft enthaltenen Sauerstoffes.

Mit drei seitlich angeordneten Stiftschrauben wird der Entlüfter an einer beliebigen Halterung befestigt.

Der **Geber** hat ein dreiteiliges Leichtmetallgehäuse, das aus einem Mittelstück mit vier angegossenen, für die Befestigung vorgesehenen Augen besteht und auf beiden Seiten durch zwei eingeschraubte, konisch geformte Kopfstücke abgeschlossen wird. Eine im Gehäusemittelstück eingesetzte Rohrhülse trägt in zwei Lagerringen die Achse mit der Stau-

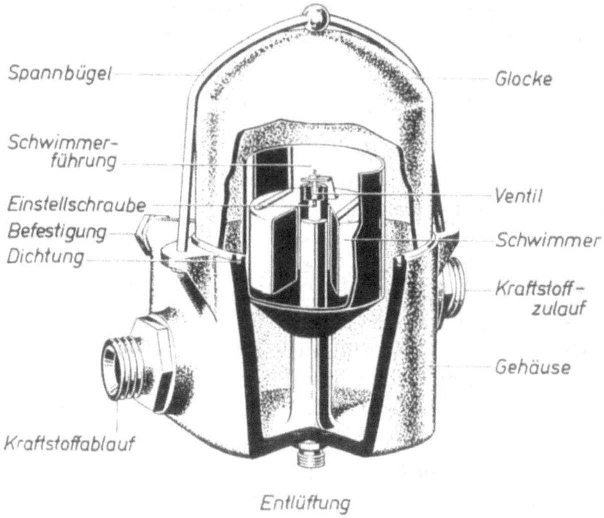

Abb. 88. Entlufter vom Kraftstoffverbrauchsmesser für Vergasermotoren

scheibe, dem Schwimmer und dem Dämpfungskolben, der in der am hinteren Lagerring befestigten **Dämpfungskammer** gleitet. Zwei geeichte Zug- oder Meßfedern ergeben die Gegenkraft für den auf die Stauscheibe drückenden Kraftstoffstrom, sie können mit Gewindebolzen justiert werden (Abb. 89).

An dem Schwimmer ist der Abgriff des Potentiometers befestigt, er schleift auf einem mit Isolierung am Gehäuse befestigten Widerstand. Der Strom wird zum Abgriff über eine Spiralfeder geführt, die sich bei der Bewegung des Schwimmers ausdehnt oder zusammenzieht. Der Einfluß ihrer Kraftwirkung auf die beweglichen Teile wird bei der Eichung berücksichtigt. Der auf der Oberseite des Gehäuses befindliche rohrförmige Anguß ist gegen das Gehäuseinnere durch eine kraftstofffeste Isolierplatte, die mit einem Schraubring und einer Dichtung gehalten wird, gas- und flüssigkeitsdicht abgedeckt. Ein ebenfalls dicht aufgeschraubter Deckel schließt diesen Gehäuseteil nach außen ab. Es sind in ihm die Justier- und **Kompensier-** bzw. **Schutzwiderstände** und die drei Steckkontakte für die Übertragungsleitung untergebracht.

Zum Anschluß der Kraftstoffleitungen dienen Verschraubungen; auch die Steckdose der elektrischen Leitung wird mit einer Verschraubung befestigt.

Der **Anzeiger** des Kraftstoffverbrauchsmessers ist das gleiche **Drehspulgerät,** das auch bei dem elektrischen Vorratsmesser verwendet wird (Bauart Hartmann & Braun). Eine besondere Beschreibung und zeichnerische Darstellung erübrigt sich daher, es sei auf die Erläuterungen im Abschn. III 3 b) und Abb. 68 verwiesen.

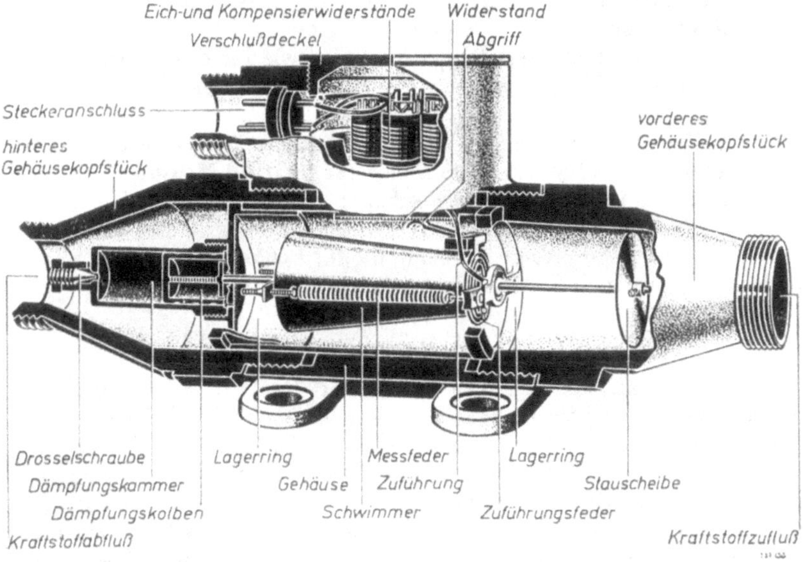

Abb. 89 Geber vom Kraftstoffverbrauchsmesser für Vergasermotoren.

c) Einbau.

Der **Einbau** des Gebers und Entlüfters ist **örtlich** durch die Meßstelle zwischen Kraftstoffpumpe und Vergaser **festgelegt.** Wesentlich ist, daß die Leitung zwischen den beiden Geräten **gerade** verläuft, damit auf jeden Fall ein **wirbelfreies** Überströmen des Betriebsstoffes vom Entlüfter zum Geber gewährleistet ist. Die Geräte werden, so weit irgend möglich, unmittelbar am Motor befestigt, um zu vermeiden, daß Erschütterungsbewegungen zwischen Motor und Triebwerkgerüst zu Schäden oder Störungen der Meßanlage führen können[179]). Unter dieser Voraussetzung werden die Leitungen zwischen Pumpe, Meßgeräten und Vergaser als **starre** Leitungen ausgeführt, während grundsätzlich die

[179]) Beachte, daß der neuzeitliche Triebwerkgerüstbau bevorzugt eine elastische Aufhängung der Motoren aufweist.

Kraftstoffzufuhr zur Pumpe mit einer elastischen Leitung erfolgt. Die Geräte werden wie alle Armaturen starr mit dem Motor verbunden.

Der Einbauort des **Anzeigegerätes** wird dadurch bestimmt, daß die Überwachung des Kraftstoffverbrauches Aufgabe des Flugzeugführers ist. Dies ist allein schon dadurch gegeben, daß die Kraftstoffverbrauchsanzeige die richtige Regulierung der Gasdrossel und vorhandener Sparvorrichtungen kennzeichnet. Die Anzeige muß daher in der Blickrichtung des Flugzeugführers liegen, wenn auch gegenüber den Geräten der Flugüberwachung der Kraftstoffverbrauchsmesser in seiner Bedeutung nur als **Gerät zweiter Ordnung** anzusprechen ist. Die Befestigung des Gerätes muß nach denselben Richtlinien wie für das gleiche Gerät des elektrischen Vorratsmessers vorgenommen werden (s. Abschn. III 3 c).

Alle **Geräte** mit gleichem Meßbereich sind untereinander **austauschbar**, es ist daher auch möglich, ein Anzeigegerät für **zwei Meßstellen** zu verwenden. Hierzu ist der gleiche **Umschalter** geeignet, der im Abschn. III 3 b (s. auch Abb. 69) angeführt ist. Hinsichtlich seines Einbaues sind dieselben Gesichtspunkte maßgebend, die für Schalter ähnlicher Zwecke in den verschiedenen Einbau-Erläuterungen erwähnt werden.

d) Wartung

Die Fehlermöglichkeiten sind bei einer Kraftstoffverbrauchsmeßanlage einerseits durch die mechanisch arbeitenden Meßeinrichtungen, andererseits durch die elektrische Arbeitsweise gegeben. Fehlerhafte Anzeigen können insbesondere durch Störungen in den Schwimmeranlagen im **Entlüfter** und **Geber** hervorgerufen werden. Arbeitet der Entlüfter nicht einwandfrei, so ergibt blasenreicher Kraftstoff zu hohe Verbrauchswerte. Zu hohe — ebenso zu niedrige — Anzeige kann aber offensichtlich auch durch Klemmen der beweglichen Teile im Geber bedingt sein. Korrosionserscheinungen sind gegebenenfalls die Ursachen für solche Störungen, wie dies bei allen dem Kraftstoff ausgesetzten Teilen möglich ist. Bei einer gestörten Anlage ist demgemäß das einwandfreie Arbeiten der genannten Einrichtungen zu prüfen, was jedoch zusammen mit der Wiederherstellung durch den Hersteller erfolgen muß, so daß ein Auswechseln der Geräte unerläßlich ist. Die Prüfung einer gestörten Anzeige bezieht sich außerdem wie bei allen mit Flüssigkeiten arbeitenden Meßanlagen auf die Leitungen (Leckbetriebsstoffe, einwandfreie Beschaffenheit der Leitungsanschlüsse, verstopfte Entlüftung, Verschmutzung des Entlüfters, s. Abschn. II, 1 d).

Die elektrische Anlage mit dem **Kreuzspulanzeigegerät** ist den gleichen Störungsmöglichkeiten unterworfen wie die Anlage des elektrischen Vorratsmessers (s. d.). Besonders ist jedoch zu beachten, daß das Potentiometer dem Kraftstoffstrom ausgesetzt ist. Sofern ein Fehler auf diesen elektrischen Teil des Gebers zurückgeführt werden muß, kann nur ein Auswechseln Abhilfe schaffen und die Instandsetzung durch den Gerätehersteller erfolgen. Für die Lagerung und den Versand gelten die gleichen Richtlinien, die für alle anderen Geräte beachtet werden müssen. Insbesondere müssen sowohl die mechanischen als auch die elektrischen Anschlüsse vor Verschmutzung und Korrosion geschützt werden.

2. Kraftstoffverbrauchsmesser für Einspritzmotoren

a) Arbeitsweise

Zum Kraftstoffverbrauchsmesser für Einspritzmotoren gehören, wie zu dem unter 1. beschriebenen Verbrauchsmesser für Vergasermotoren, drei einzelne Geräte:

der Drehzahlgeber,
der Verbrauchsgeber,
der Anzeiger.

Die Meßanlage wird durch den **Drehzahlgeber,** einen **Wechselstromgenerator,** mit Strom versorgt Man verwendet hierfür die gleichen Geber wie für die **Ferndrehzahlmeßanlagen** (Bauart Deuta oder Horn), so daß sich eine nähere Beschreibung ihrer Arbeitsweise erübrigt; es sei auf die Abschnitte I 3a) und 4 a) sowie die zugehörigen Abbildungen verwiesen. Der Geber wird, wie bei dem Ferndrehzahlmesser, vom Motor angetrieben und erzeugt eine von der Drehzahl abhängige Wechselspannung.

Der **Verbrauchsgeber,** der auch als **Induktivgeber**[180]) bezeichnet wird, kann grundsätzlich als Transformator[181]) betrachtet werden, dessen Eisenkern veränderlich ist (Transformator mit veränderlichem Eisenkreis). Auf einem rohförmigen Spulenkörper sind drei Spulen aufgewickelt, eine Erstspule (Primärwicklung), eine Zweitspule (Sekundärwicklung) und eine Hilfsspule (Hilfswicklung). Durch die Vereinigung der Spulen auf dem einen Spulenkörper besteht zwischen ihnen eine Kopplung (Abb. 90), die durch ein Kernstück aus magnetischem Werkstoff, das in den Spulenkörper hineinragt, verstärkt wird.

Wird durch die eine Spule (Primär- oder Erstspule) ein Gleichstrom geleitet, so entwickelt sich in ihr und um sie herum ein magnetisches Kraftfeld, das in den anschließenden d. h. mit ihr gekoppelten Spulen einen kurzen Stromstoß — einen Induktionsstrom — hervorruft[182]). Solange ein gleichmäßiger Strom (Gleichstrom) fließt, also keine Änderung des Magnetfeldes eintritt, wird in den drei Spulen auch kein

[180]) Induktion = elektrische Erregung.

[181]) Transformator = Umspanner, Umformer. Durch Erzeugung eines Induktionsstromes Umformung einer vorhandenen Wechselspannung auf einen größeren oder kleineren Wert (s. Physik).

[182]) Man spricht in diesem Falle von einer „induktiven Kopplung".

Induktionsstrom erzeugt. Erst beim Abschalten des Stromes der Primärspule — das Magnetfeld bricht dann zusammen — wird wieder ein kurzer Stromstoß hervorgerufen. Erhält jedoch die Primärspule einen Wechselstrom, so wird ein Magnetfeld dauernd wechselnder Polarität[183]) erzeugt und infolgedessen in den Nebenspulen ein ununterbrochener **Wechselstrom** induziert[184]).

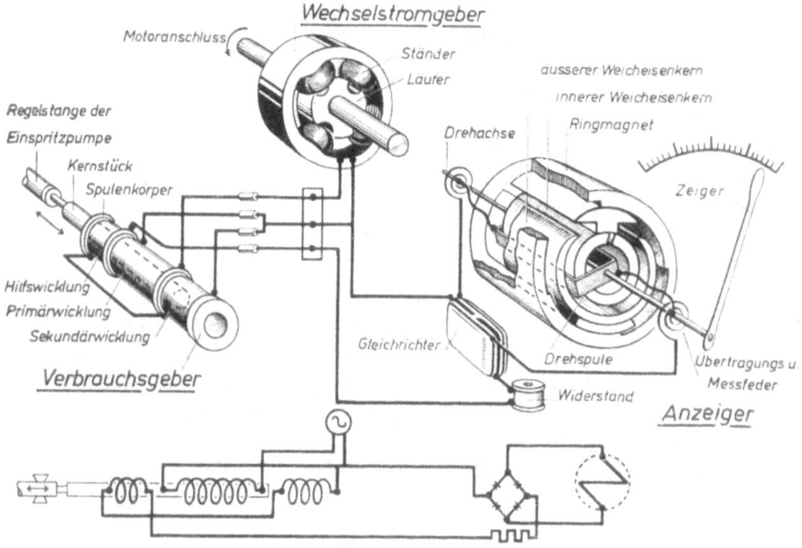

Abb. 90. **Arbeitsweise und Schaltschema des Kraftstoffverbrauchsmessers für Einspritzmotoren (Bauart Telefonbau und Normalzeit G. m. b. H.)**

Das die Kopplung der Spulen verstärkende Kernstück aus magnetischem Werkstoff ist mit der Regelstange der Einspritzpumpe verbunden (s. unter Grundsätzliches). Mit der veränderlichen Stellung der Regelstange, die den Kraftstoffverbrauch reguliert, wird auch der Eisenkern in seiner Lage zu den Spulen und damit die magnetische Kopplung der Spulen abhängig vom Kraftstoffverbrauch verändert. Die Hilfsspule und die Sekundärspule sind gegeneinander geschaltet, d. h. der Strom läuft in den beiden Spulen in entgegengesetzter Richtung, so daß sich die in ihnen erzeugten Induktionsströme, je nach der Kopplung durch das Kernstück, mehr oder weniger ausgleichen (kompensieren). Grundsätzlich müssen für die Primärwicklung und die Sekundärwicklung zusammen mit der Hilfswicklung je zwei Zuführungsleitungen vorhanden sein (2 nach dem Wechselstromgeber und 2 nach

[183]) s. S. 30.

[184]) Die Leistung des Induktionsstromes ist die gleiche wie die des Erregerstromes, das Produkt Spannung mal Stromstärke bleibt unveränderlich (s. Physik).

dem Anzeigegerät). Um jedoch an Leitungen zwischen den Geräten zu sparen, ist ein Pol der Primärwicklung mit einem Pol der Sekundärwicklung verbunden. Vom Verbrauchsgeber führt daher nur ein dreiadriges Kabel nach einem Verteiler, an dem dann der Wechselstromgeber und der Anzeiger mit je einer zweiadrigen Leitung angeschlossen sind. Die verwendete Schaltung kann in dieser Hinsicht gewissermaßen auch als **Sparschaltung** bezeichnet werden.

Der eigentlichen Sparschaltung liegt eine andere Maßnahme zugrunde. In der Regel sind beide Spulen voneinander isoliert während bei der Sparschaltung die Sekundärspule einen Teil der Primärspule bildet. Als Beispiel ist in Abbildung 91 eine einfache Sparschaltung wiedergegeben. Die Gesamtspule mit der großen Windungszahl bezeichnet man als Oberspannungsspule, während ein Teil der Gesamtspule die Unterspannungsspule mit der kleinen Windungszahl darstellt. Im abgebildeten Zustand fließt der Strom aus beiden Wicklungen auf A zu, dann weiter in das Netz der Unterspannungsseite, teilt sich bei B und fließt einerseits nach der Oberspannungsseite, andererseits nach der Unterspannungsspule[185]).

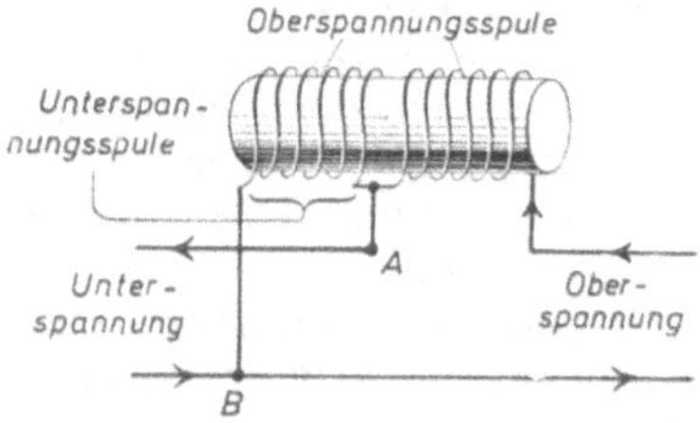

Abb. 91. Einfache Sparschaltung

Im **Betrieb** wird die Primärspule[186]) durch den Drehzahl-, d. h. Wechselstromgeber in Abhängigkeit von der Motordrehzahl mit Strom versorgt, so daß in der Sekundär- und der Hilfsspule ein Induktionsstrom hervorgerufen wird. Dabei sind die Spulen so bemessen, daß in der Anfangsstellung des Kernstückes, wenn keine gute magnetische Kopplung zwischen Primärspule und Sekundärspule besteht, die gleiche Spannung entgegengesetzter Richtung an Sekundär- und Hilfsspule auftritt und die Ströme sich ausgleichen. Das Anzeigegerät, das an die Induktionsspulen angeschlossen ist, erhält dann keinen Strom und zeigt nicht an.

Schiebt sich der Kern durch eine Lagenänderung der Regelstange weiter in den Spulenkörper hinein (steigender Kraftstoffverbrauch), so wird die Kopplung zwischen Primär- und Sekundärspule verstärkt. Die Spannung der Sekundärspule ist dann größer als die der Hilfsspule und es fließt ein Strom über das Anzeigegerät. Steigt oder sinkt die Drehzahl des Motors — sie ist auch von der Einstellung der verwendeten Verstelluftschrauben abhängig[187]) — so erzeugt der Geber eine größere oder kleinere Spannung, durch die ein entsprechend veränderlicher

[185]) Das Beispiel ist dem Lehrbuch der Elektrotechnik von Prof. A. Thomälen entnommen. Diese Schaltung kann ausgeführt werden, wenn die Spannungen der Spulen in der Größenordnung nicht sehr verschieden sind; sie dient dazu, Verluste zu vermeiden.

[186]) Die Primärspule wird auch als Feldspule, die beiden anderen Spulen werden als Induktionsspulen bezeichnet.

[187]) s. Bd. 5 u. 14.

magnetischer Fluß in der Primärspule und abhängig davon in den Induktionsspulen eine wechselnde Spannung hervorgerufen wird. Der Stromfluß zum Anzeigegerät ist also einerseits von der Spulenkopplung (durch die Einstellung des mit der Regelstange verbundenen Kernstückes), andererseits von der Motordrehzahl (Spannung) abhängig. Der Zeigerausschlag des Anzeigegerätes entspricht in jedem Falle offensichtlich dem Produkt aus den genannten Werten, so daß man diese Meßweise wie bereits unter „Grundsätzliches" angeführt als multiplikative Messung bezeichnet. Bei gleichbleibender Drehzahl wird der Stromfluß allein durch die Regelstange bzw. durch das Kernstück aus magnetischem Werkstoff gesteuert. Abhängig vom Sekundärstrom wird nach der zugehörigen Eichung der Kraftstoffverbrauch angezeigt.

Jedes Einspritzpumpenmuster weist verständlicherweise auch vom Motorenmuster abhängige besondere Konstruktionsdaten auf. Der Verbrauchsgeber muß daher auf das Pumpenmuster abgestimmt sein, sowohl hinsichtlich der Charakteristik der Regelstangenstellung als auch in der äußeren Gestaltung. Ein Austausch des Verbrauchs- oder Induktivgebers zwischen verschiedenen Pumpenmustern ist nicht möglich.

Vom Geber führt der Strom zum Meßwerk des **Anzeigegerätes** über Vorwiderstände und einen Trockengleichrichter[188]) in **Doppelwegschaltung;** sie sind im Gerätegehäuse mit untergebracht (s. Beschreibung). Durch den Gleichrichter wird der Wechselstrom gleichgerichtet, d. h. in einen Gleichstrom umgeformt, da der Strom in einer Richtung gesperrt wird (s. d. Fußnote). Für die Anzeige läßt sich daher ein Meßwerk der gleichen Arbeitsweise verwenden, wie die der Drehspulmeßwerke der vom Bordnetz aus gespeisten Gleichstrommeßanlagen für andere Überwachungszwecke.

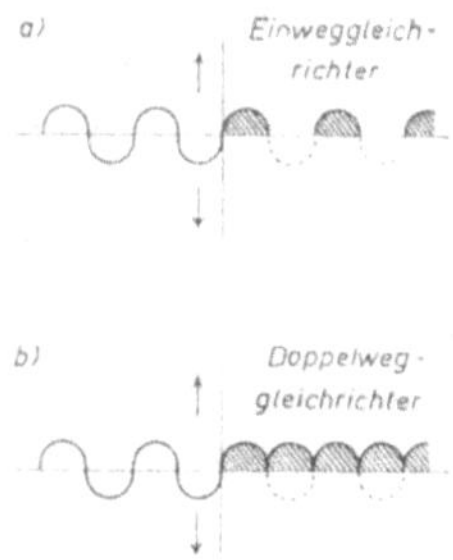

Abb. 92. Schaubild für gleichgerichteten Wechselstrom
a) Einweggleichrichtung
b) Doppelweggleichrichtung

Betrachtet man den Wechselstrom in der Darstellung nach Abb. 92 als eine Wellenlinie, so werden durch den Gleichrichter nur die Halbwellen in einer Richtung durchgelassen (Abb. 92a), während sie nach der anderen Richtung gesperrt werden. Der erzeugte Gleichstrom besteht dann aus einzelnen Stromstößen mit dazwischen liegenden Lücken. Durch den Gleichrichter in Doppelwegschaltung werden beide Halbwellen des Wechselstromes gleichgerichtet (Abb. 92b). Der Gleichstrom besteht dann immer noch aus einzelnen Stromstößen — er pulsiert —, die breiten Lücken sind jedoch ausgefüllt. Man spricht in beiden Fällen von einem pulsierenden Gleichstrom.

Das **Meßwerk** besteht aus zwei kreisförmig gebogenen Weicheisenpolstücken, die von einem als Ring ausgebildeten Dauermagneten um-

188) Im Gleichrichter — Kupferscheiben mit einseitiger Sperrschicht (Kupferoxydul) — findet der Wechselstrom in einer Richtung fast keinen Widerstand, dagegen wird der Strom in umgekehrter Richtung fast völlig abgesperrt (s. Physik).

schlossen werden. Sie sind so angeordnet, daß sich zwischen dem von ihnen gebildeten Luftspalt ein magnetisches Kraftfeld bildet, welches nur von innen nach außen oder umgekehrt verläuft und einer in ihm befindlichen Drehspule einen Ausschlag über rund 270° Winkelweg ermöglicht (Abb. 90). Der Strom wird der Drehspule über eine Übertragungs- oder Zuführungs- und Meßfeder zugeführt und läuft über eine gleichartige zweite Feder wieder zurück. Fließt ein Strom durch die Spule, so wird abhängig von dessen Spannung und Stärke eine Drehkraft in der Spule erzeugt, die den mit der Spule verbundenen Zeiger gegen die Kraft der Meßfedern ausschlagen läßt. Man sagt auch, daß das Drehmoment der Spule von den Federn gewogen wird, d. h. der Zeiger bleibt stehen, wenn während der Ausschlagbewegung der Spule ihre Drehkraft von der Gegenkraft der Federn ausgeglichen wird[189]). Da der Verbrauchsgeber den vom Wechselstromgeber erzeugten Strom abhangig vom Kraftstoffverbrauch steuert, wird nach der geschilderten Arbeitsweise des Anzeigegerätes bei entsprechender Eichung offensichtlich unmittelbar der Kraftstoffverbrauch in Litern je Stunde (l/h) angezeigt. Im stromlosen Zustand werden die Spule und damit der Zeiger von der Kraft der Meßfedern in ihre Ausgangsstellung bzw. Nullage zurückgeführt und gehalten.

Die **Vorwiderstände** im Anzeigegerät dienen zum Abgleich[190]) und zur Temperaturkompensation des Meßwerkes, soweit es Abweichungen von der **Eichtemperatur** aufweist. Zur Abschirmung wird das Gerät mit einem Eisenblechmantel umschlossen (s. d. nächsten Abschn.). Bei der Geräteeichung ist zu beachten, daß es sich um eine Volumenmessung handelt, und die Anzeige in Liter je Stunde erfolgt (l/h = Gesamtverbrauch des Motors in der Stunde). Die **Güte der Anzeige** ist in jedem Falle relativ zu bewerten, da schließlich unter Berücksichtigung einer zulässigen Toleranz nicht der absolute Wert des Verbrauches, sondern abhängig von einer fallweise wirtschaftlichen Motorregulierung das erreichbare Optimum des spezifischen Kraftstoffverbrauches den Ausschlag gibt.

Als **Anzeiger** werden für den elektrischen Kraftstoffverbrauchsmesser für Einspritzmotoren Geräte **verschiedener Herstellung** benutzt, die bei grundsätzlich gleicher Arbeitsweise eine unterschiedliche bauliche Gestaltung aufweisen. In der vorhergehenden Beschreibung ist das Anzeigegerät **Bauart Gossen** behandelt worden. Als weiteres Anzeigegerät wird ein solches des Luftfahrtgerätewerkes Hakenfelde **(Bauart Siemens)** für die Verbrauchsmeßanlage verwendet. Die Geräte können bei einem bestimmten Motor untereinander **ausgetauscht** werden, sofern sie von vornherein für die betreffende Anlage vorgesehen,

---

[189]) Diese Meßweise unter Ausnutzung einer Federkraft ist möglich, da die Schaltung von den Spannungsschwankungen einer fremden Stromquelle unabhängig ist (s. hierzu auch Abschn. II 4 a und IV 4 a).

[190]) Abgleichen, eichen, s. auch Abgleichscheibe S. 33.

d. h. geeicht sind[191]). Durch die Anwendung eines Anzeigers dieser oder jener Bauart wird die Gesamtmeßanlage und ihre Arbeitsweise nicht beeinflußt, es ist daher ausreichend, bei der Anlage mit dem Siemens-Gerät allein die Arbeitsweise des Anzeigemeßwerkes zu behandeln.

Das Magnetsystem des **Siemens-Meßwerkes** hat einen ringförmig gebogenen Dauermagneten, auf dessen Vorder- und Rückseite je ein geschlossener Eisenpolring angelegt ist. In dem stärkeren vorderen Ring ist ein weiterer kleinerer Eisenring mit einem Luftspalt so gelagert, daß sich in dem von ihnen gebildeten homogenen (gleichmäßigen) magne-

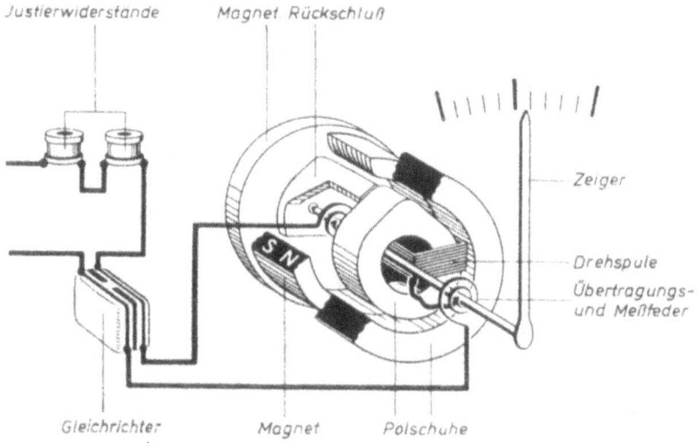

Abb. 93 **Arbeitsweise des Anzeigegerates Bauart Siemens vom Kraftstoffverbrauchsmesser fur Einspritzmotoren**

tischen Feld eine Spule um etwa 270° frei drehen kann (Abb. 93). Der Innenring ist durch einen bockartigen Ansatz, der als magnetischer Rückschluß dient, mit dem hinteren Ring des Magnetsystemes verbunden. Die Stromzufuhr für die Drehspule erfolgt über eine Übertragungs- und Meßfeder. Eine zweite Feder dient zur Rückführung des Stromes.

Wie bei dem Gerät der Bauart Gossen wird abhängig von der Spannung und Stärke des die Spule durchfließenden Stromes eine Drehkraft erzeugt, die den an der Spule befestigten Zeiger gegen die Kraft der Meßfedern ausschlagen läßt. Das Drehmoment der Spule wird in der gleichen Weise von den Federn gewogen, die bei dem vorhergehenden Gerät beschrieben ist. Die Arbeitsweisen der beiden Geräte unterscheiden sich daher im wesentlichen nur durch die bauliche Gestaltung der Magnetsysteme, denn auch die Anordnung des Doppelweggleichrichters und der Vorwiderstände zum Justieren und zur Temperaturkompensation decken sich bei beiden Meßwerken. Die weiteren Unterschiede der Meßwerke gehen aus dem nächsten Abschnitt hervor.

---

[191]) s. a. die Gerätemusterblätter im III. Teil.

b) Beschreibung

Die für die Kraftstoffverbrauchsmesser verwendeten Drehzahl- oder **Wechselstromgeber** (Bauart Deuta und Horn) sind in den Abschnitten I 3 und 4 b) näher beschrieben (s. auch Abb. 19, 20, 23 u. 24). Die Geräte können, da sie verschiedene Eigenschaften besitzen, in einer Kraftstoff-Verbrauchs-Meßanlage nicht gegeneinander ausgetauscht werden.

Auch die **Verbrauchsgeber** (Bauart Telefonbau und Normalzeit bzw. Luftfahrtgerätewerk Hakenfelde) sind, wie dies bereits im vorhergehenden Abschnitt erläutert wurde, nur für bestimmte **Pumpenmuster**

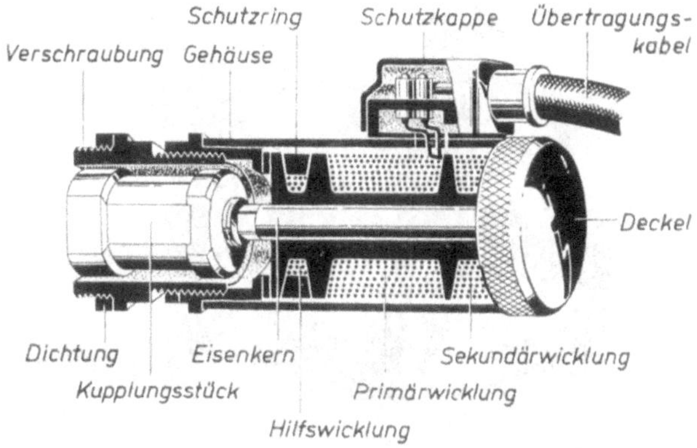

Abb. 94 Verbrauchsgeber vom Kraftstoffverbrauchsmesser fur Einspritzmotoren (Induktivgeber)

anwendbar. In ihrem Aufbau sind sich die Geber jedoch grundsätzlich ähnlich, so daß die Beschreibung und zeichnerische Darstellung eines Gerätemusters für die verschiedenen Ausführungen als allgemein gültig betrachtet werden kann. Auf einem Spulenkörper, der in einem Metallgehäuse gelagert ist, sind die drei Spulen aufgewickelt: die Primär- oder Erstspule, die Sekundär- oder Zweitspule und die Hilfsspule. Durch einen aufgeschraubten geränderten Deckel wird das Gehäuse nach der einen Seite verschlossen (Abb. 94). In den Spulenkörper ragt das verschiebbare Kernstück aus magnetischem Werkstoff hinein. Mit einem Gewindestück und einer Zahnscheibe wird es an dem klauenartigen Kupplungsstück befestigt, das die Verbindung zwischen dem Kernstück und der Regelstange der Einspritzpumpe herstellt. Zum Anschluß des Gebers an die Pumpe dient eine mit einem Sechskant versehene Hülse, die an beiden Enden mit Gewinde versehen ist und mit der einen Seite in das Pumpengehäuse, mit der anderen in das Gebergehäuse eingeschraubt wird. Eine betriebssichere Halterung wird durch eine plombierte Drahtsicherung gewährleistet.

Für die elektrischen Anschlüsse wird eine dreiadrige **Luftfahrtleitung** verwendet, die neben der erforderlichen Isolation durch einen Metallgewebeschlauch gegen mechanische Beschädigungen geschützt ist. Sie wird durch Verschraubung außen am Gehäuse befestigt und die Anschlußstelle durch eine aufgesteckte Kappe geschützt.

Die Unterschiede zwischen den Verbrauchsgebern für verschiedene Pumpenmuster bestehen im wesentlichen darin, daß die Befestigung am Motor auch durch Anflanschen anstatt mit einer Verschraubung erfolgt und die Luftfahrtleitung[192]) mit einer dreipoligen Steckdose in das Kopfende des Gehäuses eingeführt wird. Im inneren Aufbau wird bei manchen Ausführungen, durch die bauliche Formgebung der je-

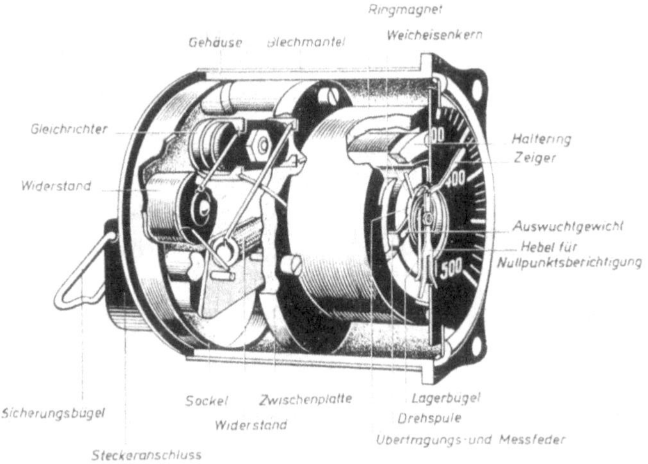

Abb. 95. Innenansicht eines Anzeigegerätes vom Kraftstoffverbrauchsmesser fur Einspritzmotoren (Bauart Gossen)

weiligen Pumpe bedingt, das magnetische Kernstück mit einer federgefesselten Kupplung an die Regelstange angeschlossen[193]) oder durch eine Feder kraftschlüssig gegen diese gepreßt. In der elektrischen, magnetischen Gestaltung sind die Geber jedoch gleichartig ausgebildet.

Das **Anzeigegerät** Bauart **Gossen** hat ein aus Proßstoff hergestelltes Gehäuse, das nach der Vorderseite durch eine fest eingebaute und mit einem Sprengring gehaltene Glasscheibe abgeschlossen wird. Auf einem Preßstoffsockel sind der Gleichrichter und die Justier- und Kompensierwiderstände befestigt. Die Rückseite des Sockels weist eine Steckerplatte zur Aufnahme der Steckdose des Ubertragungskabels auf. Die Steckdose wird mit einem Drahtbügel betriebssicher gehaltert (Abb. 95). Drei kleine Säulen des Sockels tragen eine Preßstoff-Zwischenplatte, auf der das Meßwerk des Gerätes aufgeschraubt ist. Das Magnetsystem besteht aus einem ringförmigen Dauermagneten, in dem mit zwei

[192]) Genormte elektrische Leitung für den Flugzeugbau.

[193]) Beachte hierzu die Gerätemusterblätter im III. Teil des Buches.

Bronzescheiben (Halterungen) die beiden in Kreisform gebogenen Weicheisenkerne mit ihren Verbindungsstücken befestigt sind. Je ein auf der Vorder- und Rückseite des Meßwerkes zusammen mit den Weicheisenkernen verschraubter Lagerbügel trägt die Drehspule mit dem aufgesetzten Zeiger. Zwei Zuführungs- und Meßfedern dienen zur Stromübertragung auf die Spule. Der vordere Lagerbügel hat einen verstellbaren Spannhebel, an dem die eine Zuführungsfeder angelötet ist. Durch eine Verstellung des Hebels kann die Nullage des Zeigers berichtigt werden. Die drehenden Teile sind durch kleine Gewichte massenausgeglichen, um Anzeigefehler durch im Fluge auftretende Beschleunigungskräfte (Böen, Kurve usw.) zu vermeiden.

Das ganze Meßwerk wird als geschlossenes Aggregat in das Gehäuse eingeführt und mit diesem verschraubt. Über das Gehäuse wird ein mit einer Schraube gehaltener Blechmantel geschoben. Er dient zur Abschirmung und schaltet Beeinflussungen des im Meßwerk vorhandenen Magneten auf in der Nähe befindliche Kompasse praktisch aus.

Der Zeiger und die Hauptteilstriche des Skalenbleches, das den Mechanismus nach vorn abschließt, sind selbstleuchtend ausgeführt. Der Anzeigebereich wird auf das jeweilige Pumpen- bzw. Motorenmuster abgestellt und ist auf den spezifischen Kraftstoffverbrauch in Liter je Stunde (l/h) geeicht (s. die Gerätemusterblätter).

Bei dem **Anzeige-Meßwerk** des **Siemens**-Gerätes, das in seiner äußeren Form dem vorher beschriebenen Anzeiger entspricht, ist das Magnetsystem auf einer Leichtmetall-Lagerplatte befestigt. Die beiden Eisenpolringe sind mit einem dazwischen geklemmten ringförmigen Dauermagneten durch zwei Schrauben fest verbunden. Ein an beiden Ringen angeschraubter Bügel dient zur Verstellung einer Isolierscheibe, an der die Zuführungsfedern befestigt sind. Mit diesem Bügel wird bei der Eichung des Gerätes die Zeigernullage eingestellt (Nullpunktberichtigung).

Die durch kleine Gewichte massenausgeglichenen drehenden Teile sind einerseits in einem Bügel gelagert, der auf dem Innenring aufgeschraubt ist, andererseits in einem Lager gehalten, das sich auf dem hinteren Polring befindet. Auf den vorderen Ring ist ein Leichtmetallbock aufgesetzt, er dient zur Befestigung des aus Eisenblech hergestellten Skalenbleches. Zwei kleine Federn sind als Anschläge für die Zeigerendstellungen auf dem Skalenblech aufgeschraubt (Abb. 96).

Das auf der Lagerplatte mit den drehenden Teilen und dem Skalenblech befestigte Magnetsystem ist auf einen Preßstoffsockel aufgesetzt. Auf der Rückseite hat der Sockel eine Steckerplatte zur Aufnahme der Steckdose des zweiadrigen Übertragungskabels, mit einem federnden Bügel wird sie betriebssicher gehaltert. Der Doppelweggleichrichter und die Widerstände zum Justieren und zur Temperaturkompensation des Gerätes sind auf der Innenseite des Sockels angebracht.

Über den Mechanismus wird ein verkupferter[194]) Eisenblechmantel geschoben, das Meßwerk geschlossen in das aus Preßstoff hergestellte Gehäuse eingesetzt und mit Schrauben befestigt. Auf der Vorderseite ist das Gehäuse durch eine fest eingebaute Glasscheibe abgeschlossen. Über das Gehäuse wird ein weiterer Eisenblechmantel geschoben; er dient mit dem inneren Blechmantel und dem aus Weicheisen gefertigten Skalenblech zur Abschirmung des Magnetsystemes, um eine Beeinflussung von in der Nähe befindlichen Kompassen zu verhüten. Die Ausführung der Anzeigeskala entspricht dem vorhergehenden Gerät.

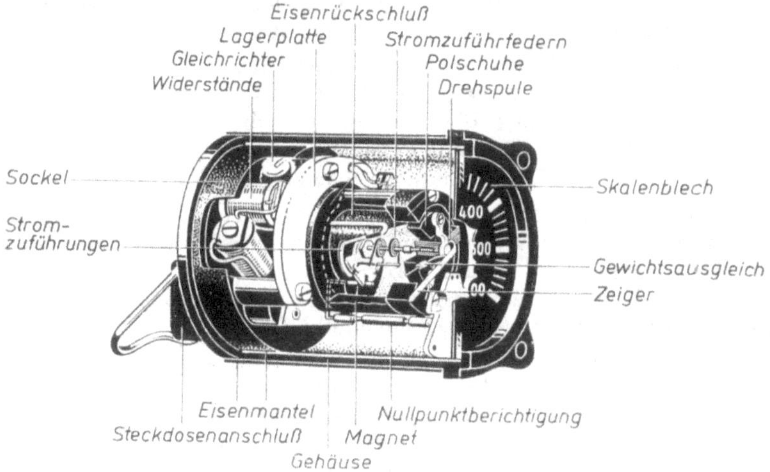

Abb 96. Innenansicht eines Anzeigegerätes vom Kraftstoffverbrauchsmesser für Einspritzmotoren Bauart Siemens (Hersteller Luftfahrtgerätewerk Hakenfelde)

c) Einbau.

Der Einbau des **Wechselstromgebers,** gleichgültig, um welche Bauausführung es sich handelt, ist örtlich und hinsichtlich der Befestigung von den gleichen Bedingungen abhängig wie bei denselben Geräten einer Ferndrehzahlmeß-Anlage. Eine besondere zusätzliche Erläuterung erübrigt sich daher, es sei auf die Abschnitte I 3 und 4 c) verwiesen.

Der Einbauort des **Verbrauchsgebers** wird durch das Motorenmuster und davon abhängig von der zugehörigen Einspritzpumpe bestimmt. Die Befestigung erfolgt, wie dies im vorhergehenden Abschnitt bereits angeführt wurde, durch eine Verschraubung oder durch Anflanschen. Beide Anschlüsse gewährleisten eine zentrische Verbindung zwischen Kernstück und Regelstange, die für das einwandfreie Arbeiten des Gebers unerläßlich ist. Es wird dies einerseits durch den Sitz der Verschraubung, andererseits durch eine als Führung dienende Verlängerung des angeflanschten Gerätegehäuses erreicht.

[194]) Rostschutz.

Für den Einbau des **Anzeigegerätes** sind sowohl örtlich als auch hinsichtlich der Lagerung die gleichen Richtlinien maßgebend, die bereits für das Anzeigegerät des Verbrauchsmessers für Vergasermotoren angeführt wurden.

Je nach der Anzahl der Motoren wird für eine vollständige Anlage eine entsprechende Anzahl von Wechselstrom- und Verbrauchsgebern benötigt. Unter Umständen kann als Weschselstromgeber ein Doppelgeber (s. Abschn. I 4 b und Abb. 24) verwendet werden, der den Strom sowohl für den Ferndrehzahlmesser als auch den Kraftstoffverbrauchsmesser liefert. Soll für zwei Motoren — aus Raummangel auf dem Gerätebrett — nur eine Anzeigegerät zur Anwendung kommen, so wird die Meßanlage mit einem Umschalter ausgerüstet, mit dem wahlweise die eine oder andere Meßstelle eingeschaltet werden kann.

d) Wartung

Für eine **Prüfung** der Kraftstoffverbrauchsmesser-Anlage, insbesondere nach einem Neu-Einbau der Geräte in das Flugzeug, ist vom Hersteller (Telefonbau und Normalzeit bzw. Luftfahrtgerätewerk Hakenfelde) ein **Kontrollgeber** entwickelt worden. Ebenfalls bestehen in dieser Hinsicht **besondere Prüfvorschriften** für die Anlage. Darüber hinaus bezieht sich die Wartung auf eine laufende Überwachung der einwandfreien Anzeige.

Auftretende Anzeigefehler:

Fehlanzeige,
zu hohe Anzeige,
zu niedrige Anzeige,
schwankende Anzeige,

können sowohl auf mechanische als auch elektrische Ursachen zurückgeführt werden. In erster Linie ist bei fehlerhalter Anzeige die Leitungsanlage mit ihren Steck- und Schraubverbindungen zu untersuchen, wobei besonders auf Scheuerstellen, Wackelkontakte und Leitungsfehler durch Korrosionserscheinungen zu achten ist. Hierbei sind die gleichen Richtlinien wie bei allen gleichwertigen elektrischen Anlagen maßgebend und die allgemeinen behördlichen Vorschriften zu Rate zu ziehen. Sofern der Wechselstromgeber zu Störungen Veranlassung gibt, handelt es sich um die gleichen Fehlerquellen, die bereits bei den Ferndrehzahlmeß-Anlagen angeführt wurden (s. d.). Hierbei spielt auch die Befestigung und gegebenenfalls die Antriebswelle des Gebers eine Rolle.

Die angeführten **Anzeigefehler** können aber auch dadurch hervorgerufen werden, daß

a) der Verbrauchsgeber durch unbefugten Eingriff verstellt wurde,
b) der Verbrauchsgeber völlig ausfällt,
c) eine Unterbrechung im Verbrauchsanzeiger auftritt,
d) der Verbrauchsanzeiger völlig ausfällt.

Sofern solche Schäden nicht durch Personal behoben werden können, das für die Meßanlage besonders geschult ist, muß ausnahmslos das jeweilige schadhafte Gerät ausgewechseit werden. Eine Instandsetzung ist nur durch den Geräteherstellr möglich. In allen Fällen sind jedoch die für Störungen maßgebenden behördlichen oder vom Hersteller aufgestellten Vorschriften zu beachten. Für eine Lagerung der Geräte sind trockene, säurefereie Räume unerläßlich. Die Leitungsanschlüsse müssen sowohl gegen Korrosionsschäden als auch gegen mechanische Beschädigungen ausreichend geschützt werden.

VI. Luftschraubenstellungsanzeiger

Grundsätzliches

In der flugtechnischen Entwicklung ist die ständige Leistungssteigerung der Flugzeugtriebwerke nicht allein durch eine Erhöhung der effektiven Motorleistung erreicht worden, sondern zu einem großen Teil durch eine immer weiter vorangetriebene Verbesserung aller zum Triebwerk gehörenden technischen Einrichtungen. Hierzu ist insbesondere die Luftschraube zu zählen, die, mit dem Motor zu einem Ganzen verbunden, einen untrennbaren Teil des Triebwerkes darstellt[195]). Vor allem im Laufe der letzten Jahre hat die Luftschraube Wandlungsformen erhalten, deren höchster Grad der Vollkommenheit heute in der vollautomatischen Verstelluftschraube seinen Ausdruck findet.

Das wesentliche Merkmal der **Verstelluftschraube**, gleichgültig in welchem Ausmaß die Verstellbarkeit ausgeführt ist, besteht darin, daß die Steigung der Luftschraubenblätter bei laufendem Motor sowohl am Boden als auch im Fluge veränderlich ist[196]). Da die von der Luftschraube aufgenommene und von ihr in Zug- oder Druckkraft[197]) umgewandelte Motorleistung nicht allein von der aerodynamischen Formgebung der Luftschraubenblätter, sondern auch von dem Anstellwinkel ihrer Profile (Steigungswinkel), d. h. von ihrer Einstellung oder Steigung abhängig ist, spielt der Grad der **Luftschraubenverstellung** eine wesentliche Rolle. Vergleicht man die Profile mit denen eines Tragflügels, so besteht bei der Luftschraube zwischen Drehzahl (Drehgeschwindigkeit), Zugkraft und Steigung im gleichen Sinne ein Zusammenhang, wie dies bei dem Tragflügel zwischen Geschwindigkeit, Auftrieb und Anstellwinkel der Fall ist (vgl. Bd. 4, Abschn. IX). Daraus ergibt sich offensichtlich, daß die Triebwerkleistung und die Steigung oder Einstellung der Luftschraube voneiander abhängige Werte sind. Für eine einwandfreie Triebwerküberwachung ist daher die Kenntnis der jeweiligen Luft-

---

[195]) s. Bd. 4, Abschn. IX, 2.

[196]) s. Bd. 14.

[197]) Man spricht auch in beiden Fällen vom Schub der Luftschraube. s. Bd. 4 und 14.

schraubenverstellung von besonderer Bedeutung, wenn der Flugzeugführer die für seine Flugaufgabe günstige Motorregulierung zweckentsprechend ausführen will (s. auch Abschn. V, Grundsätzliches). Aus dieser Erkenntnis heraus sind parallel mit der Verstelluftschraube Geräte entwickelt worden, mit denen die jeweilige Steigung der Luftschraubenblätter angezeigt wird. Sie werden als Luftschraubenstellungsanzeiger oder auch als Luftschraubenuhren bezeichnet.

Für die Anzeige der Luftschraubenverstellung ist beachtenswert, daß die **Steigung** als Steigungswinkel gekennzeichnet wird. Es sei dabei vorausgesetzt, daß der Begriff der Steigung, die in Metern (m) dimensioniert wird, bekannt ist. Diese Steigung (auch Steigungshöhe oder

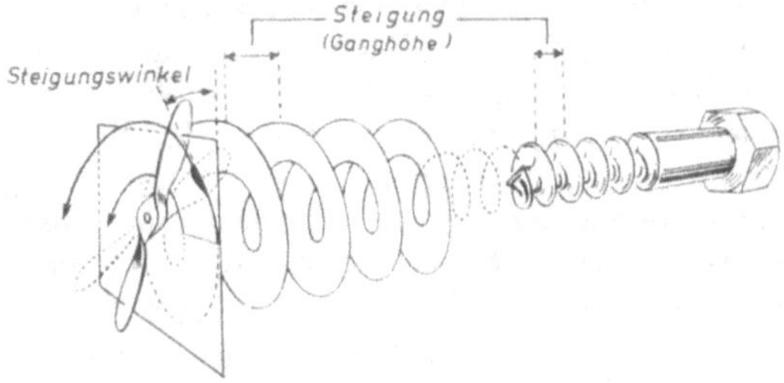

Abb. 97. **Steigung und Steigungswinkel einer Luftschraube im Vergleich zur Ganghöhe eines Gewindes**

Steighöhe) ist gleich der Ganghöhe einer Schraubenumdrehung, wobei man die Luftschraube bzw. die Ganghöhe mit der Höhe von dem Gewindegang einer normalen Maschinenschraube vergleichen kann (Abb. 97). Sie steht offensichtlich in ursächlichem Zusammenhang mit der Anstellung, d. h. dem Steigungswinkel des Luftschraubenprofiles, der dem $^3/_4$-Halbmesser (Radius) des Luftschraubenblattes entnommen wird. Es ist also einerseits möglich, die Einstellung der Luftschraube als Steigung in „m“ oder als Steigungswinkel in Grad anzugeben. Feste Luftschrauben erhalten allgemein eine Kennzeichnung der Steigung H in „m“, während sich für Verstelluftschrauben und für die Anzeige ihrer Luftschraubenuhren der Einstellungswinkel des Profiles in Grad (bezogen auf den $^3/_4$-Halbmesser) als Maß der Verstellung eingebürgert hat. Die Uhren werden heute ausnahmslos, um sie gut ablesen zu können, mit einem kleinen Zeiger für die Gradzahl und einem großen Zeiger für die Minutenzahl eingerichtet. Man erhält dann eine Anzeige wie bei einer Stundenuhr, wobei 10 Uhrminuten normalerweise gleich 1 Grad Luftschraubenverstellung sind. Man spricht daher bei der Luftschraubenverstellung aus Bequemlichkeitsgründen nicht von einer Einstellung nach Grad, sondern wie bei einer Uhr z. B. von 12^{30} h.

Da die Luftschraube zum Triebwerk gehört, sind die **Luftschraubenstellungsanzeiger** reine **Triebwerküberwachungsgeräte;** sie zählen nicht zu den Flugwerküberwachungsgeräten, wie dies in manchem Fachschrifttum erfolgt ist. In den Bauvorschriften (BVF) sind sie noch nicht mit erfaßt, denn zur Zeit der Festlegung dieser behördlichen Bestimmungen befanden sich die Verstelluftschrauben noch in der Entwicklung (s. hierzu unter Allgemeines). Das schließt jedoch nicht aus, daß die Richtlinien für **Drehzahlmesser** auf die Stellungsanzeiger angewendet werden, denn sie haben — siehe die nachfolgenden Abschnitte — vieles mit diesen gemeinsam.

Die **Verstellung** der Luftschraubenblätter wird je nach den technischen Einrichtungen des Flugzeuges auf **mechanischem, hydraulischem pneumatischem** oder **elektrischem** Wege bewirkt. Im allgemeinen wird bei den Verstellschrauben mit Stellungsanzeigern die **elektrische** Betätigung **bevorzugt** angewendet. Dies ist vor allem dadurch begründet, daß heute fast jedes Flugzeug mit einer Bordnetzanlage ausgerüstet ist (s. hierzu unter Grundsatzliches V. Abschnitt). Wie sich aus den folgenden Erläuterungen ergibt, besteht zwischen der Betätigungseinrichtung der Luftschraubenverstellung und der Stellungsanzeige ein enger mechanischer Zusammenhang. Die Arbeitsweisen der Stellungsanzeiger sind daher der des Verstellmechanismus angepaßt und man hat in dieser Richtung zwei verschiedene Stellungsanzeiger entwickelt:

1. mechanische Luftschraubenstellungsanzeiger,
2. elektrische Luftschraubenstellungsanzeiger.

Die Anzahl der verwendeten Verstelluftschraubenmuster ist gering. Neben der VDM-Verstelluftschraube[198]) gibt es die in Deutschland in Lizenz gebaute Hamilton-Zweistellungsschraube, die automatische Argus-Verstellschraube und die vollautomatische Junkers-Verstelluftschraube[199]). Für die Zweistellungsschraube erübrigt sich eine Stellungsanzeige, da die beiden einstellbaren Endstellungen in jedem Fall bekannt sind. Bei den automatischen Verstelluftschrauben ist bisher von einer Stellungsanzeige abgesehen worden, weil die jeweils automatisch eingestellte konstante Drehzahl als Maß einer einwandfreien Verstellung durch die Drehzahlanzeige uberwacht werden kann. Die behandelten Stellungsanzeiger beziehen sich daher nur auf die VDM-Luftschraube.

Zum besseren Verständnis des Zusammenhanges zwischen Verstelleinrichtung und Stellungsanzeige wird auf den **Mechanismus der VDM-Luftschraubenverstellung** naher eingegangen. In Abb. 98 ist diese Einrichtung in einer Schnittzeichnung schematisch dargestellt Die Luftschraubenblätter werden mit ihrer Wurzel in einzelne Lager, die in der Luftschraubennabe drehbar befestigt sind, fest eingeschraubt. Jedes Lager hat einen Zahnkranz (Schneckenradkranz), in den eine an der Nabe drehbar befestigte Schnecke eingreift. Die Schnecke wird durch ein Zahnrad angetrieben und bewirkt die Verstellung der Luftschraubenblätter. Dabei ist es gleichgültig, ob es sich um eine zwei- oder mehrflügelige Luftschraube handelt, der Unterschied der Verstelleinrich-

[198]) VDM = Vereinigte Deutsche Metallwerke.
[199]) s. Bd. 14.

tungen besteht nur in der Anzahl der Schneckentriebe, die der Anzahl der Luftschraubenflügel gleich ist.

Alle Schnecken-Zahnräder liegen auf ein und demselben Zahnrad 1 (Schlußrad[200]) auf, das starr mit einem Zahnrad 2 (Klauenrad) verbunden ist. Die beiden Zahnräder 1 und 2, die als ein Stück zu betrachten sind, sitzen drehbar auf einer kurzen, hohlen Welle (Getriebebüchse). Diese ist mit der Luftschraubennabe durch Verzahnung fest vereinigt. Die Welle hat auf ihrer Rückseite ebenfalls einen Zahnkranz, der in der

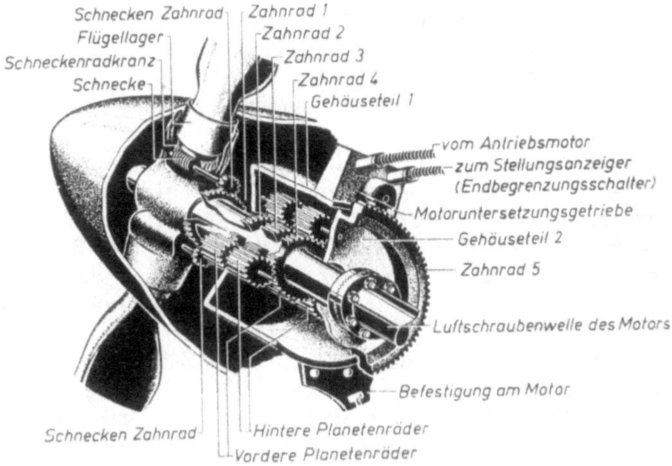

Abb. 98. Verstelleinrichtung der VDM-Verstell-Luftschraube. Zum besseren Verständnis ist das Verstellgetriebe stark auseinandergezogen worden

schematischen Darstellung als Zahnrad 4 (Getriebebuchse) bezeichnet wird. Auf der Welle ist ein weiteres Zahnrad 3 (Zwischenrad) lose gelagert (Abb. 98).

In die eng hintereinander und gegeneinander drehbar angeordneten Zahnräder 2, 3, 4 greifen sechs kleine Zahnräder (Planetenräder) so ein, daß die drei vorderen kleinen Zahnräder auf die Zahnkränze 2 und 3, die drei hinteren kleinen Zahnräder auf die Zahnkränze 3 und 4 arbeiten. Man bezeichnet dieses Verstellgetriebe als **Rückkehrplanetengetriebe.** Das vordere Planetengetriebe besteht aus dem festen Sonnenrad — Zahnrad 2 —, aus den vorderen drei Planetenrädern und dem losen Sonnenrad — Zahnrad 3 —. Das lose Sonnenrad des vorderen Getriebes ist gleichzeitig das lose Sonnenrad des hinteren Planetengetriebes, das fernerhin aus dem festen Sonnenrad — Zahnrad 4 — und den drei hinteren Planetenrädern besteht. Die vorderen Planetenräder sind dreh-

---

[200]) Die eingeklammerten Bezeichnungen entsprechen denen aus der VDM-Beschreibung.

bar in einem Gehäuseteil 1 (Gehäusering und vorderer Gehäusedeckel) gelagert, das mit dem Motor fest verbunden ist und daher bei der Bewegung der Luftschraube unbeweglich stehen bleibt. Die hinteren Planetenräder sind in einem Gehäuseteil 2 (hinterer Gehäusedeckel) drehbar gelagert; Gehäuseteil 2 kann gegenüber dem festen Gehäuseteil 1 verdreht werden. Aus der Abbildung und der vorhergehenden Beschreibung ergibt sich, daß sich bei einer Drehung der Luftschraube, wenn der Gehäuseteil 2 auch feststeht, die Zahnräder 1 bis 4 mit der gleichen Drehzahl wie die Luftschraube drehen müssen, da sie durch die Planetenräder untereinander verbunden sind[201]). Diese drehen sich dabei um ihre Achsen, die an den feststehenden Gehäuseteilen sitzen. Bei dem beschriebenen Bewegungszustand arbeiten die beiden Planetengetriebe wie ein einfaches Zahnradvorgelege, ohne eine besondere Wirkung hervorzurufen.

An dem Gehäuseteil 2 ist auf der Rückseite ein Zahnkranz 5 befestigt, der durch ein zum Motor feststehendes Motoruntersetzungsgetriebe bewegt werden kann. Wird das Zahnrad 5 durch das Motoruntersetzungsgetriebe angetrieben und dadurch der Gehäuseteil 2 gegenüber dem Gehäuseteil 1 verdreht, so wälzen sich die hinteren Planetenräder auf dem Zahnrad 4 ab (sie führen bei laufender Luftschraube eine zusätzliche Bewegung zu ihrer eigenen Drehung aus) und drehen dabei das lose Zahnrad 3 zusätzlich, da dieses eine um 3 Zähne größere Zähnezahl hat als das Zahnrad 4 (s. auch die Fußnote). Diese zusätzliche Drehung wird über die vorderen Planetenräder auf die Zahnräder 2 und 1 übertragen. Dadurch werden die Schnecken betätigt und je nach der Drehrichtung die Luftschraubenblätter mehr oder weniger angestellt.

Das über eine **biegsame Welle** von einem Motor oder von Hand angetriebene Motoruntersetzungsgetriebe hat eine Abzweigung, an die ebenfalls eine biegsame Welle angeschlossen ist. Sie führt nach dem **Endbegrenzungsschalter**[202]), in dem auch der Geber für den elektrischen Stellungsanzeiger untergebracht ist. Der Geber wird durch die biegsame Welle über verschiedene Zahnräder angetrieben, während der mechanische Stellungsanzeiger über den gleichen Antrieb durch eine weitere biegsame Welle unmittelbar betätigt wird.

Zu dem **elektrischen Stellungsanzeiger** gehören nach den vorhergehenden Erläuterungen der mechanische Antrieb, ein Teil des Endbegrenzungsschalters, die Übertragungs- oder Meßleitungen und das

---

[201]) Da das Zahnrad 3 eine um drei Zähne größere Zähnezahl hat als die Zahnräder 2 und 4 (s. weiter unten), führt es eine zusätzliche Drehbewegung aus (Relativbewegung zur Luftschraube), die jedoch im vorderen Planetengetriebe wieder aufgehoben wird.

[202]) Durch den Endbegrenzungsschalter kann die von einem Motor angetriebene Verstelleinrichtung nur in bestimmten, willkürlich festgelegten Grenzen betätigt werden.

Anzeigegerät. Er ähnelt in seinem äußeren Aufbau dem **Ferndrehzahlmesser,** wenn auch seine Arbeitsweise (s. d.) eine grundsätzlich andere ist und der **Strombedarf** nicht einer eigenen Stromquelle, sondern dem **Bordnetz** entnommen wird. Das Gerät kann durch die elektrische Arbeitsweise für beliebig große Entfernungen zwischen Meßstelle und Anzeigeort eingebaut werden, während der mechanische Stellungsanzeiger als Nahgerät anzusprechen ist. Die für den Antrieb des mechanisch arbeitenden Anzeigegerätes benötigte biegsame **Welle** ist hinsichtlich ihrer brauchbaren **Länge** aus den gleichen Gründen begrenzt[203]), die bereits für den Antrieb der Nahdrehzahlmesser angeführt wurden (s. Abschn. I Grundsätzliches).

Die biegsame Welle der Stellungsanzeiger weist gegenüber dem gleichen Antrieb der Drehzahlmesser (vgl. d.) wesentliche Unterschiede auf. Die Übertragung erfolgt hier durch eine Seele, die aus vier abwechselnd links- und rechtsgängig gewickelten Strahldrahtlagen besteht. Es gibt zwei Wellenausführungen, Rechtswellen, deren äußere Drahtwicklung rechtsgängig, und Linkswellen, deren äußere Drahtwicklung linksgängig gewickelt ist. Beide Wellen sind nach jeder Drehrichtung belastbar, sie unterscheiden sich durch die offenbar größere Belastbarkeit nach der einen oder anderen Seite, so daß bei wechselweisem Betrieb die Drehrichtung mit der größeren Belastung zweckmäßig zu berücksichtigen ist. In diesem Sinne werden, von der Antriebsseite aus gesehen, Rechtswellen linkslaufend und Linkswellen rechtslaufend verwendet.

Als Umhüllung und Schutz dient ein Panzerschlauch, in dem sich die biegsame Welle, d. h. die Seele, dreht, sie wird mit Graphitpaste geschmiert. Wie alle Übertragungen ähnlicher Art, muß auch die biegsame Welle für Stellungsanzeiger möglichst geradlinig verlegt werden, der zulässige Geringsthalbmesser einer Krümmung beträgt 150 mm. Da die übrigen Teile — Verschraubungen, Anschlüsse — der biegsamen Welle mit einer Gliederkette als Seele grundsätzlich ähnlich sind (s. d.), erübrigt sich eine besondere bildliche Darstellung. Für **Brandschottdurchführungen** gibt es ein Verbindungsstück, das als Kupplung zweier Einzelwellen ohne Übersetzung dient. Es besteht zur Hauptsache aus einem Leichtmetallgehäuse mit einem kurzen, starren Wellenstück, das die erforderlichen Mitnehmer (Anschlüsse) aufweist.

Die Wellen werden sowohl für den Antrieb des Luftschraubenverstellgetriebes als auch für die Stellungsanzeige verwendet. Sie sind im Dauerbetrieb belastbar bis zu einer Höchstdrehzahl von 3500 U/min und einem Drehmoment von etwa 6,5 kgcm. Das sind Beanspruchungen, die bei der Anwendung für die Stellungsanzeiger nicht auftreten.

Im einleitenden Abschnitt A) Allgemeines wurde bereits auf die ständig wachsende Zahl der Geräte im Flugzeug hingewiesen. Die durch

[203]) **Zulässige Höchstlängen sind nach VDM nicht festgelegt.**

sie bedingte Raumnot auf den Gerätebrettern der Besatzungsräume hat die Wege für die Entwicklung von Mehrfachgeräten aufgezeigt[204]), und so ist auch der Bau von **Mehrfachstellungsanzeigern** für Verstelluftschrauben in Angriff genommen worden. Die Geräte sind jedoch noch nicht serienmaßig eingesetzt, es ist daher nicht möglich, sie ausführlich zu beschreiben und bildlich wiederzugeben.

Abb. 99. Mehrfach-Luftschraubenstellungsanzeiger (Bauart AEG)

Man hat bei der Entwicklung dieser Mehrfachanzeigegeräte ähnliche Gesichtspunkte verfolgt, wie bei den neuzeitlichen Mehrfachanzeigegeräten für Druck- und Temperaturmessung nach der Patin-Schaltung (Bauart Eckardt, s. Abschn. II und IV). Für jede Anzeige sind Einzelmeßwerke vorgesehen, die für eine Mehrfachanzeige in einem gemeinsamen Gehäuse zusammengefügt werden (Abb. 99). Bei dieser Bauart ist es möglich, ein Einzelmeßwerk gleichzeitig als Einfachanzeiger zu verwenden.

Das Gerät stellt eine **Fernmeßanlage** mit elektrischer Arbeitsweise dar, für die eine fremde Stromquelle (Bordnetz) benötigt wird. Wie bei den vorher angeführten Luftschraubenstellungsanzeigern wird auch hier der Geber, in dem sich ein **Grobgeber** für den kleinen und ein **Feingeber** für den großen Zeiger befinden, von der Luftschraubenverstellvorrichtung mechanisch angetrieben. Der Anzeigemechanismus hat ein Fein- und ein Grobmeßwerk, die durch den vom Geber gesteuerten Strom bewegt werden. Für jede Anzeige ist wie bei allen ähnlichen Mehrfachgeräten ein besonderer Geber erforderlich. Die neuen Luftschraubenstellungsanzeiger zeichnen sich durch ihre Meßgenauigkeit und ihren geringen Raumbedarf aus.

1. Mechanische Luftschraubenstellungsanzeiger

a) Arbeitsweise

Der **mechanische Stellungsanzeiger** arbeitet wie ein **einfaches Uhrwerk,** das über eine biegsame Welle von dem Motoruntersetzungsgetriebe der Verstelluftschraube in Gang gesetzt wird (s. unter Grundsätzliches). Das Uhr- oder Meßwerk ist ein Stirnräderwerk; es hat entweder einen geraden oder einen rechtwinkligen schwenkbaren Anschluß mit einer Kegelradübertragung (s. unter Beschreibung).

Die unmittelbar oder durch die Kegelradübertragung angetriebene Hauptwelle trägt ein Ritzel oder Zahnrad 1, das über ein Untersetzungsgetriebe eine Vollwelle mit dem großen Zeiger bewegt (Abb. 100). Die Untersetzung ist so ausgeführt, daß bei e i n e r Umdrehung der Hauptwelle der große Zeiger eine Uhrminute zurücklegt. Die Vollwelle hat

[204]) s. auch unter Mehrfachdrehzahlmesser.

ein festes Ritzel oder Zahnrad 2, das über eine weitere Zahnraduntersetzung eine Hohlwelle, die sich auf der Vollwelle dreht, mit dem kleinen Zeiger antreibt. Die Untersetzung für den kleinen Zeiger ist der normalen Uhranzeige gleich, d. h. eine volle Umdrehung des großen Zeigers ergibt für den kleinen Zeiger einen Weg von 5 Minuten.

Je nach dem **Drehsinn** des Antriebes kann das Räderwerk des Gerätes umgeschaltet werden, um eine stets sinnfällige Bewegungsrichtung der Zeiger zu erhalten. Bei direktem Antrieb erfolgt dies durch einen **Umschalthebel,** bei dem schwenkbaren Anschluß durch **Umstellung**

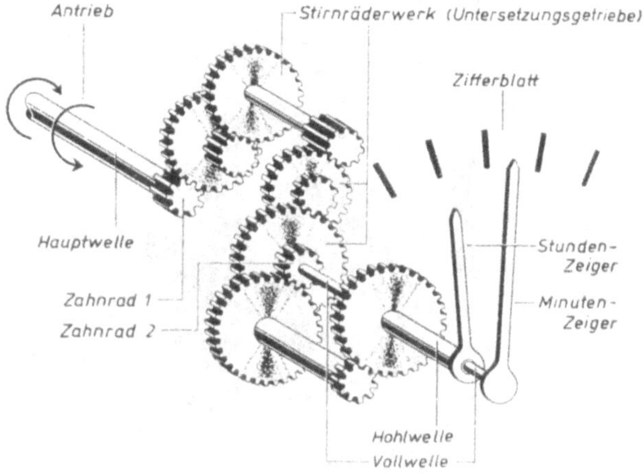

Abb 100 **Arbeitsweise des mechanischen Luftschraubenstellungsanzeigers**

des doppelseitigen Kegelradantriebes (s. unter Beschreibung und die Gerätemusterblätter im III. Teil). Besondere Einrichtungen weist die Arbeitsweise des einfachen Stirnräderwerkes sonst nicht auf. Wie bereits unter Grundsätzliches angeführt, ist die Anzeige so eingerichtet, daß normalerweise 10 Uhrminuten gleich 1 Grad Luftschraubenverstellung sind. Es ergibt sich dadurch eine leicht abzulesende Anzeige.

b) Beschreibung

Das aus dem Stirnrädertrieb bestehende **Anzeigewerk** des mechanischen Stellungsanzeigers ist auf zwei Lagerplatten, die durch drei kleine Säulen miteinander verbunden sind, befestigt (Abb. 101). Zwischen den beiden Platten ist das Untersetzungsgetriebe für den großen Zeiger, auf ihrer Vorderseite das Getriebe für den kleinen Zeiger angebracht. Bei dem Anzeigegerät mit geradem Anschluß wird die Hauptwelle des Mechanismus unmittelbar von der biegsamen Welle angetrieben, während bei dem Gerät mit **Schwenkanschluß** (Abb. 101) die Hauptwelle über ein kleines Kegelrad, das an den doppelseitigen Kegelradantrieb angeschlossen ist, bewegt wird.

Das Anzeige- oder Meßwerk wird als geschlossenes, mit Zeigern und Zifferblatt versehenes Aggregat in die große vordere Öffnung des Leichtmetallgehauses eingeführt und mit dessen Rückseite fest verschraubt. Eine aus unzerbrechlichem Glas bestehende Scheibe schließt das Gehäuse dicht ab. Sie ist auf der Innenseite mit Beschlagschutz versehen und wird mit einem Gummiring und einem Sprengring gehalten. Für den rechtwinkligen Schwenkanschluß ist in die Gehäuserückwand eine kegelförmig eingelassene Klemmscheibe eingesetzt, auf der das Anschlußstück mit dem doppelseitigen Kegelradantrieb durch zwei Schrau-

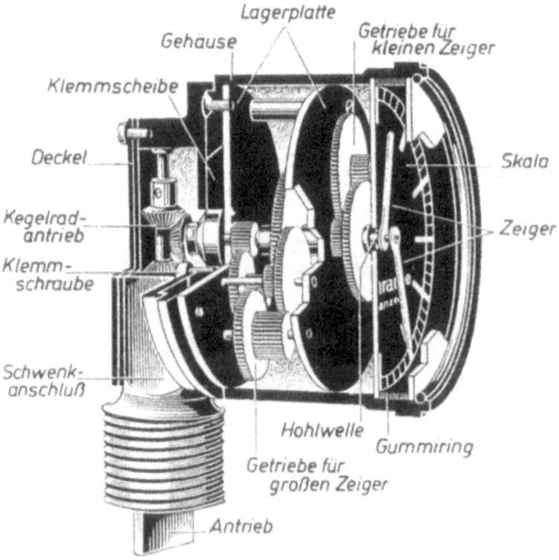

Abb. 101. Innenansicht eines mechanischen Luftschraubenstellungsanzeigers mit Schwenkanschluß (Kleine Steigung = hohe Uhranzeige z. B. 12^h, große Steigung = niedrige Uhranzeige z. B. 9^h)

ben festgeklemmt wird. Durch Lösen der Schrauben kann der Anschluß beliebig um 360 Grad gedreht werden. Ein kleiner, mit zwei Schrauben gehaltener Deckel ermöglicht den Zugang zu dem Kegelradantrieb, der mit zwei Schrauben auf einer Achse befestigt ist. Für die Umschaltung wird diese Verschraubung gelockert und der Kegelradantrieb wahlweise an die Hauptwelle angeschlossen. Die Schrauben für die Befestigung des Schwenkanschlusses müssen nach einer Lagenänderung des Anschlusses fest angezogen und durch Draht gesichert werden.

Das **Zifferblatt** weist, wie sich aus den vorhergehenden Erläuterungen ergibt, eine Teilung mit zwölf selbstleuchtenden Teilstrichen auf. Von einer Bezifferung ist Abstand genommen, da die Anzeige auch ohne Zahlen leicht abgelesen werden kann. Die beiden Zeiger sind ebenfalls selbstleuchtend.

c) Einbau

Die Anzeige der Luftschraubenblätter-Steigung ist nur dann von Interesse, wenn eine Änderung der Einstellung vorgenommen wird oder Triebwerkstörungen (Selbstverstellung) auftreten[205]. Eine ständige Überwachung der Stellungsanzeige ist daher nicht notwendig; aus diesem Grund zählt der Luftschraubenstellungsanzeiger hinsichtlich der örtlichen Unterbringung zu den Überwachungsgeräten **zweiter Ordnung.** Man wählt für seinen Einbau Plätze aus, die meistens außerhalb des Gerätebrettes liegen.

Bei **mehrmotorigen Flugzeugen** mit seitlich angeordneten Triebwerken wird der Luftschraubenstellungsanzeiger in vielen Fällen zusammen mit anderen Geräten unmittelbar im Motorvorbau untergebracht (Abb. 102). Dadurch wird die Ablesemöglichkeit zwar erschwert, sie ist jedoch immer noch ausreichend und hat sich im Flugbetrieb bewährt. Bei der Unterbringung im **Motorgerüst** seitlich angeordneter Triebwerke kann der mechanische Stellungsanzeiger (als Nahgerät) gut verwendet werden, da man für die Übertragung nur eine biegsame Welle mit begrenzten Längen benötigt. Fernerhin wird das mechanische Gerät bei einmotorigen Flugzeugen oder für den Mittelmotor von dreimotorigen Triebwerkanlagen verwendet, wie dies in der gleichen Art bei den Drehzahlmessern der Fall ist (s. Abschn. I 1 c).

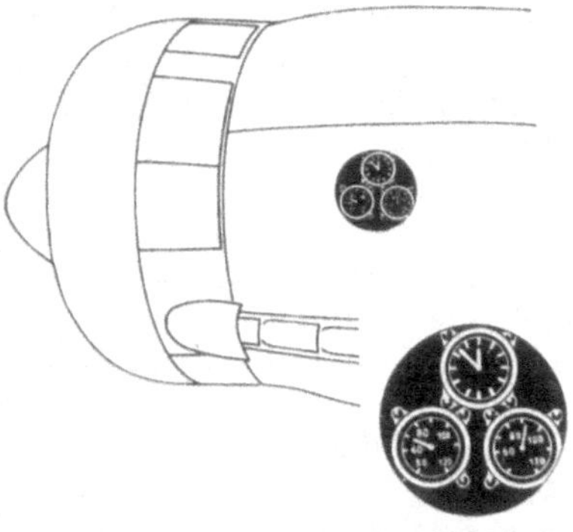

Abb 102. Einbau des Luftschraubenstellungsanzeigers mit anderen Geraten im Motorvorbau eines zweimotorigen Flugzeuges

Unbeschadet für die Güte der Anzeige und die Betriebssicherheit des Gerätes ist ein **fester Einbau** zulässig, unter der Voraussetzung, daß der Einbau grundsätzlich vibrationsfrei, d. h. nur den normalen Erschütterungen im Flugbetrieb ausgesetzt ist. Das Anzeigewerk, das nur ein einfaches, robustes Zahnradgetriebe und keine besonders empfindlichen Einrichtungen aufweist, ist widerstandsfähig genug, eine federnde Aufhängung entbehren zu können[206]. Für die Verlegung der **biegsamen Wellen** gelten die bereits bei den Drehzahlmessern angeführten Richtlinien (s. d.).

---

[205]) Änderungen der Drehzahl bei unveränderter Motordrosselung und konstantem Flugzustand weisen auf diese Möglichkeit hin.

[206]) Beachte die verschiedenen Hinweise in den Abschnitten über Einbaurichtlinien.

d) Wartung

Im allgemeinen benötigt der Stellungsanzeiger **keine besondere Wartung,** es ist jedoch wie bei jedem anderen Gerät laufend auf die einwandfreie Anzeige zu achten. **Störungen,** die sich vor allem als Fehlanzeige äußern, sind meistens auf den Antrieb zurückzuführen. Ein Bruch der Antriebsseele oder ihrer Anschlußstücke kann bei unzureichender Verlegung (zu enge Krümmer, Schwingungen) auftreten. Eine Fehl- oder Falschanzeige ist bei dem Gerät mit Schwenkanschluß aber auch dann möglich, wenn sich die Schrauben des doppelseitigen Kegelradantriebes gelockert haben und eine Selbstverstellung der Umschaltung eintritt.

Da das Gerät nur in Betrieb genommen wird, wenn eine Stellungsänderung der Luftschraube erfolgt, liegt ein Dauerbetrieb wie bei den Drehzahlmessern mit der gleichen Antriebsart nicht vor. Man kann daher auf den Einbau von **Entölern verzichten,** für deren Verwendung auch sonst die Voraussetzungen fehlen (s. unter Grundsätzliches Abschnitt I). Das Schmiermittel (Hydrofrost extra II) ist unter Berücksichtigung von Störungen durch Einfriergefahr vom Hersteller vorgeschrieben.

Gegen Störungen auf Grund von Schwitzwasserbildung (Korrosionserscheinungen) ist das Gerät durch seine robuste Bauart verhältnismäßig unempfindlich. Treten sie dennoch auf, so ist das Gerät auszuwechseln. Es muß in dieser Hinsicht auch eine einwandfreie Lagerung der ausgebauten Geräte in trockenen, säurefesten Räumen beachtet werden, wie dies für alle Geräte erforderlich ist.

Wenn bei Fehl- oder Falschanzeige sowohl das Anzeigegerät als auch der Antrieb durch die biegsame Welle für in Ordnung befunden werden, so ist die Störungsquelle in den verschiedenen Zubehörteilen der Verstelluftschraube zu suchen. Abgesehen von Schäden im Motoruntersetzungsgetriebe (s. Abb. 98) oder dem Verstellgetriebe, können sie im Endbegrenzungsschalter (s. unter Grundsätzliches) auftreten. In diesen Fällen muß die Betriebsanleitung der Verstelluftschraube zurate gezogen werden.

2. Elektrische Luftschraubenstellungsanzeiger

a) Arbeitsweise

Der elektrische Stellungsanzeiger besteht, wenn man ihn getrennt von der gesamten Luftschraubenverstelleinrichtung als Meßanlage für sich betrachtet, aus dem **Geber,** der **Übertragungsleitung** und dem **Anzeiger.** Der Geber ist, wie bereits unter Grundsätzliches angeführt, ein Teil des **Endbegrenzungsschalters,** er wird auf Grund der nachfolgend beschriebenen Arbeitsweise als **Impulsgeber** bezeichnet. Auf einem Isolationskörper sind kreisförmig drei Kontaktstücke befestigt, über die eine Kontaktfeder gleitet. Diese wird mit einer Welle von dem Motoruntersetzungsgetriebe der Verstelluftschraube unter Zwischenschaltung einer Zahnraduntersetzung bewegt. An die Antriebswelle der Zahnraduntersetzung wird gegebenenfalls zusätzlich der **mechanische Stellungsanzeiger** (s. d.) angeschlossen (Abb. 103).

Der **Anzeiger** hat drei Magnetspulen mit Weicheisenkernen (Elektromagnete), die kranzförmig um die Achse eines zweipoligen Ankers angeordnet sind. Auf der Ankerwelle ist ein Zahnrad befestigt, das über ein Räderwerk (Zahnraduntersetzungsgetriebe, dem mechanischen Stellungsanzeiger ähnlich) den großen Zeiger für die Minutenanzeige antreibt. Eine weitere Zahnraduntersetzung bewegt den kleinen Zeiger für die Stunden (Grad)-Anzeige über eine Hohlwelle, die sich um die Vollwelle des großen Zeigers dreht. Die Bewegung oder Anzeige der Zeiger ist die gleiche wie bei dem mechanischen Gerät.

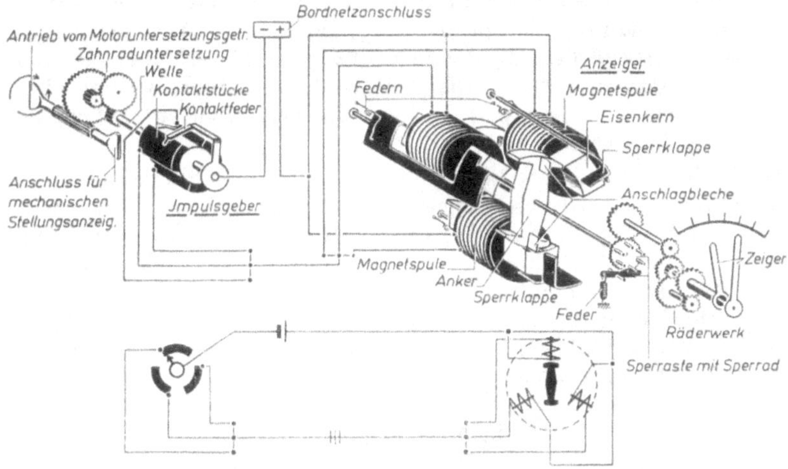

Abb 103. Arbeitsweise und Schaltschema eines elektrischen Luftschraubenstellungsanzeigers

Die drei Spulen sind einerseits durch eine gemeinsame Leitung mit dem Pluspol des Bordnetzes, andererseits über eine dreiadrige Leitung mit den drei Kontaktstücken des Gebers verbunden. Eine weitere Leitung führt von der Kontaktfeder zum Minuspol des Bordnetzes und schließt damit die drei Stromkreise.

Wird bei der Drehung der Kontaktfeder des Gebers über die Kontaktstücke eine elektrische Verbindung mit der einen oder anderen Magnetspule des Anzeigegerätes hergestellt, so erhält die betreffende Spule einen **Impuls** und wird magnetisiert. Der Anker wird von der Spule angezogen, so daß er sich je nach der Impulsfolge in der einen oder anderen Richtung um seine Achse dreht und das Räderwerk der Anzeige antreibt. Bei dieser Arbeitsweise bewegt sich der **Anker** offensichtlich **sprungweise** von einer Spule zur anderen[207]). Um ein gleichmäßiges Springen des Ankers von Stellung zu Stellung zu gewährleisten, haben die Magnetspulen Sperrklappen aus Weicheisenblech. Diese sind drehbar so gelagert, daß sie mit ihren seitlichen Lappen dicht über dem Eisenkern liegen, der aus den beiden Spulenenden herausragt; mit einer kleinen Feder werden sie in ihrer Lage gehalten. Wird eine Spule, d. h. deren Eisenkern durch einen Stromimpuls magnetisiert, so wird auch die Sperrklappe gegen die Kraft der Feder von der Magnetspule angezogen; damit wird gleichzeitig ein Ausleger der Sperrklappe nach unten bewegt. An der einen Seite des Ankers sind kleine Anschlagbleche angebracht. Bei der Drehung des Ankers schlagen die Bleche gegen die Ausleger der Sperrklappen und bewirken, daß er stetig von einer Spule zur nächsten überspringt.

Das Hauptantriebszahnrad auf der Ankerwelle ist mit kleinen Stiften versehen und dadurch als Sperrad ausgebildet. Eine durch Federkraft gehaltene Sperraste liegt an diesen Stiften an und verhindert es, daß sich im stromlosen Zustand die Ankerwelle von selbst weiterdrehen kann. Bei einem Stromimpuls springen die Zeiger um einen Anzeigebereich von 2½ Minuten weiter.

Die in der Abbildung wiedergegebene Schaltung ist vereinfacht dargestellt. Wie aus den Erläuterungen unter Grundsätzliches hervorgeht, gehören zu der Bedienanlage der Verstelluftschraube verschiedene elektrische Geräte und Schalter. Die elektrische Anlage des Stellungszeigers ist ein Teil der Gesamtanlage und in diese eingeschaltet. Die Stellungsanzeiger werden für 12 und 24 Volt Betriebsspannung bei einer Leistungsaufnahme von 5 Watt hergestellt. Von **Spannungsschwankungen** ist die Anzeige des Gerätes offensichtlich unabhängig.

b) Beschreibung

Die Beschreibung des **Gebers** vom elektrischen Stellungsanzeiger ist grundsätzlich durch die Erläuterung der Arbeitsweise gegeben. Wie in den vorhergehenden Abschnitten bereits angeführt ist der Geber im **Endbegrenzungsschalter** für die Luftschraubenverstellung eingebaut. Sein Antrieb dient gleichzeitig zum Anschluß der biegsamen Welle des mechanischen Stellungsanzeigers und betätigt außerdem den Schalter für die Verstellanlage. In dem Leichtmetallgehäuse des Endbegrenzungsschalters, das durch eine Leichtmetallkapsel verschlossen wird, nimmt der Geber nur einen beschränkten Raum ein. Das zum Antrieb der Kontaktfeder dienende Untersetzungsgetriebe ist nur ein Teil des gesamten Räderwerkes für die Bewegung des Schalters. Die zum Geber gehörenden Teile, die hinsichtlich ihrer Kennzeichnung mit dem vorher-

[207]) **Die Arbeitsweise entspricht einem elektrischen Zählwerk.**

gehenden Abschnitt übereinstimmen, sind in Abb. 104 klar herausgestellt, so daß sich eine weitere Beschreibung erübrigt (vgl. Abb. 103).

Das Meßwerk des **Anzeigegerätes** ist mit drei kleinen Säulen auf einem Preßstoffsockel befestigt: Auf der Rückseite hat diese Grundplatte eine Aussparung für den Anschluß der vierpoligen Steckdose der Übertragungsleitung; sie wird mit einem federnden Bügel betriebssicher

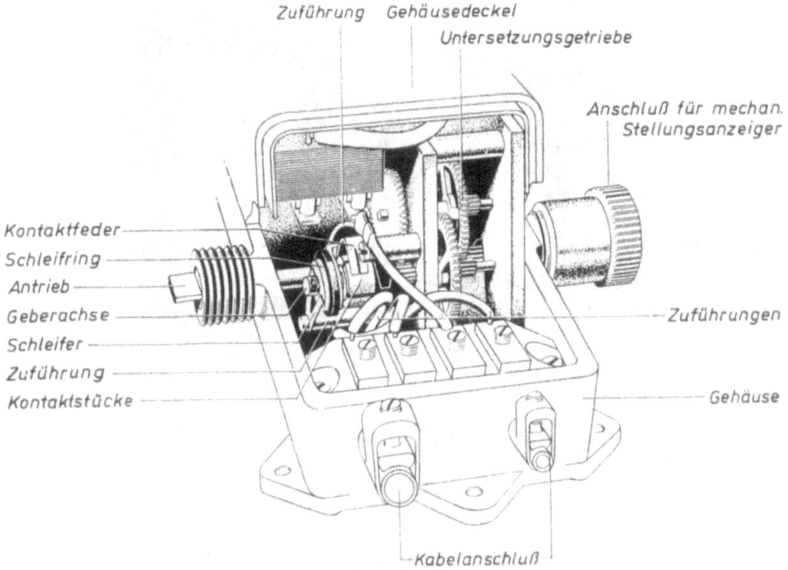

Abb. 104. Geber des elektrischen Luftschraubenstellungsanzeigers im Endbegrenzungsschalter der VDM-Verstell-Luftschraube. Es sind nur die Teile des Gebers besonders hervorgehoben

gehaltert. Die drei Magnetspulen sind zusammen mit ihren Sperrklappen und dem Anker zwischen zwei Platten gelagert, die aus unmagnetischem Werkstoff bestehen und durch die Weicheisenkerne der Spulen fest miteinander verbunden sind (Abb. 105). Vor dem elektrischen Meßwerk ist das Zahnraduntersetzungsgetriebe für den Antrieb der beiden Zeiger angeordnet, dessen Aufbau grundsätzlich dem Räderwerk des mechanischen Stellungsanzeigers entspricht. Er unterscheidet sich von diesem in Abhängigkeit von der Arbeitsweise einerseits durch ein anderes Untersetzungsverhältnis, andererseits durch das Sperrad mit der federgespannten Sperraste. Der Mechanismus wird durch ein mit selbstleuchtenden Teilstrichen versehenes **Zifferblatt** und die beiden selbstleuchtenden Zeiger abgeschlossen.

Das als geschlossenes Aggregat zusammengefügte Meßwerk wird in die große hintere Öffnung des Gehäuses, das auf der Vorderseite mit einer fest eingebauten Glasscheibe abgedichtet ist, eingesetzt und mit diesem verschraubt. Der Gehäusemantel besteht aus Weicheisenblech, so daß eine Beeinflussung von in der Nähe befindlichen Kompassen durch den Stellungsanzeiger praktisch ausgeschaltet wird. Aus dem gleichen Grunde sind auch die Übertragungskabel abgeschirmt.

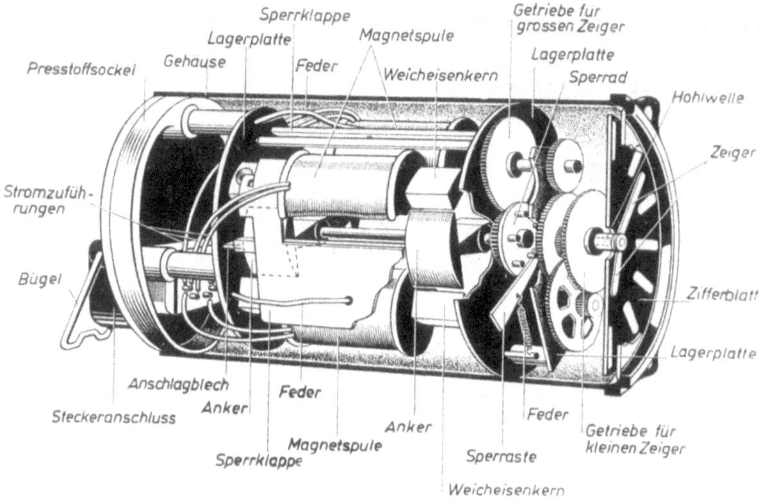

Abb. 105. Innenansicht eines elektrischen Luftschraubenstellungsanzeigers der VDM-Verstell-Luftschraube

c) Einbau

Für die örtliche Unterbringung des Anzeigers der elektrischen Meßanlage sind die gleichenRichtlinien maßgebend wie für das mechanische Gerät. Die Wahl des Einbauortes ist jedoch von der Entfernung bis zum Geber unabhängig, da die elektrische Arbeitsweise praktisch beliebig lange Leitungen zuläßt. Bei der Befestigung des Anzeigegerätes kann auf eine **elastische Lagerung verzichtet** werden, denn das Meßwerk ist so robust ausgeführt, daß die allgemeinen Beanspruchungen im Flugbetrieb die Betriebsfähigkeit nicht beeinflussen. Voraussetzung ist bei einer starren Aufhängung ein grundsätzlich vibrationsfreier Einbauort, wie er in allen ähnlichen Fällen erforderlich ist. Im Notfall sind störende Schwingungserscheinungen des Gerätes (Zittern der Zeiger) durch Filz- oder Gummischwammunterlagen leicht zu beheben.

Der **Geber,** d. h. der Endbegrenzungsschalter, wird **fest** eingebaut. Die Unterbringung wird örtlich durch die Anordnung der einzelnen Teile der Luftschraubenverstellanlage bestimmt. Die Verlegung der Leitungen hat nach den allgemeinen Vorschriften der BVF zu erfolgen. Insbesondere ist darauf zu achten, daß durch ausreichende Halterungen

Leitungsschwingungen vermieden werden. Bei vielen Flugzeugmustern werden die Übertragungskabel aus diesem Grunde in Kabelkanälen verlegt, die einen guten Schutz gegen die verschiedenen Störungsmöglichkeiten gewährleisten.

d) Wartung

Außer den allgemeinen Wartungsrichtlinien, die bereits für den mechanischen Stellungsanzeiger angegeben wurden (s. Abschn. 1 d), sind bei dem elektrischen Gerät die grundsätzlichen Vorschriften zu beachten, die für alle elektrischen Meßanlagen von Bedeutung sind. An den Übertragungskabeln können Störungen auftreten, die einerseits Falschanzeigen, andererseits Fehlanzeigen ergeben. Sie sind bedingt durch

Scheuerstellen (Leitungsschluß),
falsche Kabelanschlüsse,
verschmutzte Anschlüsse,
korrodierte Kontaktstellen.

Treten Anzeigestörungen auf, so sind daher in erster Linie die Übertragungskabel auf ihre einwandfreie Beschaffenheit zu überprüfen.

Ähnliche Störungen können auch am **Impulsgeber** im Endbegrenzungsschalter hervorgerufen werden. Eine Verschmutzung der Kontaktstücke oder eine lahme Kontaktfeder ergeben die gleichen Anzeigefehler wie Leitungsstörungen. Wenn solche Fehler nicht leicht zu beheben sind und gegebenenfalls im **Anzeigegerät** auftreten, so ist ein Auswechseln der betreffenden Geräte und ihre Instandsetzung durch den Gerätehersteller unerläßlich. Es muß, wie auch an anderen Stellen angedeutet, immer wieder darauf hingewiesen werden, daß eine einwandfreie Wiederherstellung von schadhaften Gerätemeßwerken nur durch geeignete Fachkräfte des Herstellers erfolgen kann. Aus diesem Grunde werden die Geräte fast ausnahmslos mit einer Plombe versehen, deren Entfernung verboten ist.

Als **Schmiermittel** dient, wie für das mechanische Gerät, nach der Bedienanweisung des Herstellers Hydrofrost extra II. Es bietet ausreichenden Schutz gegen Einfriergefahr, so daß auch in größeren Höhen oder bei starker Kälte die Betriebssicherheit der Meßanlage nicht gefährdet wird. Für die Aufbewahrung sind wie für alle Geräte trockene, säurefreie Lagerräume erforderlich. Die Anschlüsse der einzelnen Teile müssen gegen Verschmutzung, Korrosion und mechanische Beschädigungen sorgfältig geschützt werden. Bei einem Versand hat die Verpackung in dafür vorgesehenen Kartons zu erfolgen.

B. Flugwerküberwachungsgeräte

Allgemeines

Der Begriff der Flugwerküberwachungsgeräte ist in die Flugtechnik erst in neuerer Zeit eingeführt worden[208]), als es sich mit der Steigerung und fortschreitenden Entwicklung der technischen Einrichtungen bei verschiedenen Flugzeugmustern als notwendig erwies, den Besatzungen durch die Anwendung von Anzeigevorrichtungen die Möglichkeit zu geben, solche Einrichtungen überwachen zu können. Man ist seit dem Bestehen des Flugzeugbaues bestrebt, das Fluggerät durch verschiedene Kunstgriffe in seinen Leistungen und Eigenschaften ständig zu verbessern .und zu vervollkommen[209]). Es erfolgt dies einerseits durch aerodynamische Verfeinerungen (gute Formgebung, Glattblech, glatten Anstrich usw.), zu denen auch die einziehbaren Fahrwerke zählen, andererseits durch selbsttätige oder bedienbare **aerodynamische Hilfsmittel**[210]). Das Flugwerk eines technisch hochentwickelten Flugzeuges ist daher von Fall zu Fall neben der Steuerung mit beweglichen Vorrichtungen versehen, deren einwandfreies Arbeiten nicht nur für die Durchführung einer Flugaufgabe lebenswichtig, sondern auch für die Flugsicherheit von ausschlaggebender Bedeutung sein kann. Der Flugzeugführer muß z. B. wissen, ob vor der Landung das einziehbare Fahrwerk ausgefahren und in seine Endstellung fest eingerastet ist oder ob für den jeweiligen Flugzustand vorhandene Hilfsflügel ihre richtige Einstellung haben. Denn von solchen Fragen hängen die von ihm zu treffenden Maßnahmen ab, das Flugzeug richtig bedienen zu können.

Vorrichtungen dieser Art, die in letzter Zeit durch militärische Aufgaben bereichert wurden, werden entweder mechanisch, hydraulisch oder elektrisch betätigt. Zu den wichtigsten dieser technischen Einrichtungen, die bei jedem Flugzeug, gleichgültig welchen Verwendungszweckes, angewendet werden können, zählen

a) einziehbare Fahrwerke,
b) verstellbare Höhenflossen,
c) einstellbare Hilfsruder,
d) Landehilfen.

Bei Militärflugzeugen hat der Sturzbombenwurf fernerhin zur Entwicklung der

e) Sturzflugzeugbremse[211])

mit der Sturzflugautomatik[212]) geführt.

[208]) s. auch die Einleitung. [209]) s. Bd. 4, Einleitung von Abschn. XI.
[210]) s. Bd. 4, Abschn. XI und XII und Bd. 6. [211]) s. Bd. 4, Abschn. XII.
[212]) Sturzflugautomatik = Vorrichtung, um den Vorgang des Sturzbombenwurfes in seinem Verlauf zu automatisieren und damit den Führer zu entlasten. Dadurch wird der Gefahr von Bedienungsfehlern vorgebeugt und abhängig von einer Erhöhung der Flugsicherheit die Treffsicherheit gesteigert.

Alle diese Hilfsmittel des Flugzeuges haben sowohl einen Einfluß auf die Flugleistungen als auch insbesondere auf die Flugeigenschaften, der je nach dem Grad der Bedienung verschieden ist. Da man solche Vorrichtungen und ihre betriebssichere Einstellung nur in Ausnahmefällen oder gar nicht mit dem Auge überblicken kann, muß, wie sich aus den vorhergehenden Erläuterungen ergibt, eine Meßeinrichtung dazu dienen, den Mangel der unmittelbaren Überwachungsmöglichkeit zu ersetzen. In erster Linie handelt es sich darum, Einrichtungen des Flugwerkes zu überwachen, was zu der folgerichtigen Benennung „Flugwerküberwachungsgeräte" für diese Anzeigevorrichtungen geführt hat. Das schließt jedoch nicht aus, daß solche Geräte z. B. auch für die Überwachung einer Kühlerklappenverstellung oder einer Verstellung von Motorhaubenklappen verwendet werden. In solchen Fällen zählen diese Geräte dann zu den **Triebwerküberwachungsgeräten.**

Flugwerküberwachungsgeräte sind im gleichen Sinne **Meßgeräte** wie Triebwerküberwachungsgeräte. Sie messen die Stellung und Bewegung einer Flugwerkeinrichtung in derselben Art wie der Zustand und die Bewegung von Teilen der Triebwerkanlage gemessen werden, z. B. Druck, Temperatur, Drehzahl oder Luftschraubeneinstellung. Die Messung kann unmittelbar oder mittelbar erfolgen:

unmittelbar wird gemessen, wenn eine Stellung oder Bewegung der betreffenden Vorrichtng auch als Stellung oder Bewegung angezeigt wird, z. B. in Zahlen (Winkelgraden) oder in Form eines Stellungsbildes;

mittelbar wird gemessen, wenn die Stellung oder Bewegung der betreffenden Vorrichtungen durch das einwandfreie Arbeiten ihrer Betätigungsanlage angezeigt wird, z. B. der Druck (oder dessen Anstieg) von dem Öl einer Druckölanlage für die Betätigung des beweglichen Teiles.

Dabei ist es gleichgültig, ob der Arbeitsweise der Meßanlage eine direkte oder eine Fernübertragung zugrunde liegt. Flugwerküberwachungsgeräte mit direkter Anzeige sind schon seit Jahren allgemein im Gebrauch, wie z. B. die Anzeigevorrichtungen von Höhenflossenverstellungen unmittelbar an der Bedienung (s. Bd. 4, Abschn. XII), ohne daß man sie als Flugwerküberwachungsgeräte gekennzeichnet hat. Dies beruht darauf, daß diese Einrichtungen hinsichtlich ihrer äußeren Gestalt seinerzeit nicht als genormte Gerate gebaut wurden. Sie werden auch heute noch bei kleineren Flugzeugen unverändert verwendet, wenn für deren einfachen Aufbau keine hochgezüchteten technischen Einrichtungen mit neuzeitlichen Überwachungsgeräten notwendig sind.

In den Bauvorschriften für Flugzeuge (BVF) sind die Flugwerküberwachungsgeräte noch nicht erfaßt, da zur Zeit der Festlegung dieser Bestimmungen entweder kein Bedarf für solche Geräte vorlag oder sie sich noch in der Entwicklung befanden. Es war jedoch nicht erforderlich, für ihre Gestaltung absolutes Neuland zu beschreiten, man hat im

Gegenteil bei ihrer Konstruktion auf den Erfahrungen vorhandener, insbesondere der Triebwerküberwachungsgeräte aufgebaut. So ist es nur natürlich, daß diese Überwachungsgeräte mit verschiedenen Aufgabengebieten vieles miteinander gemeinsam haben. Gleichermaßen können auch die im Abschnitt A) „Allgemeines" angeführten Forderungen der BVF für die Anzeigegeräte der Triebwerksüberwachungsgeräte auf die Flugwerküberwachungsgeräte maßgeblich übertragen werden.

Die vorstehend gekennzeichnete Entwicklung der Flugwerküberwachungsgeräte bedeutet auch, daß die Richtlinien für den Bau von Mehrfachanzeigegeräten sinngemäß von den Triebwerküberwachungsgeräten übernommen wurden. Die im einführenden Teil des Abschnittes A ausführlich behandelten allgemeinen Gesichtspunkte für die Triebwerküberwachungsgeräte sind daher ebenfalls für sie gültig. Es erübrigt sich, auf diese Einzelheiten nochmals einzugehen.

Da die Forderung für die Erstellung von Flugwerküberwachungsgeräten erst in den letzten Jahren aufgetreten ist, sind die ihrer Konstruktion zugrunde gelegten und meistens den Triebwerküberwachungsgeräten „entliehenen" Arbeitsweisen nach den neuesten Erkenntnissen gestaltet. Aus diesem Grunde sind die **Flugwerküberwachungsgeräte** fast ausnahmslos **Fernmeßanlagen,** auf ihrem Entwicklungsgang fehlen Versuchsgeräte in dem Maße, wie man sie bei allen anderen Geräten antrifft. Ihr äußeres Gesicht, d. h. ihr Anzeigebild, weicht in vielen Fällen von den allgemeinen Rundgeräten mit Skala und Zeiger ab. Wie sich aus den folgenden Abschnitten ergibt, haben ihre Anzeigebilder dann den Vorzug, die Messung sinnfälliger, d. h. bildlich, wiederzugeben. Es ist dies nur noch bei einigen Überwachungsgeräten für den Flug möglich (s. d.); alle anderen Meßergebnisse werden sonst in Zahlen angezeigt.

VII. Stellungsanzeiger

Grundsätzliches

Wie die Luftschraubenstellungsanzeiger bei der Triebwerküberwachung (s. d.), dienen die Stellungsanzeiger der Gruppe Flugwerküberwachungsgeräte dazu, sowohl das einwandfreie Arbeiten, als auch die gewünschte Einstellung eines beweglichen Teiles beobachten zu können. Hauptsächlich handelt es sich dabei um Teile des Steuerwerkes oder um einziehbare Fahrwerke. Man verwendet hierfür im allgemeinen **Fernmeßanlagen,** sofern man von den einfachen Anzeigevorrichtungen absieht, die unmittelbar an der Bedieneinrichtung, z. B. an einer Höhenflossenverstellung, angebracht werden (s. unter Allgemeines).

Flugzeuge, bei denen die Verwendung von Stellungsanzeigern erforderlich ist, sind in ihren technischen Einrichtungen meistens so hoch entwickelt, daß sie auch mit einem elektrischen Bordnetz ausgerüstet sind. Es ist daher nur natürlich, daß man neben einfachen **mechanischen**

Geräten für die Stellungsanzeige **elektrische Arbeitsweisen** bevorzugt entwickelt hat, die ihren **Strombedarf** aus dem **Bordnetz** entnehmen; Geräte mit eigener Stromerzeugung sind nicht im Gebrauch.

Nicht alle beweglichen Teile im Flugwerk sind in ihrer Art Einzelteile wie z. B. die Höhenflosse oder das Spornrad. Weit häufiger sind durch die Symmetrie des Flugzeuges solche Teile doppelt vorhanden, z. B. linke und rechte Fahrgestellseite, linke und rechte Landeklappe usw. Sie werden, wenn auch von einer gemeinsamen Anlage, so doch durch getrennte Betätigungsorgane bewegt. Es ist dann unerläßlich, die Einstellung beider Teile einzeln zu überwachen. Man vereinigt einerseits für eine bessere Ablesemöglchkeit, andererseits aus Gründen der Platzersparnis mehrere solcher Anzeigen in einem Gerät und erhält damit **Mehrfachstellungsanzeiger.** Danach ergibt sich als Unterteilung für die Stellungsanzeiger

1. Mechanische Stellungsanzeiger,
2. Elektrische Stellungsanzeiger,
3. Mehrfachstellungsanzeiger,

wovon die letztgenannten Geräte am häufigsten anzutreffen sind.

Aus den vorhergehenden Erläuterungen ergibt sich, daß die **Arbeitsweisen** der elektrischen Einfach- und Mehrfachgeräte **übereinstimmen.** Sie unterscheiden sich lediglich in der baulichen Gestaltung in der gleichen Art wie bei den elektrischen Ferndruckmessern. Die Fernmeßanlagen der Triebwerküberwachungsgeräte (s. Abschn. II Grundsätzliches) bilden auch die Grundlage für die Arbeitsweisen der Flugwerkstellungsanzeiger; im Abschnitt „Allgemeines" wurde dies bereits angedeutet.

Die **Stellungsanzeiger-Fernmeßanlagen,** wie man sie folgerichtig bezeichnen kann, bestehen aus einem **Geber,** der **Übertragungsleitung** und dem **Anzeigegerät.** Ein **Mehrfachgerät** weist die erforderliche Vielzahl von Gebern und Anzeigen auf. Grundsätzlich ist die jeweilige Arbeitsweise danach ausgerichtet, daß der Weg des beweglichen Teiles vom Flugwerk mit einer geeigneten Übersetzung auf den Geber durch mechanische Hilfsmittel (Gestänge) übertragen wird. Das **Meßorgan** des Gebers ist ein elektrischer Widerstand, der durch einen Abgriff oder Schleifer verändert wird. Die Bewegung des Schleifers wird durch die Bewegung des zugehörigen Flugwerkteiles zwangsläufig bewirkt, so daß der jeweilige Widerstandswert von der Stellung des beweglichen Teiles — z. B. eines Fahrgestellbeines oder einer Höhenflosse — bestimmt wird.

Der **Geber,** d. h. der Widerstand ist mit dem Anzeigerät in einem vom Bordnetz gespeisten Stromkreis eingeschaltet. Der Anzeiger — einem Galvanometer ähnlich (Drehspul- oder Kreuzspulgerät, s. unter Arbeitsweise) — ist ein elektrisches Meßgerät, das den vom Widerstand des Gebers gesteuerten Strom mißt und abhängig davon die Stellung und den Weg des Flugwerkteiles anzeigt.

Beachtenswert ist bei den Stellungsanzeigern, daß man die Möglichkeit der bildlichen Wiedergabe des zu vermessenden Organes ausnutzt und dadurch eine weit sinnfälligere Anzeige erhält, als dies bei anderen Geräten der Fall ist (s. auch die Hinweise unter Allgemeines).

Einen Druck oder eine Temperatur, d. h. den Zustand eines Betriebsmittels, kann man nur durch Zahlenwerte kennzeichnen. Die Bewegung und Lage eines beweglichen Teiles kann man aber nicht allein durch Zahlen, sondern auch durch ein Bild wiedergeben, günstigenfalls allein durch eine bewegte bildliche Anzeige. Soll z. B. die Bewegung und Lage einer Höhenflosse angezeigt werden, so ist dies mit einem normalen

Abb 106 Anzeige eines Stellungsanzeigers in normaler Ausfuhrung mit Zeiger und Skala und in bildlicher Darstellung

Zifferblatt und Zeiger möglich, indem man die Einstellung in Winkelgraden wiedergibt. Sinnfälliger wird die Anzeige, wenn man die Höhenflosse durch den Zeiger bildlich darstellt, ihn aus der waagerechten Lage herausdrehen läßt und zusätzlich noch die Winkelgrade der Einstellung dazu schreibt (Abb. 106). Der Führer oder Bordwart übersieht bei einer solchen Anzeigedarstellung sofort, ob die Verstelleinrichtung richtig bedient wurde und einwandfrei arbeitet, ohne daß er im ersten Augenblick auf genaue Zahlenwerte zu achten braucht. Die Vorteile eines solchen Anzeigebildes sind offensichtlich und haben sich so gut bewährt[213]), daß man bei den Stellungsanzeigern für einziehbare Fahrwerke z. T. zu einer rein **bildlichen Anzeige** übergegangen ist. Von einer zahlenmäßigen Stellungsanzeige wird dann Abstand genommen (s. auch die Gerätemusterblätter im III. Teil).

Bei der Erläuterung der von den Stellungsanzeigern zu erfüllenden Aufgaben muß besonders auf die Bedeutung hingewiesen werden, die sie für das noch **am Boden** befindliche Flugzeug haben. Aus den Abschnitten VIII Bd. 7 über Ladepläne, IX Bd. 9 über Steuerfähigkeit und XII Bd. 4 ergibt sich, daß vor allem bei großen Flugzeugen mit hochgezüchteten technischen Einrichtungen und einer vielseitigen Belademöglichkeit, neben einer genau vorgeschriebenen Lastverteilung die maßgebenden aerodynamischen Hilfsmittel für jeden Flugzustand eine ganz bestimmte Einstellung besitzen müssen. Von ihrer richtigen Bedienung ist die Flugsicherheit schon im Augenblick des Gasgebens

[213]) Vgl. die Flugüberwachungs- und Navigationsgeräte.

in hervorragendem Maße abhängig. Falsche Flossen- und Landeklappenanstellung haben nicht selten beim Abflug mehr oder weniger schwere **Unglücksfälle** zur Folge gehabt. Der einwandfrei arbeitende Stellungsanzeiger ist also für die Flugsicherheit ein unentbehrliches Gerät, das bereits vor Beginn des Fluges zu Rate gezogen werden muß. Es ist daher auch unerläßlich, die richtige Anzeige dieser Geräte auf Stand sorgfältig zu überprüfen (beachte hierzu auch die Richtlinien in den folgenden Abschnitten).

1. Mechanische Stellungsanzeiger

a) Arbeitsweise

Mit wenigen Ausnahmen werden die Anzeigen der verschiedenen Überwachungsmessungen im Flugzeug den Besatzungen in der äußeren Form einer Uhr vor Augen geführt. Es ist daher nur natürlich, daß auch den Anzeigeeinrichtungen der mechanischen Stellungsmessung, wie man sie z. B. unmittelbar an der Bedienvorrichtung einer Höhenflossenverstellung anbringt (s. Abschn. Allgemeines), von Fall zu Fall eine Uhrenform gegeben wurde. Diese Ausführungsformen der mechanischen Stellungsanzeiger sind aber fast immer vom Flugzeughersteller gebaut worden, und nur in Einzelfällen haben sich die Gerätehersteller mit der Fertigung von solchen genormten Anzeigegeräten befaßt. Es ist dies darauf zurückzuführen, daß die mechanischen Meßgeräte für eine Stellungsanzeige verhältnismäßig einfach hergestellt wurden und keine besondere Entwicklung erforderten. Man hat z. T. hierfür die **Fadenschwimmeruhren** der Vorratsmesser (s. d.) verwendet oder mit einer einfachen Zahnraduntersetzung eine Zeigeruhr mit geeichter Skala durch den Bedienteil einer Verstellvorrichtung angetrieben.

Auf ähnlicher Grundlage wurde auf Veranlassung eines Flugzeugherstellers[214]) ein **mechanischer Stellungsanzeiger** gebaut und als **genormtes Gerät** herausgebracht. Er wird als Stellungsanzeiger für Landeklappen verwendet, was jedoch nicht ausschließt, daß dieses Gerät auch für andere Zwecke eingesetzt werden kann.

Die Bewegung des Flugwerkteiles wird mit einer Kugelkette auf eine federgefesselte Trommel — eine Art Schneckenscheibe — übertragen. Schon in der Zeigernullage steht die Trommel oder das Schneckenrad unter Spannung, so daß ein sicherer Anschlag des Zeigers für die Ausgangsstellung gewährleistet ist. Bei einer Bewegung des Flugwerkteiles wird die Kugelkette von der Trommel abgezogen, spannt die Feder und dreht die Achse der Trommel, auf der ein kleines Zahnrad oder Ritzel angebracht ist (Abb. 107). Das Ritzel greift in ein Zahnsegment ein und überträgt die Bewegung auf einen an dem Segment befestigten Zeiger. Bei entgegengesetzter Bewegungsrichtung wird die Kugelkette

[214]) Durch die Heinkel-Werke von den Askania-Werken AG. gebaut.

durch die Federspannung auf die Trommel aufgewickelt, so daß bei entsprechender Eichung der Ausschlag des beweglichen Flugwerkteiles wie erwünscht angezeigt wird.

Bei dem Anschluß der Kugelkette an die Betätigungsanlage des beweglichen Flugwerkteiles muß beachtet werden, daß der erreichbare Weg des Anschlußpunktes im Meßbereich des Anzeigegerätes liegt. Fernerhin muß das Verhältnis zwischen dem Weg des Anschlußpunktes und dem Ausschlag des Flugwerkteiles einerseits und dem Ausschlag des Zeigers andererseits übereinstimmen. Die Eichung der Anzeigeskala kann einem beliebigen Klappenausschlag angepaßt werden, da es möglich ist, durch die Wahl eines geeigneten Anschlußpunktes mit einer passenden Übersetzung innerhalb der Betätigungsanlage jede Ausschlaggröße auf das Gerät zu übertragen.

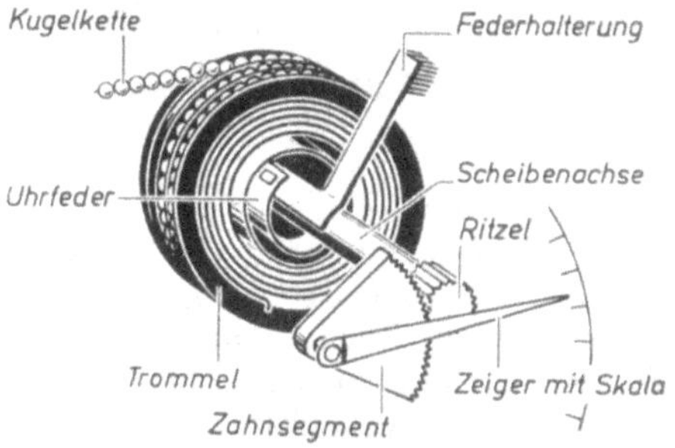

Abb. 107.
Arbeitsweise eines mechanischen Stellungsanzeigers

Durch eine hohe Federspannung und eine große Übersetzung zwischen Ketten- und Zeigerbewegung ist eine ruhige Anzeige gewährleistet. Die normalen Beanspruchungen im Flugbetrieb bleiben auf die Güte der Anzeige ohne Einfluß.

Der Stellungsanzeiger ist als **Nahgerät** anzusprechen, denn die mechanische Übertragung der Bewegung durch eine Kette läßt nur kürzere Entfernungen zwischen Meßstelle und Einbauort des Anzeigegerätes zu. Die Anwendungsmöglichkeit des Gerätes ist aus diesem Grunde begrenzt und wird vor allem durch die bauliche Gestaltung der Betätigungseinrichtung eines beweglichen Flugwerkteiles bestimmt.

b) Beschreibung

Das Leichtmetallgehäuse des mechanischen Stellungsanzeigers ist zweiteilig ausgeführt. Es besteht aus dem Gehäusemantel mit der Kettenzuführung (Rohrführung) und dem mit Befestigungsaugen ausgestatteten Gehäuseflansch. Ein aus Leichtmetall hergestellter Hauptkörper des Meßwerkes ist mit dem Gehäuseflansch so verschraubt, daß diese Teile drehbar mit dem Gehäusemantel verbunden sind. Der Hauptkörper trägt einen Ansatz für die Aufnahme der mit einem Ritzel versehenen Hauptachse. Auf die Hauptachse, die mit einem Verriegelungsstück in ihrem Lager gehalten wird, sind die eingängige, mit etwa $2\frac{1}{2}$ Windungen versehene Trommel und die Feder aufgesetzt. Die Spannfeder — eine kräftige Uhrwerkfeder — ist einerseits an der Trommel, andererseits an dem Ansatz des Hauptkörpers befestigt (Abb. 108). Das Ritzel der Hauptachse greift in ein Zahnsegment ein, das den Zeiger trägt und ebenfalls auf dem Hauptkörper gelagert ist. Der Drehbereich der Hauptachse und der Weg des Zeigers werden durch das Zahnsegment begrenzt, da dieses in seinen Endstellungen an kleine Angüsse des Hauptkörpers anschlägt.

Wird die auf die Trommel aufgewickelte Kugelkette von Hand festgehalten, so kann man durch eine Rechtsdrehung des Gehäuseflansches die Feder vorspannen. Bei genügender Vorspannung wird die Trommel

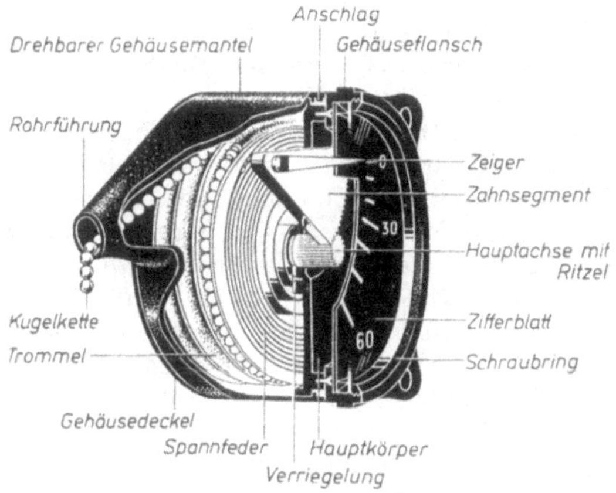

Abb 108. Innenansicht eines mechanischen Stellungsanzeigers (Bauart Askania)

mit der Hauptachse fest versplintet. Die Vorspannung bleibt aufrechterhalten, weil der Anschlag des Zahnsegmentes den Drehbereich der Hauptachse und der mit ihr fest verbundenen Trommel begrenzt. Nach dem Zusammenbau des Anzeigewerkes mit der erwünschten Federvorspannung wird die Verstellbarkeit des Gehäuseflansches gegenüber dem Gehäusemantel, der zwei Anschläge hat, durch eine kleine von außen einzusetzende Schraube auf einen Drehbereich von etwa 200° begrenzt. Durch diesen Verstellbereich ist es möglich, bei fest gelagertem Gerät (Gehäuseflansch) den Gehäusemantel mit der Rohrführung so einzustellen, daß die Kugelkette je nach ihrer Lage stets sachgemäß geführt wird.

Die als Federgehäuse dienende Trommel wird durch eine lose aufgesetzte Scheibe abgedeckt, um ein Austreten des Federfettes in das Gehäuse zu verhüten. Ein mit zwei Schrauben gehaltener Deckel schließt das Gehäuse nach hinten ab, während eine mit Gummidichtung und Schraubring befestigte Glasscheibe den vorderen Gehäuseabschluß bildet.

Die **Anzeige** ist wie bei allen Normalgeräten mit selbstleuchtenden Teilstrichen, Ziffern und Zeigern auf schwarzem Grund versehen. Der Anzeigebereich kann nach Wunsch dem Ausschlag eines beliebigen Flugwerkteiles von Fall zu Fall angepaßt werden.

c) Einbau

Um eine einwandfreie Anzeige zu gewährleisten, ist die Kugelkette möglichst geradlinig in einem Führungsrohr zu verlegen. Umlenkrollen[215]) sind tunlichst zu vermeiden, da sie leicht zu Störungen Veranlassung geben. Als Anzeigegerät zweiter Ordnung wird der Stellungsanzeiger meistens seitlich im Besatzungsraum oder auf den Nebenteilen des Gerätebrettes untergebracht. Der Einbauort richtet sich auch nach der Möglichkeit einer günstigen Kettenführung.

Da die Anzeigegenauigkeit von dem Dehnungsweg der mechanischen Übertragung beeinflußt wird, muß das Anzeigegerät fest eingebaut werden. Jede Nachgiebigkeit des Einbaues oder einer Umlenkrolle ruft Anzeigefehler hervor. Das Meßwerk ist von vornherein so widerstandsfähig ausgeführt, daß auch bei einem festen Einbau die normalen Erschütterungen des Flugbetriebes ohne Einfluß auf die Betriebsfähigkeit bleiben. Darüber hinaus muß beachtet werden, daß die mechanische Übertragung frei von Schwingungserscheinungen bleibt, die Anzeigestörungen hervorrufen würden.

d) Wartung

Anzeigestörungen und Fehlanzeigen sind im allgemeinen auf die Kettenübertragung zurückzuführen. Die Kette kann schwingen, reißen oder aus ihrer Führung herausgesprungen sein. Eine Behebung ist, abgesehen, von einem **Kettenriß,** meistens leicht möglich und setzt voraus, daß die Ursache der Störung (s. a. unter c) grundsätzlich behoben wird. Ist eine fehlerhafte Anzeige auf das Gerat zurückzuführen, so muß das Gerät ausgewechselt und vom Hersteller wieder in Ordnung gebracht werden.

Für die Aufbewahrung und den Versand gelten die gleichen Richtlinien wie für alle ähnlichen mechanischen Geräte.

2. Elektrische Stellungsanzeiger

a) Arbeitsweise

Für die im Gebrauch befindlichen elektrischen Stellungsanzeiger werden bei grundsätzlich gleichartiger Arbeitsweise **zwei Schaltungen** angewendet, die sich in verschiedenen Ausführungsformen bewährt haben und bei den Triebwerküberwachungsgeräten näher beschrieben

[215]) Umlenkrollen müssen mit einem Schutz gegen Abspringen der Kette versehen sein.

wurden. Es handelt sich um die **Brücken-Kreuzspulschaltung** Bauart Siemens (Luftfahrtgerätewerk Hakenfelde) und die **Brücken-Drehspulschaltung** von Patin (Bauart Eckardt). Die Grundlage beider Schaltungen ist die im Abschn. II 4 a) erläuterte Wheatstonesche Brückenschaltung.

Der **Geber** besteht bei beiden Bauarten, wie bereits unter Grundsätzliches angeführt, aus einem vom beweglichen Teil des Flugzeuges gesteuerten Abgriff, der auf einem kreisförmig gebogenen Widerstand schleift und ihn in gleiche oder verschieden große Abschnitte einteilt. In vielen Fällen wird die Anfangs- und Endstellung des Abgriffweges von einem **Endbegrenzungsschalter**[216]) genau festgelegt (s. auch unter c), um für die Ausgangsstellungen des bewegten Teiles eine eindeutig gekennzeichnete Anzeige zu erhalten. Dies ist vor allem bei Teilen wie z. B. dem einziehbaren Fahrwerk wichtig, da die jeweilige Endstellung gleichbedeutend mit dem Einrasten einer automatischen Sicherung ist. Von einer Beschreibung dieser Vorrichtungen wird Abstand genommen, denn sowohl die mechanischen Betätigungsorgane für den Geber als auch die Endbegrenzungsschalter sind von Fall zu Fall den Einrichtungen des betreffenden Flugzeugmusters angepaßt und gehören nicht mehr zu den vorstehend behandelten Geräten.

Bei der **Siemens-Schaltung**[217]) ist der Abgriff des **Geberpotentiometers** mit dem Minuspol des Bordnetzes verbunden, während die Ableitungen von den beiden Enden des Widerstandes zum Anzeigegerät führen (Abb. 109). Das **Anzeigegerät** hat einen ringförmigen Dauermagneten, zwischen dessen Polen ein Weicheisenkern mit einem Luftspalt so befestigt ist, daß ein gleichmäßiges magnetisches Feld erzeugt wird. In diesem Feld bewegt sich die Drehspule I (Hauptrahmen) und der an ihr befestigte Zeiger. An der Rückseite des Hauptrahmens ist kreuzförmig dazu die Drehspule II (Richtrahmen) angebracht. Aus dieser Bauart ergibt sich die Bezeichnung Kreuzspulgerät.

Die beiden Geberableitungen führen nach zwei unveranderlichen Widerständen im Anzeiger; sie bilden mit dem Geber eine Stromverzweigung, die über den Richtrahmen mit dem Pluspol des Bordnetzes verbunden ist. Die Drehspule I bildet die Brücke in dieser Stromverzweigung. Je nach dem Stromdurchgang durch die Brücke wird in dem Hauptrahmen eine Drehkraft hervorgerufen, die den Zeiger nach der einen oder anderen Seite ausschlagen läßt. Das erzeugte Drehmoment wird von dem Richtrahmen, den man auch als elektrische Feder bezeichnet, gewogen, so daß durch den vom Geber gesteuerten Strom der Weg und die Stellung des sich bewegenden Flugzeugteiles angezeigt werden.

---

[216]) Vgl. den Luftschraubenstellungsanzeiger.

[217]) Die vorstehende Beschreibung wird nur stark gekuızt wiedergegeben, siehe die eingehendere Erläuterung im Abschn. II 4 a).

Die dem Druckmesser gleiche Arbeitsweise unterscheidet sich von dieser lediglich dadurch, daß der Geber nicht von einem durch Druck erzeugten Dosenhub, sondern von dem Ausschlag des beweglichen Flugwerkteiles angetrieben wird. Darüber hinaus ist das Anzeigebild, wie unter Grundsätzliches angeführt, anders gestaltet (s. a. Abb. 106).

Bei der **Patin-Schaltung**[218]) hat der **Anzeiger** einen Kernmagneten, der in einem Weicheisenmantel so gelagert ist, daß sich in dem von beiden Teilen gebildeten Luftspalt eine Spule um etwa 90° drehen

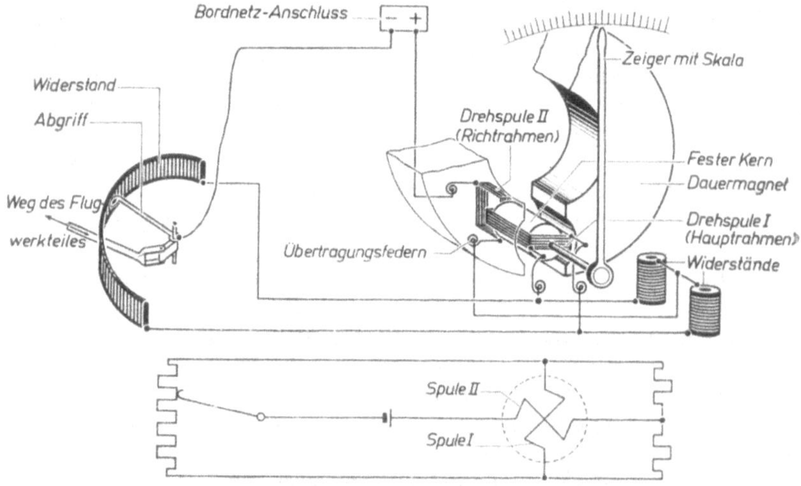

Abb. 109. **Arbeitsweise und Schaltschema des elektrischen Stellungsanzeigers nach der Brücken-Kreuzspulschaltung Bauart Siemens (Hersteller Luftfahrtgeratewerk Hakenfelde)**

kann. Diese Bewegung wird mit einer Zahnradübersetzung auf einen Zeiger mit einem Ausschlagbereich von etwa 180° übertragen. An der Spule ist ein Abgriff befestigt, der auf einem Widerstand schleift und ihn abhängig von der Bewegung der Drehspule in gleiche oder verschieden große Abschnitte einteilt. Anfang und Ende des Anzeigerwiderstandes sind mit dem Anfang und Ende des Geberwiderstandes verbunden. In diesem Stromkreis, der an das Bordnetz angeschlossen ist, bildet die Verbindung zwischen den beiden Abgriffen des Geber- und Anzeiger-Potentiometers mit der dazwischengeschalteten Drehspule die Brücke (Abb. 110).

Fließt ein Strom durch die Brücke, so wird in der Drehspule eine Drehkraft hervorgerufen, die den Zeiger und den Abgriff ausschlagen läßt. Wird dadurch der Widerstand so unterteilt, daß ein gleiches Verhältnis der Widerstandsabschnitte vom Geber- und Anzeiger-Potentiometer entsteht, so wird die Brücke stromlos und der Zeiger bleibt stehen.

---

[218]) **Vgl. Abschn. II 4 a) und IV 3 a) mit Abb. 77.**

In Abhängigkeit von dem Weg des Gebers wird dadurch die Bewegung und Stellung des beweglichen Flugwerkteiles bei entsprechender Gestaltung und Eichung des Anzeigebildes angezeigt. Die bauliche Ausführung des Gerätes ist dem elektrischen Temperaturmesser nach der Patin-Schaltung (s. d.) grundsätzlich ähnlich. Die Unterschiede sind bei einem Vergleich der beiden Meßanlagen offensichtlich.

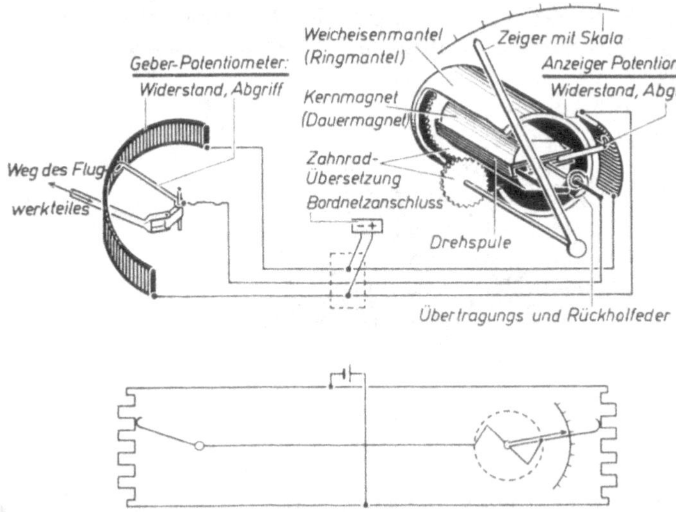

Abb. 110. Arbeitsweise und Schaltschema des elektrischen Stellungsanzeigers nach der Brucken-Drehspulschaltung von Patin (Bauart Eckardt)

Wie schon an anderer Stelle vermerkt, gestattet es der gedrängte Aufbau des als geschlossenes Aggegrat hergestellten Mechanismus, mehrere Meßwerke in einem Gehäuse zu vereinigen (Mehrfachgeräte). Dabei bleibt die Auswechselbarkeit der einzelnen Anzeigen erhalten, so daß Störungen schnell behoben werden können.

b) Beschreibung

Die **Geber** der elektrischen Stellungsanzeiger verschiedener Herstellung sind in ihrem Aufbau einander so ähnlich, daß die Beschreibung eines beliebigen Gerätes grundsätzlich gültig ist. Bei dem Geber der Bauart Luftfahrtgerätewerk Hakenfelde ist der kreisförmig gebogene Widerstand des Geberpotentiometers mit der erforderlichen Isolierung an der Innenwand eines runden Leichtmetallgehäuses angebracht (Abb. 111). Auf dem Gehäuseboden dreht sich in einem kleinen angegossenen Lager eine Achse mit dem daran befestigten Abgriff oder Schleifer. Ein lose aufgelegter und in seiner Lage fixierter Zwischendeckel bildet das zweite Lager der Schleiferachse und hält sie gleichzeitig in ihrem unteren Lager fest. Der Deckel trägt einen Anschlag, an den ein Querbolzen der Achse anschlägt und so den Weg des Abgriffes in beiden Richtungen begrenzt[219]). Ein auf das Gehäuse mit Schrauben dicht aufgesetzter Außendeckel schließt das Gebergerät ab und schützt das Meßwerk gegen Verschmutzung und mechanische Beschädigungen. Die drei Ableitungen vom Potentiometer (Widerstand und Abgriff) führen in einen seitlich an das Gehäuse angegossenen Schraubenschluß, der zur Aufnahme der Steckdose der dreiadrigen Meßleitung dient. Für die Befestigung des Gebers sind zwei am Gehäuse-

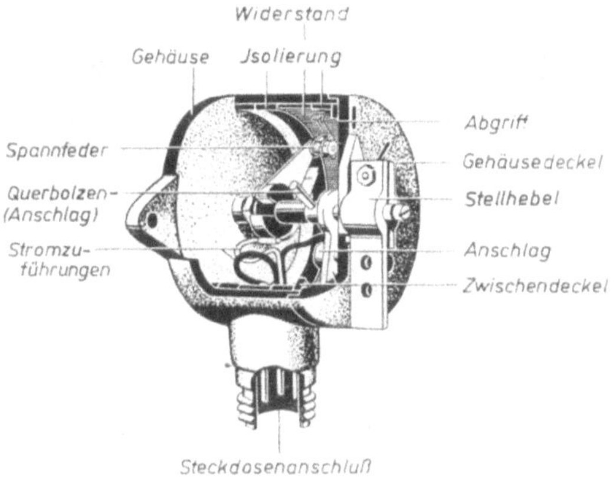

Abb. 111. **Innenansicht vom Geber eines elektrischen Stellungsanzeigers**

boden befindliche Augen angebracht. Die Drehung der Schleiferachse wird durch einen mit Schrauben aufgeklemmten Hebel bewirkt, dessen Stellung von Fall zu Fall vom Flugzeughersteller auf die Einrichtungen des betreffenden Flugzeugmusters abgestellt wird.

Das **Anzeigegerät** des einfachen Stellungsanzeigers nach der **Siemens-Bauart** ist das gleiche wie das in Abb. 44 dargestellte und in Abschn. II 4 b) behandelte Gerät des einfachen elektrischen Druckmessers; eine nochmalige Beschreibung erübrigt sich. Der äußere Unterschied in den beiden Geräten besteht darin, daß das Meßwerk des Stellungsanzeigers um 90° gedreht ist und der Zeiger für eine sinnfällige Anzeige wagerecht liegt (vgl. die Gerätemusterblätter im III. Teil). Die Polbohrung des ringförmigen Dauermagneten befindet sich dann an der Seite des Gerätes (vgl. Abb. 46). Die Ausführung der Anzeige wurde bereits unter Grundsätzliches besprochen, sie ist in den Gerätemusterblättern abgebildet.

Das Meßwerk von dem einfachen **Anzeigegerät** des elektrischen Stellungsanzeigers nach der **Patin-Schaltung** ist das gleiche wie das in

[219]) Beachte zusätzlich verwendete Endbegrenzungsschalter, s. Abschn. a).

Abb. 81 dargestellte Einzelmeßwerk des elektrischen Temperaturmessers. Das Meßwerk wird in derselben Art auf einen Sockel (Grundplatte aufgesetzt, wie dies in Abschn. II 5 b) näher beschrieben ist (vgl. hierzu Abb. 52). Die Grundplatte mit dem aufgesteckten Meßwerk bildet ein geschlossenes Aggregat, das in das aus Leichtmetall-Spritzguß hergestellte Gehäuse eingesetzt und mit diesem fest verschraubt wird (Abb. 112). Auf der Vorderseite wird das Gehäuse durch eine lose eingesetzte Glasscheibe abgeschlossen. Die Rückseite der Grundplatte hat einen röhrenförmigen Ansatz zur Aufnahme der Steckdose der dreiadrigen Übertragungs- oder Meßleitung. Die Steckdose wird mit einem federnden Blechbügel betriebssicher gehaltert.

Abb. 112. Einfach-Anzeigegerat des elektrischen Stellungsanzeigers nach der Patin-Schaltung (Bauart Eckardt)

Für die Anzeige, die beliebig ausgeführt werden kann, wird eine bildliche Darstellung, wie sie im einführenden Abschnitt Grundsätzliches besprochen wurde, bevorzugt angewendet. Je nach dem Verwendungszweck[220]) des Gerätes wird der Zeiger als Flügelprofil oder Flugzeugbild dargestellt (Abb. 112). Zusätzlich wird für die Neigung des zu vermessenden Flugwerkteiles eine Skala in Winkelgraden benutzt, wobei der Meßbereich den Wünschen des Auftraggebers angepaßt wird. Rote **Verstellbereichsmarken** dienen zur Kennzeichnung eines begrenzten Anzeigebereiches.

c) Einbau.

Die Unterbringung der Geber wird bei den Stellungsanzeigern örtlich durch den beweglichen Flugwerkteil bestimmt. Man wird den Geber im allgemeinen unmittelbar an der Meßstelle, d. h. so anordnen, daß nicht durch überflüssige Übertragungsteile der Betätigungseinrichtung leicht Störungen oder Fehlanzeigen hervorgerufen werden (Elastizität der Übertragung, Leerlauf in Gestängen durch Lager und Umlenkhebel). Dabei muß der **Geber starr eingebaut** werden, da eine elastische Aufhängung durch ihre Nachgiebigkeit die vorher angeführten Fehlerquellen erweitern würde. Ein fester Einbau ist um so eher gegeben, als der einfache Aufbau des Gebergerätes auch gegen stärkere Beanspruchung im Flugbetrieb (Erschütterungen) die nötige Widerstandsfähigkeit besitzt.

Die Stellungsanzeige von beweglichen Flugwerkteilen ist von Bedeutung, wenn durch die Änderung eines Flugzustandes auch ihre Einstellung verändert werden muß. Die **Anzeiger** brauchen nur von Fall zu

[220]) Beachte die vielseitigen Anwendungsmöglichkeiten für Stellungen und Neigungen.

Fall beobachtet zu werden, so daß sie zu den Überwachungsgeräten **zweiter Ordnung** gehören. Von ihrem Einbau im Gerätebrett in Augenhöhe des Flugzeugführers nimmt man daher Abstand und ordnet sie im Besatzungsraum meistens seitlich, jedoch so an, daß die Bedienhebel des betreffenden Flugwerkteiles mit der Stellungsanzeige entweder zusammen, zumindest aber in einer Blickrichtung liegen.

Der Mechanismus der elektrischen Anzeigegeräte erfordert wie alle Geräte dieser Art eine **federnde Aufhängung,** wenn eine ausreichende Betriebssicherheit und Lebensdauer gewährleistet werden soll. Da sie den elektrischen Triebwerküberwachungsgeraten mit denselben Arbeitsweisen gleich sind, gelten die Richtlinien für den Einbau dieser Meßanlagen auch an dieser Stelle.

d) Wartung

Auf die Notwendigkeit einer laufenden Überwachung der einwandfreien Anzeige wurde bereits im einführenden Abschnitt hingewiesen. Diese ist um so eher gegeben, als die meisten Stellungsanzeigen leicht überprüft werden können, wenn das **Flugzeug am Boden** steht. Bei einziehbaren Fahrwerken erfolgen solche Prüfungen von Fall zu Fall am aufgebockten Flugzeug, wobei besonders das Einrasten in die Endstellung von Bedeutung ist.

Die Fehlerquellen oder Störungsmöglichkeiten sind die gleichen wie bei den Fernmeßanlagen der Triebwerküberwachungsgeräte mit denselben Arbeitsweisen. Fehl- oder Falschanzeigen können hervorgerufen werden durch

den Geber,
den Anzeiger,
die Übertragungs- oder Meßleitungen.

Für die Leitungen gelten die Wartungsrichtlinien, die für alle elektrischen Übertragungen dieser Art gelten (beachte auch die BVF). Wenn Anzeigefehler auf die Geräte zurückzuführend sind, so müssen diese ausgewechselt werden; eine Wiederherstellung muß fast ausnahmslos durch den Gerätehersteller erfolgen.

Es wurden im Abschnitt a) die Betätigungsorgane des Gebers angeführt; zu ihnen können gegebenenfalls Endbegrenzungs- oder Signalschalter gehören. Treten Anzeigestörungen bei den Stellungsanzeigern auf, so müssen auch diese Einrichtungen nachgeprüft werden, da sie im gleichen Maße wie die eigentliche Meßanlage Fehlerquellen enthalten. Solche Vorrichtungen werden in ihrer baulichen Ausführung von dem betreffenden Flugzeugmuster bestimmt. Es ist daher nicht möglich, allgemein gültige Wartungsvorschriften für sie anzugeben. Hierfür sind die Betriebsanleitungen des Flugzeugherstellers zu Rate zu ziehen.

3. Mehrfachstellungsanzeiger

a) Arbeitsweise

Für Mehrfachstellungsanzeiger wird sowohl die **Kreuzspulschaltung** von **Siemens** als auch die **Drehspulschaltung** von **Patin** verwendet. Die Arbeitsweisen unterscheiden sich von denen der Einfachgeräte nur durch ihre äußere Gestaltung. Je nach der Zahl der Anzeigen wird eine gleiche Anzahl von Gebern benötigt, die über einen Verteiler mit einem mehradrigen Übertragungskabel an das Anzeigegerät angeschlossen werden. Obwohl die Möglichkeit besteht, einen Geber für zwei Anzeigen verwenden zu können — z. B. für die linke und rechte Fahrgestellseite — nimmt man aus Gründen der Betriebssicherheit davon Abstand; im Abschnitt Grundsätzliches ist hierauf näher eingegangen.

Die **Anzeigegeräte** der **Mehrfachstellungsanzeiger** gleichen in der baulichen Ausführung den **Mehrfachdruckmessern** (s. d.) mit denselben Arbeitsweisen. Bei der Siemens-Bauart werden die Meßwerke der Mehrfachanzeigen durch den mit mehreren Polbohrungen versehenen ringförmigen Dauermagneten zu einem geschlossenen Aggregat vereinigt. Bei der Patin-Schaltung wird hingegen die Trennung zwischen den einzelnen Anzeigen auch bei dem Mechanismus gewahrt. Jede Anzeige hat ein eigenes Meßwerk, und mehrere Meßwerke werden nur äußerlich durch das Gehäuse zu einem Mehrfachgerät vereinigt (s. Abschn. II 5a und Abb. 46, 47). Alle weiteren Merkmale der Arbeitsweisen sind dieselben wie bei den Druckmessern.

b) Beschreibung

Der **Aufbau** der Mehrfachstellungsanzeiger unterscheidet sich nicht von dem der Mehrfachdruck- und Temperaturmesser mit den gleichen Arbeitsweisen. Die im Abschn. II und IV 5 b) enthaltenen Beschreibungen mit den Abbildungen 52 und 53 (s. auch Abb. 81) sind auch an dieser Stelle gültig. Soweit Unterschiede bestehen sind sie durch die Ausführung des Anzeigebildes bedingt. Wie schon vorher angeführt, kann die Anzeige zahlen- und bildmäßig den Wünschen des Flugzeugherstellers, d. h. den Eigenarten des zu vermessenden Organes und Flugzeugmusters angepaßt werden. Das schließt nicht aus, daß sich bestimmte Darstellungen der Anzeige als **Normalbild** ergeben haben.

Bei den Siemens-Geräten hat sich vor allem das Anzeigebild des kombinierten **Landeanzeigegerätes** (Vierfachgerät) eingeführt. Es wurde bisher in zwei Ausführungen herausgebracht, für die vereinigte Anzeige von

a) Fahrgestell,	b) Fahrgestell,
Sporn,	Landeklappen,
Landeklappen,	Trimmung[221]),

[221]) S. hierzu Bd. 4, Abschn. XII (1. Aufl. S. 165).

wobei die Ausführung b) mit einem Spornschauzeichen[222]) versehen ist (Abb. 113). Die Verriegelung, d. h. das automatische Einrasten von beweglichen Flugzeugteilen, insbesondere der Fahrwerkteile, in ihre selbstsichernde Endstellung kann durch Springen der Zeiger auf ihre Endmarken gekennzeichnet werden. Ist eine solche Anzeige erwünscht,

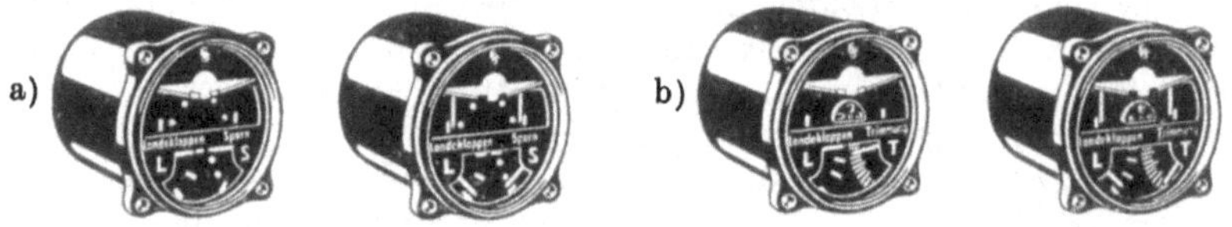

Abb. 113. Anzeigebilder von Mehrfachstellungsanzeigern Bauart Siemens (Hersteller Luftfahrtgerätewerk Hakenfelde)
a) ohne, b) mit Spornschauzeichen

so müssen die Meßanlagen mit besonderen Schaltern (Endbegrenzungs- oder Signalschaltern) ausgerüstet werden (s. auch Abschn. 1). Entweder wird das Anzeigebild nach a) mit Sprungbereichen und ohne Schauzeichen oder nach b) ohne Sprungbereiche mit Schauzeichen ausgeführt (vgl. zu a die Gerätemusterblätter im III. Teil). Das Gerät ohne Sprungbereiche gilt heute als überholt und wird nicht mehr gebaut und eingesetzt.

Bei den Stellungsanzeigern nach der Patin-Schaltung wird ein **Dreifachgerät** verwendet, das in seinem Anzeigebild ebenfalls den beweglichen Flugzeugteilen angepaßt ist. Auch hier können die Eigenarten des Flugzeuges nach Wunsch des Auftraggebers berücksichtigt werden. Beachtenswert ist bei der normalen Ausführung des Zifferblattes die Vereinigung der bildlichen Darstellung mit der Wiedergabe der Meßergebnisse durch Ziffern (Abb. 114, vgl. Abb. 112).

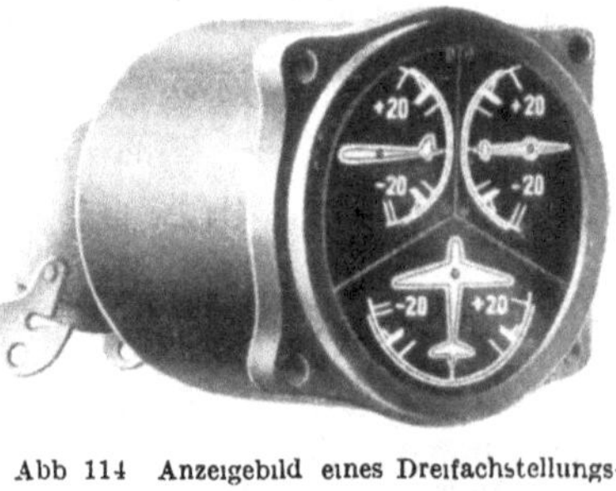

Abb 114 Anzeigebild eines Dreifachstellungsanzeigers (Bauart Eckardt)

c) Einbau

Die örtliche Unterbringung der Geber und Anzeigegeräte erfolgt bei den Mehrfachgeraten nach denselben Richtlinien wie bei den Einfachgeräten. Ebenfalls ist der Einbau — starr oder elastisch — von den gleichen Bedingungen abhängig, die im Abschn. 1 c) angeführt wurden.

d) Wartung

Abgesehen von der Vermehrung der Fehlerquellen durch die Mehrfachanzeige mit mehreren Gebern und den mehradrigen Übertragungs-

[222]) Das Schauzeichen entspricht dem Stern-Schauzeichen Abschn. X, Grundsätzliches Abb. 122.

leitungen bleiben die Richtlinien für die Wartung der Einfachgeräte für die Mehrfachgeräte unverändert bestehen. Auf die Vor- und Nachteile der Geräte hinsichtlich der Wartung wurde ebenfalls an anderer Stelle hingewiesen (beachte die verschiedenen Abschnitte über Mehrfachgeräte).

VIII. Hochdruckmesser

Grundsätzliches

Im einführenden Abschnitt über Flugwerküberwachungsgeräte ist die unmittelbare und mittelbare Messung behandelt worden und im Zusammenhang damit erwähnt, daß die verschiedenen flugtechnischen Hilfsmittel durch mechanische, elektrische oder hydraulische Verfahren bedient werden. Von diesen Einrichtungen hat die **Betätigung mit Öldruck** große Verbreitung im Flugzeugbau gefunden.

Die mit Drucköl arbeitenden Anlagen weisen meist einen niedrigen Ruhedruck auf. Erst wenn die Anlage in Betrieb genommen wird, muß der Öldruck einen höheren Sollwert erreichen, um einen Flugzeugteil zu bewegen. Je nach der technischen Einrichtung sind schließlich für das Einrasten in eine selbstsichernde Endstellung besonders hohe Druckwerte erforderlich, die absinken, wenn sich der Bewegungsvorgang wie gewollt abgewickelt hat. Die Druckänderung oder der Druckanstieg ist dann ein Maß für die Bewegung und Einstellung des Flugzeugteiles und seiner Betätigungseinrichtung.

Die **Druckmessung** stellt demnach ein zuverlässiges Hilfsmittel dar, das betriebssichere Arbeiten eines beweglichen Flugwerkteiles mittelbar überwachen zu können, wie dies in der gleichen Art bei der Betriebsstoffversorgung der Triebwerkanlage der Fall ist (vgl. Abschn. II Grundsätzliches). Aus diesem Grunde hat der Druckmesser auch bei den Flugwerküberwachungsgeräten als Hochdruckmesser Eingang gefunden. Jedoch hat er hier, wie schon aus der Kennzeichnung hervorgeht, die Aufgabe, wesentlich höhere Meßwerte zu registrieren, da es sich um Arbeitsdrücke handelt, die schwere Teile bewegen müssen. Darüber hinaus wirken einer Einstellungsänderung von Fall zu Fall die im Fluge auftretenden Luftkräfte entgegen. Sie können durch mechanische Hilfsmittel (Untersetzungen) nur in gewissen Grenzen herabgesetzt werden, da zwangsläufig hiervon die Geschwindigkeit des Bewegungsvorganges, die einen zulässigen Wert nicht unterschreiten darf, beeinträchtigt wird.

Die **Messung des Druckes,** seine Kennzeichnung und die angewendeten Arbeitsweisen sind in der Einführung des Abschn. II (Druckmesser) ausführlich behandelt. Es erübrigt sich, an dieser Stelle nochmals darauf einzugehen. Die bei den Triebwerküberwachungsgeräten gesammelten Erfahrungen sind bei der Gestaltung von Hochdruckmessern für die Flugwerküberwachung verwertet worden und haben zu den heute gebräuchlichen Bauarten geführt. Es werden zwei Arten von Druckmessern mit nur wenigen Ausführungsformen für die Flugwerküberwachung eingesetzt:

1. einfache Hochdruckmesser,
2. elektrische Hochdruckmesser.

Die **Beschränkung** auf eine geringe Anzahl von Baumustern hat den Vorzug, daß die Nachschubschwierigkeiten auf ein Geringstmaß herabgesetzt werden und die Ersatzteilbeschaffung eine wesentliche Vereinfachung erfährt. Dies ist um so eher möglich, als durch die Entwicklungserfahrungen bei den Triebwerküberwachungsgeräten unzulängliche Zwischenlösungen ausgeschaltet werden konnten.

Die einfachen Druckmesser arbeiten nach der gleichen Arbeitsweise wie die gleichartigen Triebwerküberwachungsgeräte mit einer Röhrenfeder. Sie werden im allgemeinen bei kleineren Flugzeugen angewendet, die kein umfangreiches elektrisches Bordnetz besitzen. Anderenfalls werden sie bei technisch hochentwickelten Flugzeugmustern eingebaut, wenn sie in Art von Nahgeräten (s. auch unter Nahdrehzahlmesser) besondere Vorzüge bieten und Trennstellen in der Übertragungsleitung zwischen Meßstelle und Anzeige bequem vermieden werden können.

Die **elektrischen Druckmesser** sind **Fernmeßanlagen,** die aus einem **Geber,** der **Übertragungsleitung** und dem **Anzeigegerät** bestehen. Wie bei den Druckmessern für die Triebwerküberwachung wird auch bei diesen Geräten der Dehnungsweg des Meßorganes in Abhängigkeit vom Druck zur Änderung eines elektrischen Widerstandes durch mechanische Übertragung ausgenutzt. Der Anzeiger ist ein elektrisches Meßgerät, das nach einer besonderen Arbeitsweise den vom Widerstand gesteuerten Strom mißt und damit den Druck anzeigt (s. a. Abschn. II Grundsätzliches).

Nach den gleichen Gesichtspunkten, die im Abschn. II Grundsätzliches bereits angeführt wurden, sind auch bei den Hochdruckmessern mehrere Meßstellen in einem Anzeigegerät vereinigt worden. Man erhält dann als weitere Unterteilung für die Druckmesser der Flugwerküberwachungsgeräte

3. Mehrfachhochdruckmesser.

Bei diesen Mehrfachgeräten wird sowohl die mechanische Arbeitsweise als auch die der elektrischen Fernmeßanlagen angewendet. Die Mehrfachhochdruckmesser sind daher den **Mehrfachdruckmessern** für die Triebwerküberwachung gleichwertig. In den meisten Fällen ist die Entwicklung solcher Geräte eine Bedarfsfrage, die vor allem aus Nachschubgründen von den behördlichen Stellen gesteuert wird.

1. Einfache Hochdruckmesser

a) Arbeitsweise

Für die einfachen Hochdruckmesser wird die gleiche Arbeitsweise wie bei den einfachen Druckmessern für die Überwachung der Betriebsstoffversorgung angewendet. Der Druck wird durch die zu vermessende Flüssigkeit auf das Meßorgan im Anzeigegerät — **eine Röhrenfeder** — über eine druckdichte Leitung übertragen. Der Hub des Federrohres wirkt mit einer federnden Übertragung auf ein Zahnsegment, das in das Ritzel eines Zeigers eingreift und diesen ausschlagen läßt. Es sei auf den Abschn. II 1 a) mit Abb. 29 verwiesen, der unverändert für den Hochdruckmesser gültig ist. Eine besondere zusätzliche Erläuterung erübrigt sich.

b) Beschreibung

Die bauliche Gestaltung der Arbeitsweise ist bei den einfachen Hochdruckmessern die gleiche wie bei den Druckmessern der Triebwerküberwachungsgeräte. Das als geschlossenes Aggregat zusammengebaute Meßwerk wird in die große vordere Öffnung eines aus Preßstoff hergestellten Gehäuses eingesetzt und mit diesem fest verschraubt. Für den Aufbau des Gerätes und seinen Mechanismus ist die Beschreibung des Abschn. II 1 b) und Abb. 30 gültig.

Einfache Hochdruckmesser werden als Flugwerküberwachungsgeräte mit den **Meßbereichen** 0—60, 0—120 und 0—160 $kgcm^{-2}$ angefertigt[223]). Dabei ist der letztgenannte Meßbereich als maßgebend zu betrachten, denn die kleineren Anzeigebereiche laufen in der Fertigung aus und werden nicht mehr neu eingesetzt.

Hochdruckmesser werden noch für Feuerlöscher und Höhenatmeranlagen mit anderen Meßbereichen verwendet, wie dies bereits bei den Triebwerküberwachungsgeräten angegeben ist. Sie sind in ihrem Aufbau den behandelten Geräten grundsätzlich ähnlich, zählen jedoch nicht zu den Überwachungsgeräten, sondern zu den Sicherheits- und Rettungsgeräten (s. Einleitung und Abschn. II 1 b).

c) Einbau

Wie bei den Stellungsanzeigern näher beschrieben (s. d.) ist die Überwachung der Betätigungseinrichtung eines beweglichen Flugwerkteiles nur dann erforderlich, wenn sie in Betrieb genommen wird. Die Druckmesser der Flugwerküberwachungsgeräte zählen daher zu den **Geräten zweiter Ordnung,** so daß sie meistens außerhalb des Hauptgerätebrettes untergebracht werden. Ob ein einfacher Druckmesser, der nach seiner Arbeitsweise als Nahgerät anzusprechen ist, für eine bestimmte Anlage verwendet werden kann, richtet sich nach der Entfernung zwischen der Meßstelle und dem gewählten Einbauort für das Anzeigegerät. Aus

[223]) Zurzeit von nur einem Gerätehersteller, s. d. III. Teil des Buches.

Gründen der Betriebssicherheit sind die Leitungen kurz zu halten und Trennstellen außer den erforderlichen Anschlüssen möglichst zu vermeiden. Liegt die Meßstelle außerhalb des Rumpfes, z. B. im Tragflügel, so steht der Anwendung des fraglichen Druckmessers nichts im Wege, wenn das Anzeigegerät mit einer zulässigen Leitungslänge[224]) und ohne unerwünschte Trennstellen in der Übertragungsleitung gut sichtbar eingebaut werden kann. In solchen Fällen wird der Anzeiger gegebenenfalls auch außerhalb des Besatzungsraumes angeordnet, wie dies in der gleichen Art bei den Luftschraubenstellungsanzeigern erfolgt (s. Abschn. VI 1 c und Abb. 102).

Für die Befestigung des einfachen Druckmessers sind die gleichen Richtlinien maßgebend wie für die Druckmesser der Triebwerküberwachungsgeräte (s. d.). Das einfache Meßwerk des Hochdruckmessers ist so robust ausgeführt. daß dieser mit zu den widerstandsfähigsten Flugzeuggeräten zählt.

d) Wartung

Zu der Wartung gehört wie bei allen anderen Geraten eine laufende Beobachtung der einwandfreien Anzeige. Sie ist um so leichter möglich, als eine Prüfung der Betätigungsanlagen und ihrer Überwachungsgeräte durchgeführt werden kann, wenn das Flugzeug am Boden steht (s. auch Abschn. VII 2 d).

Fehl- oder Falschanzeigen sind meistens durch Undichtigkeiten der Übertragungsleitung bedingt. Wenn bei einwandfreier Beschaffenheit der Leitungen die Fehlerquellen im Anzeigegerät zu suchen sind, so muß dieses ausgewechselt und vom Gerätehersteller in Ordnung gebracht werden. Anzeigefehler können darüber hinaus durch **Störungen** in den oft komplizierten **Druckölanlagen** verursacht werden, es sind dann die Betriebsanleitungen des Flugzeuges und ihre Störsuchpläne zu Rate zu ziehen.Alle weiteren Wartungsrichtlinien sind Abschn. II 1 d) zu entnehmen.

2. Elektrische Hochdruckmesser

a) Arbeitsweise

Der Arbeitsweise der elektrischen Hochdruckmesser ist die **Kreuzspulschaltung** nach der **Siemens**-Bauart zugrunde gelegt, die unverändert von der gleichartigen Arbeitsweise der Ferndruckmesser für die Triebwerküberwachung übernommen wurde. Als **Gebermeßorgan** verwendet man eine **Röhrenfeder,** die mit der Meßstelle durch eine druckdichte Leitung verbunden wird. Der Dehnungsweg der Röhrenfeder (Federstreckung) wird mit einem Hebelwerk auf den Abgriff des Geberpotentiometers

[224]) Vorschriften sind hierfür nicht festgelegt.

übertragen, dessen Widerstand auf diese Weise in Abhängigkeit vom Druck in gleiche oder verschieden große Abschnitte eingeteilt wird (Abb. 115, vgl. Abb. 40).

Der Widerstandswert wird in der gleichen Art von einem Kreuzspulmeßwerk gemessen und dadurch der Druck angezeigt, wie dies in Abschnitt II 4 a) ausführlich beschrieben ist. Der Unterschied zwischen

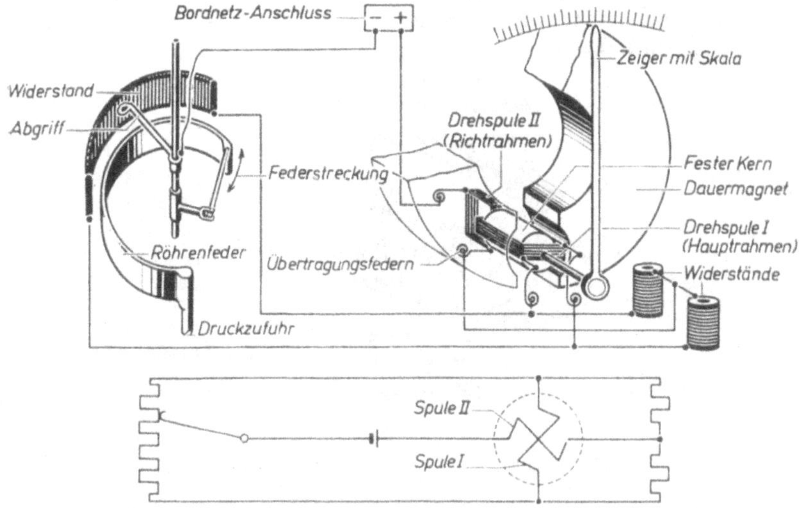

Abb. 115. **Arbeitsweise und Schaltschema des elektrischen Hochdruckmessers nach der Brücken-Kreuzspulschaltung Bauart Siemens (Hersteller Luftfahrtgeratewerk Hakenfelde)**

den beiden Fernmeßanlagen für Triebwerk- und Flugwerküberwachung besteht darin, daß zur Hochdruckmessung eine Röhrenfeder als Meßorgan dient statt einer Membrane oder Membrandose bei niedrigen Drücken. Im Abschn. II Grundsätzliches wurde bereits angeführt, daß man für die Messung von hohen Druckwerten Röhrenfedern bevorzugt.

b) Beschreibung.

Die Röhrenfeder von dem Meßwerk des **Gebers** der elektrischen Hochdruckmesser ist auf einer Grundplatte befestigt, die gleichzeitig die Verschraubung für den Druckanschluß trägt. Die Platte wird mit dem Boden des aus Leichtmetall hergestellten Gebergehäuses fest verschraubt. Das aus dem kreisförmig gebogenen Widerstand und dem Schleifer oder Abgriff bestehende Potentiometer ist mit einer Preßstoffscheibe verbunden. Die drei Ableitungen des Potentiometers führen zu den Kontaktstiften einer Schraubhülse, die an dem Deckel des Gehäuses befestigt ist. Eine Hebelübertragung stellt die Verbindung zwischen dem freien Ende des Federrohres und dem mit einer Achse drehbar gelagerten Potentiometer-Abgriff her (Abb. 116).

Das **Potentiometer** wird mit der Preßstoffscheibe lose in das Gehäuse eingesetzt und durch einen Anschlag in seiner Lage gehalten. Der Deckel mit dem Anschluß für den Stecker der dreiadrigen Übertragungsleitung schließt das Gehäuse ab. Er wird mit einem Schraubring betriebssicher befestigt und sorgt dann gleichzeitig für einen festen Sitz des Meßwerkes. Mit einer Schelle oder mit Spannbändern wird der Geber an der Meßstelle festgeschraubt.

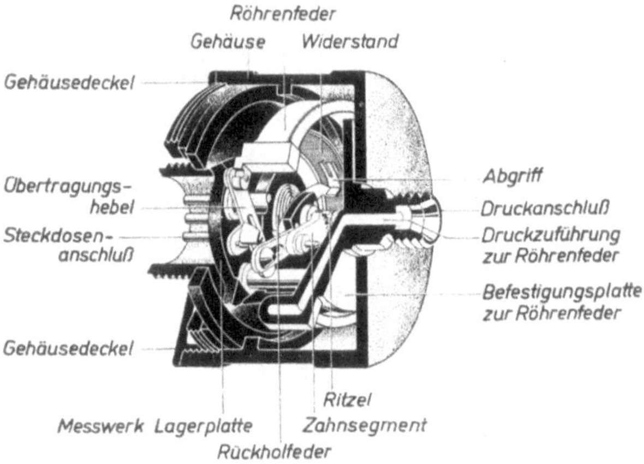

Abb. 116. Innenansicht eines Gebers vom elektrischen Hochdruckmesser nach der Siemens-Bauart (Hersteller Luftfahrtgeratewerk Hakenfelde)

Das **Anzeigegerät** der Fernmeßanlage ist das gleiche wie das in Abschnitt II 4 b) beschriebene Gerät (s. Abb. 44). Der Unterschied zwischen den beiden Druckmessern besteht lediglich in den verschieden geeichten Anzeigeskalen.

c) Einbau

Der Einbauort des Gebers wird durch die Meßstelle bestimmt, denn die druckdichte Übertragungsleitung soll so kurz wie möglich sein, wenn der Geber nicht gegebenenfalls unmittelbar in die Meßstelle eingeschraubt werden kann. Für die Länge der elektrischen Übertragungsleitung bestehen praktisch keine Grenzen im Flugzeug, so daß der Einbauort des Anzeigegerätes von der Unterbringung des Gebers unabhängig ist. Im allgemeinen wird man aus verständlichen Gründen versuchen, den Anzeiger so einzubauen, daß er mit den Bedienhebeln der zu überwachenden Druckölanlage in einer Blickrichtung liegt.

Der **Geber** ist so widerstandsfähig gebaut, daß die im Flugbetrieb auftretenden Beanspruchungen keinen Einfluß auf seine Betriebsfähigkeit haben. Das Gerät kann daher **fest eingebaut** werden. Der Einbauort muß jedoch frei von Vibrationserscheinungen sein, da diese zu feinen Schwingungserscheinungen des Schleifers und damit zu einer unruhigen Anzeige führen. Leder-, Filz- oder Gummischwamm-Unterlagen können notfalls Abhilfe schaffen.

Das **Anzeigegerät** erfordert für die Betriebssicherheit des feinen Mechanismus eine federnde Aufhängung. Hier gelten die gleichen Richtlinien, die in Abschn. II 4 c) angeführt sind.

d) Wartung

Für die ständige Überwachung der einwandfreien Anzeige sind dieselben Erläuterungen gültig, die in den Abschnitten II 4 d) und VIII 1 d) niedergelegt sind.

Störungen der Anzeige sind einerseits auf die Druckübertragungsleitung, die elektrischen Leitungen und die Geräte, andererseits auf die Druckölanlage selbst zurückzuführen. In allen Fällen sind die Richtlinien der maßgebenden vorhergehenden Abschnitte zu beachten.

Im Abschnitt Grundsätzliches wurde beschrieben, daß für die Betätigung eines beweglichen Flugwerkteiles z. T. hohe Drücke erforderlich sind. Da der Ruhedruck einer Druckölanlage niedrig, d. h. meistens gleich Null ist, ergeben sich von Fall zu Fall starke Druckanstiege, die vor allem bei dem Einrasten in eine Endstellung sehr plötzlich anwachsen. Durch diese Verhältnisse ist das Gebergerät je nach der technischen Einrichtung der Betätigungsanlage Druckstößen ausgesetzt, die mit der Zeit auf die Betriebsfähigkeit der Anlage nicht ohne Einfluß bleiben. Bei der Wartung des Druckmessers ist auf diesen Punkt besonders zu achten.

Für die Aufbewahrung und Lagerung der Geräte gelten dieselben Gesichtspunkte wie für alle gleichartigen Geräte.

3. Mehrfachhochdruckmesser

a) Arbeitsweise

Im einführenden Abschnitt wurde angeführt, daß für Mehrfachgeräte mechanische und elektrische Arbeitsweisen angewendet werden. Die Mehrfachhochdruckmesser werden daher wie bei der Triebwerküberwachung in

a) einfache Hochdruckmesser,
b) elektrische Hochdruckmesser

unterteilt (vgl. Abschn. II 5). Die Arbeitsweisen unterscheiden sich nicht von denen der bereits beschriebenen Hochdruckmesser, so daß auf die vorhergehenden Abschnitte 1 und 2 a) verwiesen sei.

b) Beschreibung

Für die Mehrfachgeräte mit der einfachen **mechanischen Arbeitsweise** werden nur solche mit einer **Zweifachanzeige** gebaut, die man als Zweifach- oder **Doppelhochdruckmesser** bezeichnet. Die beiden getrennt arbeitenden Meßwerke sind so zusammengefügt, daß die beiden Röhrenfedern konzentrisch auf eine Doppelachse (eine Vollachse, eine Hohlachse) mit zwei Zeigern arbeiten. Diese Bauart deckt sich daher mit den Doppeldruckmessern für die Triebwerküberwachung, so daß an dieser Stelle auch die Beschreibung vom Abschn. II 5 b) mit Abb. 48 gültig ist.

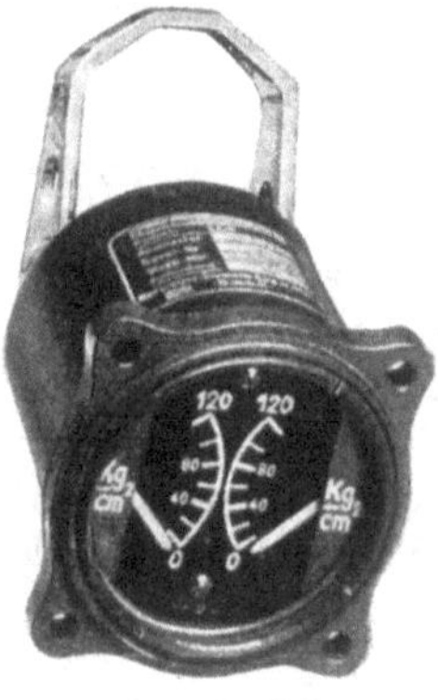

Abb. 117 Anzeigebild des Zweifachanzeigegerätes vom elektrischen Hochdruckmesser nach der Siemens-Bauart

Auch für die **elektrischen Mehrfachhochdruckmesser** ist bisher aus reinen Bedarfsgründen nur ein **Zweifach-Anzeigegerät** entwickelt worden[225]. Der **Siemens-Bauart** entsprechend (Luftfahrtgerätewerk Hakenfelde) hat das Meßwerk einen Ringmagneten mit zwei Polbohrungen, die einander waagerecht gegenüberliegen (vgl. Abb. 46, bei der die Polbohrungen übereinanderliegend dargestellt sind). Der Aufbau des Meßwerkes stimmt mit dem des Einfach- bzw. Vierfachdruckmessers für die Triebwerküberwachung in allen Einzelheiten überein, so daß sich eine besondere Schnittdarstellung und Beschreibung erübrigt. Es ist auf Abschn. II 5 b) und Abb. 44 und 53 zu verweisen; in Abb. 117 ist aus diesem Grund nur eine einfache äußere Darstellung des Zweifachanzeigers wiedergegeben (vgl. die Gerätemusterblätter im III. Teil).

Das **Zweifach-Anzeigegerät** erfordert **zwei Geber** und eine dafür geeignete mehradrige Übertragungsleitung[226], die vom Verteiler aus zum Anzeiger fünfadrig verlegt wird (ein Bordnetzanschluß, je zwei Ableitungen nach den beiden Gebern). Die Geber haben die gleiche Ausführung wie bei den Einfachgeräten und werden für beide Meßanlagen unverändert verwendet.

c) Einbau

Sowohl für die Geber als auch die Anzeigegeräte gelten die gleichen Einbaurichtlinien, die für die Einfachhochdruckmesser angegeben sind (vgl. die vorhergehenden Abschnitte c).

---

[225] Vgl. die Tabelle S. 83.

[226] Zurzeit ist man aus verschiedenen Gründen bestrebt, mehradrige Kabel durch mehrere einadrige Kabel zu ersetzen.

d) Wartung

Abgesehen von der Vergrößerung der Störungsmöglichkeiten durch die Zweifachanzeige (doppeltes Meßwerk) und die doppelten Geber, sind die Fehlerquellen der Mehrfachgeräte die gleichen wie bei den einfachen Meßanlagen. Den in Abschn. 1 und 2 d) enthaltenen Erläuterungen ist nichts hinzuzufügen.

IX. Lampengeräte

Grundsätzliches

Man ist von jeher im Flugzeugbau bestrebt, komplizierte Konstruktionsteile zu vereinfachen und mit der Zeit durch bessere Neuerungen zu ersetzen, um sowohl die Betriebssicherheit zu erhöhen, als auch eine Übersteigerung der technischen Einrichtungen des heutigen hochgezüchteten Fluggerätes zu vermeiden. So ist es verständlich, daß von Fall zu Fall Flugzeuggeräte, obwohl sie sich grundsätzlich bewährt haben, aus dem Einsatz herausgezogen und von neuen, einfacheren Konstruktionen verdrängt werden. Die Anregungen für solche Entwicklungsarbeit ergeben sich aus den Erfahrungen des praktischen Flugbetriebes, wobei sich die Verwirklichung einer neuen Erkenntnis manchmal über eine lange Zeit erstreckt. Das bedeutet dann, daß — schon allein aus offensichtlichen Fertigungsgründen — ein älteres Gerät in großem Umfang zu immer weiterem Einsatz gelangt, trotzdem eine neuere Konstruktion vorliegt. Dabei ist es durchaus möglich, daß das neue Gerät die erwünschten Betriebsergebnisse nicht in vollem Umfang erreicht und nur einen vorübergehenden Ersatz darstellt. Ein Gerät aus früherer Zeit kann daher wieder auftauchen, wenn auch die äußere Gestalt **Wandlungsformen** unterworfen wird[227]).

Dieser kurze Hinweis auf den Entwicklungsgang mancher Flugzeuggeräte gilt in verstärktem Maße für die Flugwerküberwachungsgeräte, zumal sie ein Aufgabengebiet zu erfüllen haben, das erst in den letzten Jahren erwachsen ist. Im allgemeinen handelt es sich darum, mit diesen Meßanlagen die Bewegung und Stellung eines beweglichen Flugwerkteiles auf irgendeine Weise zu überwachen. Dabei ist es gleichgültig wie die Anzeige aussieht, wichtig ist vor allen Dingen, daß die Flugzeugbesatzung mit einem möglichst geringen Aufwand ihrer Sinne den dargestellten Meßvorgang erfaßt und der Überwachungszweck voll erfüllt wird.

Die Überlegungen haben in dieser Hinsicht zur Entwicklung der in Abschn. VII beschriebenen Stellungsanzeiger geführt, aus denen sich

---

[227]) Ein sehr treffendes Beispiel hierfür ist der Fliehpendeldrehzahlmesser (s. d.), der als eins der ältesten Flugzeuggeräte anzusprechen ist; obwohl er von Zeit zu Zeit durch andere Konstruktionen in den Hintergrund gedrängt wurde, hat er sich bis heute behauptet.

auf Grund einer reinen Bedarfsfrage die Mehrfachstellungsanzeiger ergeben haben. Aus den betreffenden Erläuterungen ersieht man ohne weiteres, daß der technische Aufwand für die zweifellos sinnvolle Anzeige der Mehrfachstellungmesser verhältnismäßig groß ist und sich daraus zwangsläufig eine unvermeidliche Zahl von unerwünschten Störungsquellen ergibt. So hat man nach Mitteln und Wegen gesucht, die Messung und Anzeige der Bewegung und Stellung von Flugzeugteilen auf eine einfachere Art zu gestalten.

Wie schon an anderer Stelle erwähnt, ist ein hochentwickeltes Flugzeug mit verschiedenen technischen Einrichtungen meistens mit einem gut ausgebauten elektrischen Bordnetz ausgerüstet. In gewisser Anlehnung an andere Gerate, z. B. Warnlampen bei dem elektrischen Vorratsmesser (s. d.) oder **Leuchtzeichen** einer Verständigungsanlage (Bauart Askania), hat man daher unter Ausnutzung eines leistungsfähigen Bordnetzes das Aufleuchten von Lampen auch für eine Stellungsanzeige verwertet. Eine solche Arbeitsweise ist vor allem dann brauchbar, wenn man nur bestimmte Einstellungen (End- und Mittelstellungen) anzuzeigen braucht und auf die Anzeige des eigentlichen Bewegungsvorganges mit genau nach Gradzahl gekennzeichneten Zwischenstellungen verzichten kann. Eine solche vereinfachte Anzeige ist sowohl für ein einziehbares Fahrwerk als auch von Fall zu Fall für einstellbare Landehilfen (s. Bd. 4) ausreichend.

Von diesen Gesichtspunkten ausgehend sind Geräte entwickelt worden, die eine Stellung durch das Aufleuchten einer, meistens farbig abgeschirmten, Lampe anzeigen. Nach ihrer Arbeitsweise werden sie als **Lampengeräte** bezeichnet.

Der **Geber** ist in jedem Fall ein einfacher **Schalter**[228]), der nicht als genormtes Flugzeuggerät zu betrachten ist, sondern den Bauteilen der Betätigungsanlage des Flugzeugmusters angepaßt wird. Von einer Behandlung solcher Schalter mit ihrem grundsätzlich einfachen Aufbau wird in den nachfolgenden Abschnitten abgesehen.

Die **Gestaltung** der Lampen-Anzeigegeräte ist von verschiedenen Umständen abhängig. Wie schon die Mehrfachstellungsanzeiger (s. d.) erkennen lassen, ist die Anzahl der Meßstellen nicht unerheblich. Man erhält z. B. bei zwei Fahrgestellseiten mindestens vier Lampensignale für die beiden Endstellungen (Ausfahren und Einfahren); zusätzlich ist je nach der Bauart des Flugzeugmusters eine entsprechende Zahl von Lampen für den Einziehvorgang des Spornes und die Landehilfen erforderlich. Die bauliche Gestaltung der Lampen-Geräte wird daher in erster Linie von der Anzahl der Signale bestimmt.

Das **Licht** einer Lampe, zumal wenn es farbig abgeschirmt wird, muß im Gesichtsfeld der Besatzung wirkungsvoll hervortreten. Es ist dann aber unvermeidlich, daß ein Lichtsignal beim Nachtflug im ab-

---

[228]) **Endbegrenzungs- und Signalschalter.**

gedunkelten Flugzeug eine Blendwirkung hervorruft, die auf jeden Fall zu vermeiden ist. Die Lichtzeichen haben demnach zwei Aufgaben zu erfüllen, erstens müssen sie bei jedem Außenlicht gut sichtbar sein, zweitens dürfen sie nicht blenden.

Um diesen Bedingungen gerecht zu werden, sind verschiedene Bauarten verwirklicht worden, die wesentliche Unterschiede aufweisen: Rundgeräte, die in der äußeren Form der großen Falu-Norm[229]) entsprechen, und kastenförmige Geräte, bei denen die Größe des Anzeigebildes durch die Zahl der Signale bestimmt wird. Es gibt zurzeit zwei Gruppen von Meßanlagen, für deren Anzeige

1. Neunlampen-Geräte,
2. Elf- und Zwölflampen-Geräte

verwendet werden. Sie bestehen aus den Geber-Schaltern, der Übertragungsleitung und dem Anzeigegerät. Als **Stromquelle** dient das Bordnetz des Flugzeuges. Die Geräte, die erst in neuerer Zeit herausgebracht wurden, haben sich bisher im Einsatz bewährt. Wie weit sie geeignet sind, die Stellungsanzeiger zu ersetzen, müssen die zeitlich bedingten Erfahrungen des praktischen Flugbetriebes ergeben.

1. Neunlampen-Geräte

a) Arbeitsweise.

Bei der Arbeitsweise des Neunlampen-Gerätes sind der Anzeige drei **Lampengruppen** zu je drei Signalen zugrunde gelegt. Die Geber jeder Lampengruppe sind entweder drei einzelne Schalter oder Mehrfachschalter; es richtet sich dies nach der vom Flugzeughersteller gewählten Bauart. Die **Geberschalter** sind gemeinsam über eine Leitung mit dem Bordnetz verbunden, während ein neunadriges Kabel die Verbindung der einzelnen Schalterkontakte mit den neun Lampen des Anzeigegerätes herstellt. Eine gemeinsame Leitung von den neun Lampen zum Minuspol des Bordnetzes schließt die Stromkreise (Abb. 118). Bei eingeschaltetem Bordnetz steht die Meßeinrichtung unter Strom. Dann leuchtet von jeder Lampengruppe ein Signal und kennzeichnet damit gleichzeitig den Betriebszustand der Anlage. Das wechselweise Aufleuchten der einzelnen Signale wird, wie aus der schematischen Darstellung eindeutig hervorgeht, von den Geberschaltern bewirkt. Die Betätigung der Schalter erfolgt mit einer geeigneten Übertragung durch die Bewegung des zugehörigen Flugzeugteiles.

Vor den Lampen sind **farbige Leuchtschirme** angeordnet, deren Farbkennzeichnung (rot, grün, gelb) dem Wunsch des Flugzeugherstellers angepaßt wird. Als **Blendschutz** ist vor den Lampen eine gemeinsame

---

229) s. d. Einleitung.

Verdunkelungsscheibe angebracht, mit der alle Signale gleichzeitig verschieden stark abgedeckt werden können. Bei voller Verdunkelung ist von jeder Lampe nur ein kleiner Lichtstrahl durch feine Bohrungen in der Abdeckscheibe sichtbar.

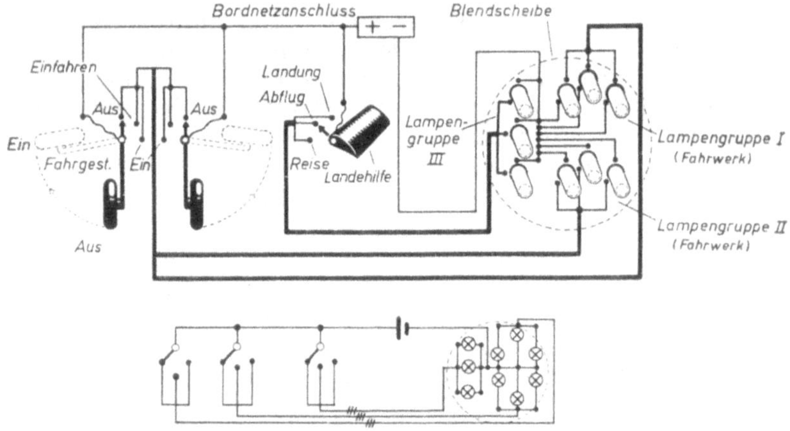

Abb. 118. Arbeitsweise und Schaltschema des Neunlampen-Gerates (Bauart Scheibler & Sohne)

b) Beschreibung.

Die einzelnen **Lampen** (24 Volt, 2 Watt[230]) der drei Lampengruppen werden in kleine genormte Fassungen aus Preßstoff eingesetzt und durch eine selbstsichernde Federung betriebssicher gehalten. Die Fassungen sind auf einer Leichtmetallplatte festgeschraubt. Ein dreiarmiger Leichtmetallbügel, an dessen Halterungen die Platte mit den Lampen befestigt ist, trägt auf der Rückseite den zehnpoligen Anschluß für die Steckdose der Übertragungsleitung. Die Steckdose wird durch eine federgefesselte Klappe gehaltert. Auf dem vorderen Teil des dreiarmigen Bügels ist ein Gehäusering mit den Augen für den Einbau des Gerätes aufgenietet (Abb. 119).

Das **Lampenlicht** wird nach den Seiten durch kleine Hülsen abgeschirmt. Sie sind auf einer Leichtmetallscheibe befestigt, die als Gehäusedeckel ausgebildet ist und sowohl die bunt gefärbte Cellon-Abschirmplatte als auch die von Hand zu verschiebende Blendscheibe trägt. Der aus den verschiedenen Teilen zusammengesetzte Gehäusedeckel wird auf den Gehäusering des dreiarmigen Bügels aufgeschraubt und schließt das Lampengerät nach vorn ab. Der geschlossene Innenteil wird in die große vordere Öffnung eines dünnwandigen Leichtmetallgehäuses eingesetzt und mit diesem verschraubt.

---

[230]) **Leistung (Watt) = Spannung (Volt) × Stromstärke (Ampere); W = V · A.**

Die Kennzeichnung der einzelnen Signale erfolgt durch selbstleuchtende Beschriftung auf dem Gehäusedeckel. Das Gerät kann für beliebige Stellungsanzeigen verwendet und entsprechend beschriftet werden.

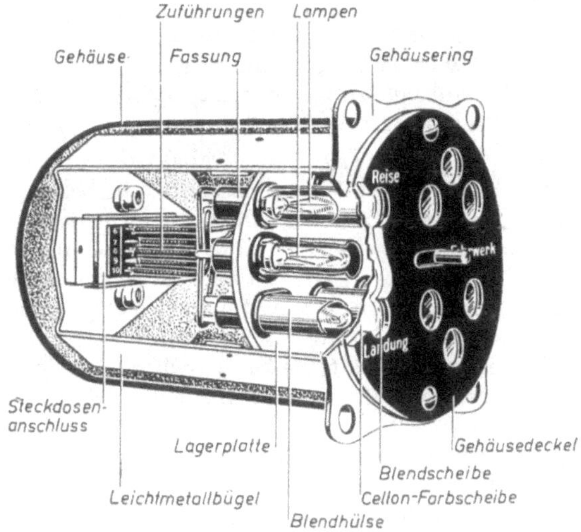

Abb. 119. Innenansicht eines Neunlampen-Gerätes

c) Einbau.

Die Anordnung der **Geberschalter** wird durch die Gestaltung und Lage der Betätigungseinrichtung des beweglichen Flugwerkteiles bestimmt. Der Einbauort des Anzeigegerätes ist von den Meßstellen nicht abhängig, denn die Übertragungsleitung kann im Flugzeug beliebig lang ausgeführt werden. Die Art der **Anzeige** in Form von **Lichtsignalen** ist nur dann wirksam, wenn das Gerät im Gesichtsfeld des Flugzeugführers oder des Besatzungsmitgliedes liegt, das für die Überwachung der Stellungsanzeige verantwortlich ist. Damit ist der Einbauort des Lampengerätes fest umrissen; man wird ihn so wählen, daß aus offensichtlichen Gründen die Anzeige neben oder in einer Blickrichtung mit den Bedienhebeln für die Verstellung der betreffenden Flugzeugteile liegt.

Da das Lampengerät keine beweglichen Teile aufweist, ist es gegen die im Flugbetrieb auftretenden Beanspruchungen unempfindlich. Das Gerät wird aus diesem Grunde am Einbauort **fest** eingeschraubt. Auf eine federnde Lagerung kann unter der Voraussetzung verzichtet werden, daß die Befestigungsstelle nur den normalen Erschütterungen im Flugbetrieb ausgesetzt ist. Die Verlegung der Leitungen muß nach den allgemeinen Richtlinien der BVF erfolgen.

d) Wartung

Neben den allgemeinen Richtlinien, die für die Wartung aller Stellungsanzeiger gelten (s. Abschn. VII), sind bei auftretenden Störungen die folgenden Hinweise zu beachten. Fehler der Anzeige können sich äußern als

Fehlanzeige sämtlicher Lampen,
Fehlanzeige einzelner Lampen,
Falschanzeige einzelner Lampen,
Flackerndes Lampenlicht.

Eine Fehlanzeige sämtlicher Lampen ist, abgesehen von einer durchgebrannten Sicherung des Stromkreises (Kurzschluß, Leitungsschaden), entweder auf die Unterbrechung einer gemeinsamen Leitung (s. d. schematische Darstellung der Arbeitsweise Abb. 118) oder auf eine lockere Steckerverbindung zurückzuführen. Fallen jedoch einzelne Signale aus, so muß damit gerechnet werden, daß die zugehörige Lampe durchgebrannt ist. Seltener wird eine solche Störung durch die Unterbrechung einer einzelnen Leitung verursacht; sie kann auch im Anzeigegerät selbst auftreten (Lösung einer Lötstelle). In einem solchen Fall muß das Gerät ausgewechselt werden.

Falschanzeigen werden durch Verwechslung von Kabelanschlüssen hervorgerufen, ein Vertauschen von Steckern ist meistens nicht möglich, da nur **unverwechselbare Stecker** verwendet werden dürfen. Bei flackernden Signalen ist die Leitungsanlage auf Wackelkontakte zu prüfen (Korrosionsschäden).

Aus diesen kurzen Hinweisen ergibt sich, daß sich Störungsquellen vor allem in der Leitungsanlage bemerkbar machen können. Befinden sich die Leitungen und das Anzeigegerät in einwandfreiem Zustand, so muß die Geberanlage geprüft werden. Auch diese Teile geben mitunter zu Anzeigefehlern Veranlassung. Wird die Übertragung für eine Schalterbetätigung gestört, so leuchten z. B die zugehörigen Signale ständig auf oder es fällt je nach der Gebereinrichtung eine einzelne Lampengruppe aus. In solchen Fällen muß die Betriebsanleitung des Flugzeugmusters zu Rate gezogen werden.

2. Elf- und Zwölflampen-Geräte

a) Arbeitsweise

Die Arbeitsweise des Elf- und des Zwölflampen-Gerates sind einander ahnlich, so daß sich die Erläuterungen — abgesehen von kleinen baulichen Unterschieden der Schaltung — für beide Ausführungen überdecken. Auch die **Abweichungen** gegenüber der Arbeitsweise des im vorhergehenden Abschnitt behandelten Lampen-Stellungsanzeigers beziehen sich nicht auf grundlegende Änderungen, sondern im wesentlichen auf eine **Verbesserung** bzw. Anpassung der Schaltung an die andere Aufgabe der Geräte. In den Abbildungen wird daher nur ein Gerät (Zwölflampen-Gerät) wiedergegeben.

Durch die beweglichen Teile des Flugwerkes werden, wie im vorhergehenden Abschnitt a) beschrieben, **Einfach-** und **Mehrfachschalter** als Geber betätigt. Sie schließen die an das **Bordnetz** angeschlossenen Stromkreise der einzelnen Lampen und lassen diese aufleuchten. Dabei können beliebige Teile an das Gerat angeschlossen werden, z. B. Fahrgestell, Sporn, Landehilfen, Sturzflugbremsen, Motorhaubenklappen usw. Das **Anzeigebild** und die Kennzeichnung der Signale müssen dem Flugzeugmuster von Fall zu Fall angepaßt werden.

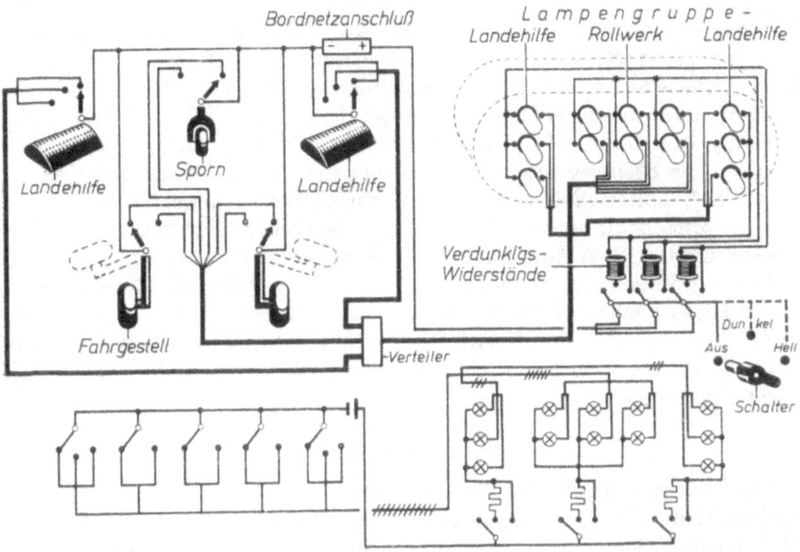

Abb 120 Arbeitsweise und Schaltschema des Zwolflampengerates (Bauart List)

In den Anzeigegeräten sind die **Lampen in Gruppen** zusammengefaßt und zwar bei dem Zwölflampen-Gerät in zwei Gruppen zu je 3 Lampen und eine Gruppe zu 6 Lampen, bei dem Elflampen-Gerät in eine Gruppe zu 2 Lampen, eine Gruppe zu 3 Lampen und eine Gruppe zu 6 Lampen. Die Gruppen mit 6 Lampen dienen bei beiden Geräten in der Normalausführung zur Stellungsanzeige des Fahrwerkes (Rollwerk), d. h. Fahrgestell und Sporn[231]).

Bei dem **Zwölflampen-Gerät**, das für den Einbau in Flugzeugen mit einem normalen **zweibeinigen** einziehbaren **Fahrgestell** bestimmt ist,

[231]) Die Bezeichnung „Rollwerk" auf dem Gerät ist nicht einwandfrei. Der Begriff lautet „Fahrwerk", das sich aus dem Fahrgestell und dem Sporn zusammensetzt.

können mit einem von Hand zu betätigenden Schalter alle Lampengruppen gemeinsam ausgeschaltet und auf „Hell" oder „Dunkel" gestellt werden (Abb. 120). In der Stellung „Dunkel" sind die zu jeder Lampengruppe gehörenden Widerstände eingeschaltet.

Das **Elflampen-Gerät** wird für Flugzeuge verwendet, die ein **Doppel-Fahrgestell,** d. h. zwei linke und zwei rechte Fahrgestellbeine besitzen. Um eine Vermehrung der Lampenzahl zu vermeiden, ist für dieses Gerät bei an und für sich gleicher Arbeitsweise ein anderes **Anzeigeverfahren** gewählt. Befindet sich der von Hand zu betätigende Schalter in der Mitte, so zeigen die linken Lampen der Gruppe Fahrwerk (Rollwerk) die Stellung der beiden Beine der linken Fahrgestellseite, die rechten Lampen die der beiden rechten Beine an. Fällt eine Lampe aus, z. B. von der linken Seite, so wird damit lediglich eine Störung der linken Fahrgestellseite angezeigt. Der Schalter muß dann nach links gedreht werden, und in dieser Stellung zeigen dann die linken Lampen die Stellung des linken Beines der linken Fahrgestellseite, die rechten Lampen die Stellung des rechten Beines der linken Fahrgestellseite an. Wird der Schalter nach rechts gelegt — nach Loslassen geht er von selbst in seine Mittelstellung zurück — kann entsprechend der vorhergehenden Beschreibung die rechte Fahrgestellseite überwacht werden.

Das **Verdunkeln** der Lichtsignale geschieht beim Elflampen-Gerät durch Herausziehen des Schalters bis zur Raststellung. Ein Ausschalten des Gerätes wie bei dem Zwölflampen-Gerät ist nicht möglich. Vor jede Lampe der Geräte ist eine Farbscheibe gesetzt und jedes Signal mit einer passenden Beschriftung versehen.

b) Beschreibung

Der Aufbau des Elf- und des Zwölflampengerätes ist gleichmäßig ausgerichtet, dies kommt auch dadurch zum Ausdruck, daß die äußeren Formen der Geräte mit ihren Abmessungen gleich sind und nur das jeweilige Anzeigebild geringe Unterschiede aufweist. Es wird aus diesem Grunde nur eins der Gerätemuster beschrieben, zumal die Abweichungen aus den Gerätemusterblättern (s. d. III. Teil) entnommen werden können.

Auf einer Doppel-Leichtmetallplatte sind die zwölf Sockel, in denen die Lampen (24 V/1,7—2 W) mit einer selbstsichernden Federung gehalten werden, aufgeschraubt. Die beiden Plattenbleche haben nach zwei Seiten aufgebogene Lappen, die einerseits als Lagerung für den Verdunkelungsschalter, andererseits als Befestigung der Lampenplatte auf dem Gehäusedeckel dienen. Zusätzlich wird die Lampenplatte auf zwei kleine Säulen des Deckels aufgeschraubt. Der Gehäusedeckel, auf dem die drei Verdunkelungswiderstände befestigt sind, trägt einen Steckeraufsatz für die Aufnahme der zwanzigpoligen Steckdose[232]), die

[232]) Angeschlossen werden nur 15 Klemmen, s. Abb. 120.

mit einem federnden Bügel betriebssicher gehaltert wird (Abb. 121). Der Drehschalter, der die Kontaktfedern für die Leitungsverbindungen durch exzentrisch aufgesetzte Preßstoffrollen schließt, wird in seinen drei Stellungen durch eine Nockenscheibe mit Feder gerastet.

Das **Lampenmeßwerk** wird als geschlossenes Aggregat in die große hintere Öffnung des aus Leichtmetall hergestellten Gehäuses eingesetzt und mit diesem fest verschraubt. Die Vorderseite des Gehäuses wird mit einer Platte abgeschlossen, die auf ihrer Innenseite Hülsen zum Abblenden des Seitenlichtes der Lampen trägt. Danach kann der Griff des Drehschalters nach einer Verstiftung der Schalterachse aufgesetzt

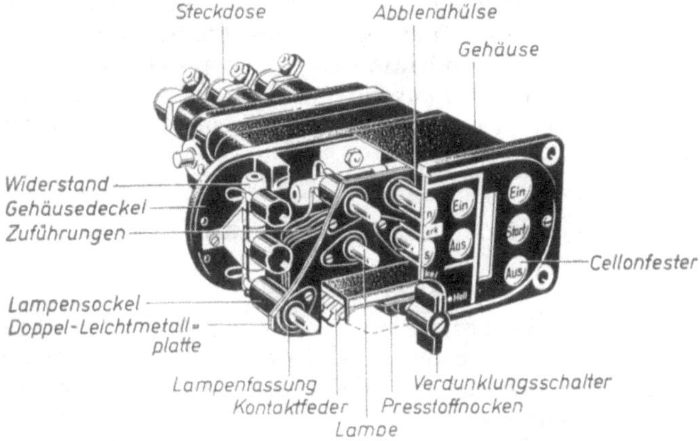

Abb. 121. Innenansicht eines Zwolflampen-Gerates

und festgeschraubt werden. Zum Schluß wird die Beschriftungsplatte aufgeschraubt, die mit farbigen Cellonscheiben zur Kennzeichnung der Signale versehen ist. Die Schalterbeschriftung und die besondere Umrahmung der Fahrwerksignale ist in Leuchtfarbe ausgeführt. Für die Bezeichnung der seitlichen Lampengruppen, die je nach deren Verwendung in einem bestimmten Flugzeugmuster verschieden ist, sind kleine mit Cellon bedeckte Fenster angeordnet.

c) Einbau

Die Einbaustellen der Geber und des Anzeigegerätes werden von den gleichen Gesichtspunkten bestimmt, die im vorhergehenden Abschn. c) angeführt sind. Bei der Anordnung des Anzeigegerätes ist wie für das Neunlampen-Anzeigegerät zu berücksichtigen, daß der Verdunkelungsschalter in greifbarer Nahe der Flugzeugbesatzung liegen muß, um ihn von Hand bequem bedienen zu können.

Auch die Elf- und Zwölflampengeräte sind in ihrem Aufbau so widerstandsfähig, daß sie **fest** eingebaut werden. Wenn der Einbauort durch die feinen Erschütterungen des Triebwerkes gestört wird, läßt sich eine Übertragung auf das Anzeigegerät meistens durch Filz-, Leder- oder ähnliche Unterlagen leicht verhindern.

d) Wartung

Die im Abschn. 1 d) enthaltenen Hinweise sind gleichfalls auf das Elf- und Zwölflampengerät anzuwenden. Eine neue Störungsquelle kann in dem Verdunkelungsschalter entstehen, wenn die Kontaktfedern lahm werden oder die Kontakte durch Korrosionserscheinungen und Verschmutzung nicht mehr einwandfrei schließen. Eine Reinigung des Schalters reicht in solchen Fällen zur Behebung einer Fehlanzeige aus, im allgemeinen soll jedoch ein schadhaftes Flugzeuggerät nur vom Gerätehersteller wieder hergerichtet werden, um weitere Beschädigungen durch unsachgemäße Behandlung zu vermeiden. Für die Aufbewahrung und den Versand gelten die gleichen Richtlinien wie für alle anderen elektrischen Geräte.

X. Schauzeichengeräte

Grundsätzliches

Es ist eine durchaus natürliche Erscheinung, daß man, abgesehen von der Möglichkeit, langwierige Entwicklungsarbeit einsparen zu können, die Arbeitsweisen und Meßanlagen gebietsfremder Gerätegruppen auf die Flugzeuggeräte zu übertragen versucht. Vor allem ist dies der Fall, wenn der technische Fortschritt im Flugzeugbau neue Aufgaben erstehen läßt, wie es im Abschnitt B. Allgemeines für die Flugwerküberwachungsgeräte bereits aufgezeigt wurde.

Daß ein Gerätehersteller bei dem Entwurf von Flugzeug-Meßanlagen den vorstehend angeführten Weg einschlagt, ist um so eher gegeben, wenn seine Fertigung sich nicht auf einzelne besondere Gerätegruppen beschränkt, sondern eine vielseitige Entwicklungsarbeit die verschiedensten Möglichkeiten offen läßt. Insbesondere ist dies bei elektrischen Meßverfahren möglich, da sie sich mit geringfügigen Abwandlungen für immer neue Aufgabengebiete verwerten lassen. Eine Bestätigung findet man für diese Überlegungen, wenn man die Anwendung der in ihrer Art grundsätzlich gleichen Arbeitsweisen verschiedener Triebwerküberwachungsgeräte eingehender verfolgt, z. B. bei den elektrischen Druck-, Temperatur- und Vorratsmessern. Ähnliche Verhältnisse sind bei der Entwicklung von Geräten für die Überwachung des Fluges anzutreffen, wie dies auch aus dem II. Teil des Buches bei näherer Betrachtung hervorgeht.

Ein besonders treffendes Beispiel bilden in dieser Hinsicht die Überwachungseinrichtungen für die verschiedenen beweglichen Teile des Flugwerkes. So hat man bei den im vorhergehenden Abschnitt behandelten **Lampengeräten** für eine Stellungsanzeige auf das Gebiet der **Nachrichtengeräte** zurückgegriffen. Lampengeräte haben neben vielen Vorteilen den Nachteil, daß die **Lichtsignale** im verdunkelten Flugzeug eine **Blendwirkung** hervorrufen[233]), bei hellem Tageslicht hingegen nicht immer ausreichend auffallen. Andere Arten von Meßanlagen für die Überwachung beweglicher Flugwerkteile sind den Triebwerküberwachungsgeräten entlehnt (s. d. Stellungsanzeiger). Sie erfordern z. T. einen erheblichen technischen Aufwand und ergeben dann Nachteile durch mannigfaltige Störungsquellen. Durch solche Erfahrungen im praktischen Flugbetrieb entstehen immer wieder Anregungen, ein vorhandenes Gerät durch eine bessere Lösung zu ersetzen. Dabei werden, wie erwähnt, die Erkenntnisse anderer Stoffgebiete der Elektrotechnik verwertet oder in manchen Fällen bekannte Arbeitsweisen für neu zu konstruierende Flugzeuggeräte unverändert übernommen.

Abb 122. Sternschauzeichen in einem Fernsprechgerat

In dem Bestreben, die Vorteile vorhandener Geräte zu erhalten und ihre Nachteile zu vermeiden, hat man bei der Entwicklung von Meßanlagen für die **Flugwerkstellungsanzeige** auch ein Anzeigeverfahren aus dem Gebiet der allgemeinen **Nachrichtentechnik** (Telefonie, Telegraphie) übernommen. Es handelt sich hier um ein **Schauzeichengerät,** das der Allgemeinheit durch verschiedene Ausführungen von Fernsprechgeräten bekannt ist (Abb. 122). Für die Verwendung im Flugzeug ist das einfache **Stern-Sichtzeichen**[234]) bei gleicher Arbeitsweise des Gerätes in ein beschriftetes Schauzeichen umgewandelt. Die Beschriftung oder das Signalfeld kann beispielsweise in selbstleuchtender Farbe ausgeführt werden, so daß auch im verdunkelten Flugzeug (Nachtflug) die Anzeige gut sichtbar ist. Man kann hierfür aber auch U-V-bestrahlte **Leuchtfarben** verwenden[235]).

Als einfaches Anzeigegerät wird der Schauzeichen-Anzeiger vorwiegend als **Trommelschauzeichen** für die verschiedensten Zwecke angewendet. Man hat das Gerät sowohl für die Triebwerk- und Flugwerküberwachung, als auch für die Uberwachung eines verzweigten Bordnetzes und für Flugüberwachungsgeräte[236]) eingesetzt. Durch die Verwendung bei der Entwicklung von Stellungsanzeigen (Mehrfachanzeige) ist das **Schauzeichengerät** seit einiger Zeit ein ausgesprochenes **Flugwerk-**

---

[233]) s. Abschn. IX Grundsätzliches.

[234]) Das Stern-Schauzeichen wird bei den elektrischen Stellungsanzeigern unverändert angewendet, s. Abschn. VII 2 b) und Abb. 113.

[235]) Farben, die durch Bestrahlung mit ultraviolettem Licht aufleuchten.

[236]) s. II. Teil, Abschn. XII, 2a, b).

überwachungsgerät geworden, das in dem Mehrfachschauzeichengerät seine letzte Form gefunden hat. Danach ergeben sich zwei Gruppen von Schauzeichengeräten:

1. Einzelschauzeichen (Trommelschauzeichen),
2. Mehrfachschauzeichengeräte.

Das **Mehrfachgerät** ist lediglich eine Zusammenfassung von mehreren Einzelschauzeichen, deren Anzahl durch die gleichen Aufgaben wie die der bereits beschriebenen Lampengeräte bestimmt wird.

Eine **Schauzeichenmeßanlage** besteht aus einem oder mehreren **Gebern,** der **Übertragungsleitung** und dem **Anzeigegerät.** Der **Strombedarf** wird aus dem **Bordnetz** entnommen. Der wesentliche Unterschied gegenüber den anderen Stellungsanzeigern besteht zur Hauptsache in dem System des Anzeigegerätes. Der technische Aufwand für die Schauzeichengeräte ist im Verhältnis zu den Stellungsanzeigern (s. Abschn. VII) gering, gegenüber den Lampengeräten haben sie den Vorzug, im abgedunkelten Flugzeug nicht zu blenden und trotzdem bei Tageslicht, selbst bei Sonnenbestrahlung, beide Stellungen gut sichtbar anzuzeigen. Wenn mit einem Schauzeichen wie bei den Lichtsignalen auch nur bestimmte Stellungen und keine Bewegungen angezeigt werden können, sind die Vorzüge doch so offensichtlich, daß eine Schauzeichen-Überwachungsanlage geeignet erscheint, die bisher bestehenden Einrichtungen zu verdrängen. Die Erfahrungen des Einsatzes müssen hierfür den Ausschlag geben.

Vergleicht man die verschiedenen **Flugwerküberwachungsgeräte** mit den **Triebwerküberwachungsgeräten,** so weisen diese Gerätegruppen wesentliche Unterschiede von grundsätzlicher Bedeutung auf, die bei einer näheren Betrachtung nicht zu übersehen sind. Beide Gruppen dienen zur Überwachung von Flugzeugteilen, gleichgültig, ob es sich um die Anzeige einer mechanischen Änderung (Drehzahl, Vorrat, Stellung) oder einer Zustandsänderung (Druck, Temperatur) handelt. Die bestehenden Unterschiede sind — trotz gleich gelagerter Überwachungszwecke — durch die verschiedenartige Aufgabenstellung bedingt. Das Triebwerk hat viele bewegliche oder schnell umlaufende Teile und eine größere Zahl von flüssigen Betriebsmitteln mit unterschiedlichen Aufgaben. Die mit Anzeigegeräten zu beobachtenden Teile des Flugwerkes bewegen sich dagegen relativ langsam, und der Überwachungszweck bezieht sich wie bei den zahlenmäßig geringen Betriebsmitteln — sei es mittelbar oder unmittelbar — nur auf eine Stellungsänderung. Daraus ergibt sich zwangsläufig, daß die Triebwerküberwachungsgeräte sowohl in den Arbeitsweisen als auch in der baulichen Gestaltung Untergruppen ergeben, die streng voneinander zu trennen sind. Hingegen unterscheiden sich die Untergruppen der Flugwerküberwachungsgeräte im allgemeinen nur durch die äußere Form der Überwachungsanlagen, die Aufgabe dieser Geräte ist jedoch die stets gleiche der

Stellungsanzeige. Bei einer Grobeinteilung könnte man daher die Flugwerküberwachungsgeräte geschlossen in einer Gruppe als Stellungsanzeiger betrachten. Die vorstehend kurz aufgezeigten Verhältnisse treten besonders deutlich durch die eingangs erläuterten Überlegungen hervor, die zur Einführung der Schauzeichengeräte im Flugzeug geführt haben.

1. Einzelschauzeichen[237])

a) Arbeitsweise

Eine Schauzeichen-Überwachungsanlage arbeitet grundsätzlich in der gleichen Weise wie die anderen Stellungsanzeiger, insbesondere das in Abschn. IX beschriebene Lampengerät. Das einzelne Schauzeichen-

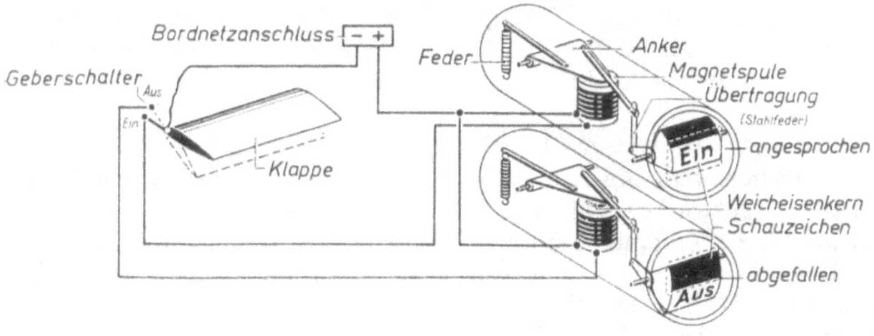

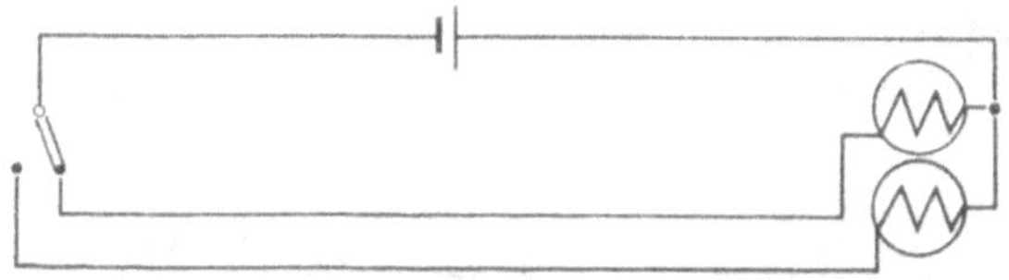

Abb. 123. **Arbeitsweise und Schaltschema eines elektrischen Stellungsanzeigers mit zwei Trommelschauzeichen Bauart Siemens (Hersteller Luftfahrtgerätewerk Hakenfelde)**

Anzeigegerät ist mit seinem Geber in einen vom Bordnetz gespeisten Stromkreis eingeschaltet. Der **Geber** kann z. B. ein **einfacher** oder ein **Mehrfachschalter** sein, der mit einer mechanischen Übertragung vom Flugwerkteil bewegt wird und in den vorgesehenen Stellungen den Stromkreis schließt. Als Beispiel ist in Abb. 123 die Stellungsanzeige einer Klappe mit zwei Schauzeichen schematisch dargestellt.

Das **Anzeigewerk** hat eine Magnetspule (Elektromagnet) mit einem Weicheisenkern, über dem ein Anker drehbar gelagert ist. Der Anker wird dicht über dem Kern durch eine Feder in seiner Lage gehalten. Am Anker ist eine Stahlfeder befestigt, die an das bewegliche Schauzeichen (Trommel) angelenkt ist. Vor dem Schauzeichen ist ein Fenster

237) Trommelschauzeichen.

so angebracht, daß in der Ruhestellung, d. h. im stromlosen Zustand, den man als „abgefallen“ bezeichnet, im allgemeinen die Schauzeichenbeschriftung nicht sichtbar ist. Es können aber auch beide Stellungen des Schauzeichens beschriftet sein.

Wird in einer bestimmten Stellung des Flugwerkteiles der Stromkreis durch den Schalter geschlossen, so erhält die Spule Strom und wird magnetisiert. Dadurch wird der Anker von dem Weicheisenkern angezogen und diese Bewegung auf die drehbare Trommel übertragen. Die Beschriftung des Schauzeichens wird dann in das Fenster hineingedreht und die Stellung des Flugwerkteiles wie erwünscht angezeigt. Der Anzeigezustand wird als „angesprochen“ bezeichnet.

Bei einer Stellungsanderung des Flugwerkteiles und einem Öffnen des zugehörigen Schalters wird der Stromkreis unterbrochen. Das Magnetfeld der Spule fällt dann zusammen, der Anker wird durch die Feder in seine Ausgangsstellung zurückgezogen und das Schauzeichen nimmt seine Ruhelage wieder ein.

b) Beschreibung

Das **Anzeigewerk** des Schauzeichengerätes ist in einem Blechrahmen gelagert. Der vordere Teil des Rahmens hat ein Fenster, hinter dem das als kleine **Trommel** geformte **Schauzeichen** drehbar befestigt ist. Die Magnetspule ist zusammen mit einem Leichtmetallwinkel durch den Weicheisenkern mit dem Blechrahmen verbunden. Auf den Leichtmetallwinkel ist der Anker lose aufgelegt; von einer Halte- und Rückholfeder wird er in seiner Lage beweglich gehalten. Eine am Anker angeklemmte Mitnehmerfeder dient zur Bewegung des Schauzeichens (Abb. 124).

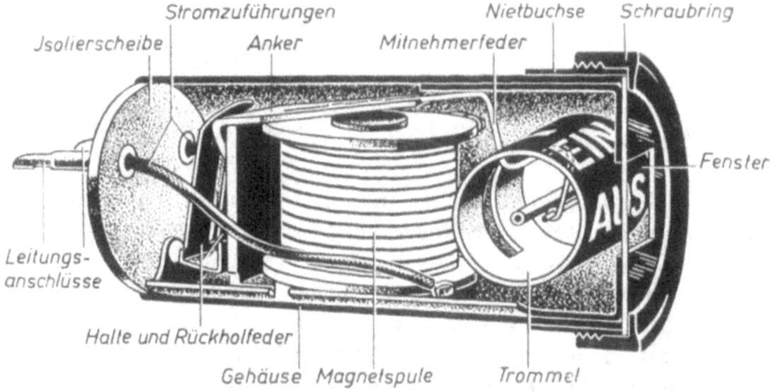

Abb. 124. Innenansicht eines Trommelschauzeichens

An der Rückseite des Blechrahmens ist eine Isolierscheibe angebracht, sie schließt das Anzeigewerk nach hinten ab und trägt die Stromzuführungen für die Spule. Zwei Schraub- oder Lötanschlüsse dienen zur Befestigung der doppeladrigen Übertragungsleitung. Das Anzeigewerk wird geschlossen in das aus Stahlblech gefertigte Gehäuse eingeschoben und durch einen Bördelrand betriebssicher gehalten. Auf der Vorderseite ist das Gehäuse durch eine fest eingebaute Glasscheibe abgeschlossen.

Zur Befestigung am Einbauort dient eine **Nietbuchse,** über die ein Preßstoffring geschraubt wird. Die selbstleuchtende Schauzeichenbeschriftung kann den Einrichtungen des Flugzeugmusters beliebig angepaßt werden. Gegen Kompaßbeeinflussungen ist das Gerät, den bestehenden Vorschriften entsprechend, durch den Gehäusestahlmantel praktisch abgeschirmt.

c) Einbau

Der Einbauort des Schauzeichen-Gebers (Signalschalter) wird bei der Stellungsanzeige durch den beweglichen Flugwerkteil bestimmt. Das Anzeigegerät wird aus zweckmäßigen Gründen meistens zusammen mit den Bedieneinrichtungen des Flugwerkteiles oder in deren Nähe eingebaut, wobei besonders berücksichtigt werden muß, daß das Anzeigebild gut sichtbar, möglichst in der Blickrichtung des verantwortlichen Besatzungsmitgliedes, liegt.

Gegen den im Flugbetrieb auftretenden normalen Beanspruchungen ist das Gerät durch seinen einfachen Aufbau verhältnismäßig unempfindlich. Ein **fester Einbau** ist daher zulässig, wenn eine Übertragung zusätzlicher Erschütterungen — sofern sie auftreten — durch geeignete Leder- oder Filzunterlagen verhindert wird (s. hierzu die Einbaurichtlinien für die vorhergehend beschriebenen Geräte).

d) Wartung

Die Geber- und Leitungsanlage unterscheidet sich bei dem Schauzeichengerät nicht von den gleichartigen Anlagen der Lampengeräte. Die im Abschn. IX, d) angefürten Richtlinien sind daher ebenfalls an dieser Stelle gültig.

Leitungsstörungen können auch auftreten, wenn sich die **Lötverbindungen** an den Anschlüssen gelöst haben; ihre Behebung bereitet keine besonderen Schwierigkeiten. Fällt dagegen die Anzeige durch einen Fehler innerhalb des Schauzeichens aus, so muß dies ausgewechselt werden. (Schauzeichen mit Lötanschluß sind für den Einbau in Geräte vorgesehen. Da das Löten im Flugzeug verboten ist, muß zur Ausbesserung des Schauzeichens das betreffende Gerät ausgebaut werden.)

2. Mehrfachschauzeichengeräte

a) Arbeitsweise

Wie bereits im einführenden Abschnitt erwähnt, stellt das **Mehrfachschauzeichengerät** eine **Zusammenfassung** mehrerer **Einzelschauzeichen** dar. Die Arbeitsweise ist daher in der grundsätzlichen Gestaltung dem beschriebenen Trommelschauzeichen ähnlich. Da das Mehrfachgerät noch nicht in die Serienherstellung übernommen wurde, ist auch eine Erläuterung der verwendeten Schaltung und ihrer Einzelheiten unmöglich. Eine ausführliche Beschreibung der Arbeitsweise muß einer neuen Auflage des Buches vorbehalten bleiben, wenn auch die **Schauzeichenanlage** aus offensichtlichen Gründen eine gewisse Ähnlichkeit mit den **Lampengeräten** aufweisen wird.

b) Beschreibung

Aus Mangel einer vorliegenden Serienausführung muß von einer eingehenderen Beschreibung des Mehrfachschauzeichengerates Abstand genommen werden. Die Planung sieht für die Anzeige eine ähnliche Zahl von Signalen vor wie für die im Abschn. IX 2b) beschriebenen Lampengeräte. Je nach den technischen Einrichtungen der Flugzeuge ist dementsprechend mit verschiedenen Ausführungen der Anzeigegeräte zu rechnen (einfaches Fahrwerk, doppeltes Fahrwerk). In Abb. 125 ist lediglich das äußere Bild für das einfachere Gerät in einer angenäherten Darstellung wiedergegeben.

Abb. 125. Angenäherte Ausfuhrung eines Mehrfachschauzeichengerätes Alle Schauzeichen sind in Arbeitsstellung dargestellt

Die **Beschriftung** des Gerätes und der Schauzeichen, die wie bei den Lampengeräten in Gruppen zusammengefaßt werden, ist selbstleuchtend ausgeführt. Fernerhin wird der Schauzeichenuntergrund farbig gekennzeichnet, um die verschiedenen Endstellungen der beweglichen Flugwerkteile unterschiedlich hervorzuheben und damit die Überwachung zu erleichtern.

Die äußere Gestaltung des Gehäuses wird den in Abschn. IX 2 behandelten Lampengeräten ähnlich sein (s. auch Abb. 121). Für den Anschluß des Übertragungskabels dient eine mehrpolige Steckdose, die wie üblich durch einen federnden Bügel betriebssicher gehaltert wird.

c) Einbau

Für den Einbau sind die gleichen Richtlinien maßgebend, die einerseits für die Lampengeräte, andererseits für das Trommelschauzeichen angeführt sind.

d) Wartung

Die allgemeinen Richtlinien für die Wartung des Mehrfachschauzeichengerätes können den Abschnitten IX 1 und 2 d) sowie dem Wartungsabschnitt für das Einfachgerät entnommen werden. Besondere Hinweise, die sich auf Einzelheiten der baulichen Gestaltung beziehen, sind erst bei Ausbringung eines Seriengerätes möglich.

Stichwortverzeichnis

FSC
www.fsc.org
MIX
Papier | Fördert
gute Waldnutzung
FSC® C083411

Kolibri 360 GmbH
Ferdinand-Jühlke-Straße 7
99095 Erfurt, Deutschland
produktsicherheit@kolibri360.de